程　杰曹辛华王　强主编

中国花卉审美文化研究丛书

07

芍药、海棠、茶花
文学与文化研究

王功绢　赵云双　孙培华　付振华 著

北京燕山出版社

图书在版编目（CIP）数据

芍药、海棠、茶花文学与文化研究 / 王功绢等著
. -- 北京：北京燕山出版社，2018.3
ISBN 978-7-5402-5116-1

Ⅰ.①芍… Ⅱ.①王… Ⅲ.①花卉－审美文化－研究
－中国②中国文学－文学研究 Ⅳ.① S68 ② B83-092
③ I206

中国版本图书馆 CIP 数据核字 (2018) 第 087844 号

芍药、海棠、茶花文学与文化研究

责 任 编 辑：李涛
封 面 设 计：王尧
出 版 发 行：北京燕山出版社
社　　　址：北京市丰台区东铁营苇子坑路 138 号
邮　　　编：100079
电 话 传 真：86-10-63587071（总编室）
印　　　刷：北京虎彩文化传播有限公司
开　　　本：787×1092 1/16
字　　　数：324 千字
印　　　张：28
版　　　次：2018 年 12 月第 1 版
印　　　次：2018 年 12 月第 1 次印刷
ISBN 978-7-5402-5116-1
定　　　价：800.00 元

内容简介

本论文集为《中国花卉审美文化研究丛书》之第 7 种,由王功绢硕士学位论文《中国古代文学芍药题材和意象研究》、赵云双硕士学位论文《唐宋时期海棠题材文学研究》以及孙培华所著、付振华校订之硕士学位论文《茶花题材文学与审美文化研究》组成。

《中国古代文学芍药题材和意象研究》梳理了芍药种植和观赏的兴衰历史,描述了芍药题材文学的创作历程,深入论述了芍药的审美意蕴和品格象征,揭示了芍药的文学地位。同时对宋代扬州芍药之盛的历史状况、文学表现和文化价值作了重点分析,从园艺、文学、文化等多方面进行了综合研究。

《唐宋时期海棠题材文学研究》细致梳理中国唐宋时期海棠文学意象和题材创作的发展轨迹,解读海棠在唐宋时期审美认识的发生、发展、演变的历史进程,阐发海棠在中国传统花卉中的审美特征、比兴意义及相关艺术表现手法和效果,另对杜甫未咏海棠的个案和陆游的海棠题材作品进行了重点分析。

《茶花题材文学与审美文化研究》梳理了古代文学茶花意象与题材创作的发生与发展历程,阐发了其中丰富的茶花审美形象、情感意蕴和思想意义,同时对相关的园艺成就和文人生活有所展示。

作者简介

王功绢，女，1986 年 8 月生，重庆永川人，2011 年毕业于南京师范大学中国古代文学专业，获文学硕士学位。现供职于天津泰达绿化集团有限公司。

赵云双，女，1983 年 1 月生，黑龙江省哈尔滨双城人，2009 年毕业于南京师范大学中国古代文学专业，获文学硕士学位。现任教于上海海洋大学附属大团高级中学，中学一级教师。

孙培华，男，1980 年 9 月生，云南省丽江市华坪县人，2010 年毕业于南京师范大学文学院中国古代文学专业，获文学硕士学位。现任教于三江学院，讲师。

付振华，男，1978 年 3 月生，黑龙江五常人，2015 年毕业于南京师范大学文学院中国古代文学专业，2016 年获文学博士学位。现任教于黑龙江省牡丹江师范学院，副教授。

《中国花卉审美文化研究丛书》前言

所谓"花卉",在园艺学界有广义、狭义之分。狭义只指具有观赏价值的草本植物;广义则是草本、木本兼而言之,指所有观赏植物。其实所谓狭义只在特殊情况下存在,通行的都应为广义概念。我国植物观赏资源以木本居多,这一广义概念古人多称"花木",明清以来由于绘画中花卉册页流行,"花卉"一词出现渐多,逐步成为观赏植物的通称。

我们这里的"花卉"概念较之广义更有拓展。一般所谓广义的花卉实际仍属观赏园艺的范畴,主要指具有观赏价值,用于各类园林及室内室外各种生活场合配置和装饰,以改善或美化环境的植物。而更为广义的概念是指所有植物,无论自然生长或人类种植,低等或高等,有花或无花,陆生或海产,也无论人们实际喜爱与否,但凡引起人们观看,引发情感反应,即有史以来一切与人类精神活动有关的植物都在其列。从外延上说,包括人类社会感受到的所有植物,但又非指植物世界的全部内容。我们称其为"花卉"或"花卉植物",意在对其内涵有所限定,表明我们所关注的主要是植物的形状、色彩、气味、姿态、习性等方面的形象资源或审美价值,而不是其经济资源或实用价值。当然,两者之间又不是截然无关的,植物的经济价值及其社会应用又经常对人们相应的形象感受产生影响。

"审美文化"是现代新兴的概念,相关的定义有着不同领域的偏倚和形形色色理论主张的不同价值定位。我们这里所说的"审美文化"不具有这些现代色彩，而是泛指人类精神现象中一切具有审美性的内容，或者是具有审美性的所有人类文化活动及其成果。文化是外延，至大无外，而审美是内涵，表明性质有限。美是人的本质力量的感性显现，性质上是感性的、体验的，相对于理性、科学的"真"而言；价值上则是理想的、超功利的，相对于各种物质利益和社会功利的"善"而言。正是这一内涵规定，使"审美文化"与一般的"文化"概念不同，对植物的经济价值和人类对植物的科学认识、技术作用及其相关的社会应用等"物质文明"方面的内容并不着意，主要关注的是植物形象引发的情绪感受、心灵体验和精神想象等"精神文明"内容。

将两者结合起来，所谓"花卉审美文化"的指称就比较明确。从"审美文化"的立场看"花卉"，花卉植物的食用、药用、材用以及其他经济资源价值都不必关注，而主要考虑的是以下三个层面的形象资源：

一是"植物"，即整个植物层面，包括所有植物的形象，无论是天然野生的还是人类栽培的。植物是地球重要的生命形态，是人类所依赖的最主要的生物资源。其再生性、多样性、独特的光能转换性与自养性，带给人类安全、亲切、轻松和美好的感受。不同品种的植物与人类的关系或直接或间接，或悠久或短暂，或亲切或疏远，或互益或相害，从而引起人们或重视或鄙视，或敬仰或畏惧，或喜爱或厌恶的情感反应。所谓花卉植物的审美文化关注的正是这些植物形象所引起的心理感受、精神体验和人文意义。

二是"花卉"，即前言园艺界所谓的观赏植物。由于人类与植物尤其是高等植物之间与生俱来的生态联系，人类对植物形象的审美意识可以说是自然的或本能的。随着人类社会生产力的不断提高和社会财富的不断积累，人类对植物有了更多优越的、超功利的感觉，对其物色形象的欣赏需求越来越明确，相应的感受、认识和想象越来越丰富。世界各民族对于植物尤其是花卉的欣赏爱好是普遍的、共同的，都有悠久、深厚的历史文化传统，并且逐步形成了各具特色、不断繁荣发展的观赏园艺体系和欣赏文化体系。这是花卉审美文化现象中最主要的部分。

三是"花"，即观花植物，包括可资观赏的各类植物花朵。这其实只是上述"花卉"世界中的一部分，但在整个生物和人类生活史上，却是最为生动、闪亮的环节。开花植物、种子植物的出现是生物进化史的一大盛事，使植物与动物间建立起一种全新的关系。花的一切都是以诱惑为目的的，花的气味、色彩和形状及其对果实的预示，都是为动物而设置的，包括人类在内的动物对于植物的花朵有着各种各样本能的喜爱。正如达尔文所说，"花是自然界最美丽的产物，它们与绿叶相映而惹起注目，同时也使它们显得美观，因此它们就可以容易地被昆虫看到"。可以说，花是人类关于美最原始、最简明、最强烈、最经典的感受和定义，几乎在世界所有语言中，花都代表着美丽、精华、春天、青春和快乐。相应的感受和情趣是人类精神文明发展中一个本能的精神元素、共同的文化基因；相应的社会现象和文化意义是极为普遍和永恒的，也是繁盛和深厚的。这是花卉审美文化中最典型、最神奇、最优美的天然资源和生活景观，值得特别重视。

再从"花卉"角度看"审美文化"，与"花卉"相关的"审美文化"则又可以分为三个形态或层面：

一是"自然物色"，指自然生长和人类种植形成的各类植物形象、风景及其人们的观赏认识。既包括植物生长的各类单株、丛群，也包括大面积的草原、森林和农田庄稼；既包括天然生长的奇花异草，也包括园艺培植的各类植物景观。它们都是由植物实体组成的自然和人工景观，无论是天然资源的发现和认识，还是人类相应的种植活动、观赏情趣，都体现着人类社会生活和人的本质力量不断进步、发展的步伐，是"花卉审美文化"中最为鲜明集中、直观生动的部分。因其侧重于植物实体，我们称作"花卉审美文化"中的"自然美"内容。

二是"社会生活"，指人类社会的园林环境、政治宗教、民俗习惯等各类生活中对花卉实物资源的实际应用，包含着对生物形象资源的环境利用、观赏装饰、仪式应用、符号象征、情感表达等多种生活需求、社会功能和文化情结，是"花卉"形象资源无处不在的审美渗透和社会反应，是"花卉审美文化"中最为实际、普遍和复杂的现象。它们可以说是"花卉审美文化"中的"社会美"或"生活美"内容。

三是"艺术创作"，指以花卉植物为题材和主题的各类文艺创作和所有话语活动，包括文学、音乐、绘画、摄影、雕塑等语言、图像和符号话语乃至于日常语言中对花卉植物及其相应人类情感的各类描写与诉说。这是脱离具体植物实体，指用虚拟的、想象的、象征的、符号化植物形象，包含着更多心理想象、艺术创造和话语符号的活动及成果，统称"花卉审美文化"中的"艺术美"内容。

我们所说的"花卉审美文化"是上述人类主体、生物客体六个层面的有机构成，是一种立体有机、丰富复杂的社会历史文化体系，包含着自然资源、生物机体与人类社会生活、精神活动等广泛方面有机交融的历史文化图景。因此，相关研究无疑是一个跨学科、综合性的工作，需要生物学、园艺学、地理学、历史学、社会学、经济学、美学、文学、艺术学、文化学等众多学科的积极参与。遗憾的是，近数十年相关的正面研究多只局限在园艺、园林等科技专业，着力的主要是园艺园林技术的研发，视角是较为单一和孤立的。相对而言，来自社会、人文学科的专业关注不多，虽然也有偶然的、零星的个案或专题涉及，但远没有足够的重视，更没有专门的、用心的投入，也就缺乏全面、系统、深入的研究成果，相关的认识不免零散和薄弱。这种多科技少人文的研究格局，海内海外大致相同。

我国幅员辽阔、气候多样、地貌复杂，花卉植物资源极为丰富，有"世界园林之母"的美誉，也有着悠久、深厚的观赏园艺传统。我国又是一个文明古国和世界人口、传统农业大国，有着辉煌的历史文化。这些都决定我国的花卉审美文化有着无比辉煌的历史和深厚博大的传统。植物资源较之其他生物资源有更强烈的地域性，我国花卉资源具有温带季风气候主导的东亚大陆鲜明的地域特色。我国传统农耕社会和宗法伦理为核心的历史文化形态引发人们对花卉植物有着独特的审美倾向和文化情趣，形成花卉审美文化鲜明的民族特色。我国花卉审美文化是我国历史文化的有机组成部分，是我国文化传统最为优美、生动的载体，是深入解读我国传统文化的独特视角。而花卉植物又是丰富、生动的生物资源，带给人们生生不息、与时俱新的感官体验和精神享受，相应的社会文化活动是永恒的"现在进行时"，其丰富的历史经验、人文情趣有着直接的现实借鉴和融入意义。正是基于这些历史信念、学术经验和现实感受，我们认为，对中国花卉审美文化的研究不仅是一项十分重要的文化任务，而且是一个前景广阔的学术课题，需要众多学科尤其是社会、人文学科的积极参与和大力投入。

我们团队从事这项工作是从1998年开始的。最初是我本人对宋代咏梅文学的探讨，后来发现这远不是一个咏物题材的问题，也不是一个时代文化符号的问题，而是一个关乎民族经典文化象征酝酿、发展历程的大课题。于是由文学而绘画、音乐等逐步展开，陆续完成了《宋代咏梅文学研究》《梅文化论丛》《中国梅花审美文化研究》《中国梅花名胜考》《梅谱》（校注）等论著，对我国深厚的梅文化进行了较为全面、系统的阐发。从1999年开始，我指导研究生从事类似的花卉审美文化专题研究，俞香顺、石志鸟、渠红岩、张荣东、王三毛、王颖等相继完成了荷、杨柳、桃、菊、竹、松柏等专题的博士学位论文，丁小兵、董丽娜、朱明明、张俊峰、雷铭等20多位学生相继完成了杏花、桂花、水仙、蘋、梨花、海棠、蓬蒿、山茶、芍药、牡丹、芭蕉、荔枝、石榴、芦苇、花朝、落花、蔬菜等专题的硕士学位论文。他们都以此获得相应的学位，在学位论文完成前后，也都发表了不少相关的单篇论文。与此同时，博士生纪永贵从民俗文化的角度，任群从宋代文学的角度参与和支持这项工作，也发表了一些花卉植物文学和文化方面的论文。俞香顺在博士论文之外，发表了不少梧桐和唐代文学、《红楼梦》花卉意象方面的论著。我与王三毛合作点校了古代大型花卉专题类书《全芳备祖》，并正继续从事该书的全面校正工作。目前在读的博士生张晓蕾、硕士生高尚杰、王珏等也都选择花卉植物作为学位论文选题。

以往我们所做的主要是花卉个案的专题研究，这方面的工作仍有许多空白等待填补。而如宗教用花、花事民俗、民间花市，不同品类植物景观的欣赏认识、各时期各地区花卉植物审美文化的不同历史情景，以及我国花卉审美文化的自然基础、历史背景、形态结构、发展规律、民族特色、人文意义、国际交流等中观、宏观问题的研究，花卉植物文献的调查整理等更是涉及无多，这些都有待今后逐步展开，不断深入。

"阴阴曲径人稀到，一一名花手自栽"（陆游诗），我们在这一领域寂寞耕耘已近 20 年了。也许我们每一个人的实际工作及所获都十分有限，但如此络绎走来，随心点检，也踏出一路足迹，种得半畦芬芳。2005 年，四川巴蜀书社为我们专辟《中国花卉审美文化研究书系》，陆续出版了我们的荷花、梅花、杨柳、菊花和杏花审美文化研究五种，引起了一定的社会关注。此番由同事曹辛华教授热情倡议、积极联系，北京采薇阁文化公司王强先生鼎力相助，继续操作这一主题学术成果的出版工作。除已经出版的五种和另行单独出版的桃花专题外，我们将其余所有花卉植物主题的学位论文和散见的各类论著一并汇集整理，编为 20 种，统称《中国花卉审美文化研究丛书》，分别是：

1.《中国牡丹审美文化研究》（付梅）；

2.《梅文化论集》（程杰、程宇静、胥树婷）；

3.《梅文学论集》（程杰）；

4.《杏花文学与文化研究》（纪永贵、丁小兵）；

5.《桃文化论集》（渠红岩）；

6.《水仙、梨花、茉莉文学与文化研究》（朱明明、雷铭、程杰、程宇静、任群、王珏）；

7.《芍药、海棠、茶花文学与文化研究》（王功绢、赵云双、孙培华、付振华）；

8.《芭蕉、石榴文学与文化研究》（徐波、郭慧珍）；

9.《兰、桂、菊的文化研究》（张晓蕾、张荣东、董丽娜）；

10.《花朝节与落花意象的文学研究》（凌帆、周正悦）；

11.《花卉植物的实用情景与文学书写》（胥树婷、王存恒、钟晓璐）；

12.《〈红楼梦〉花卉文化及其他》（俞香顺）；

13.《古代竹文化研究》（王三毛）；

14.《古代文学竹意象研究》（王三毛）；

15.《蘋、蓬蒿、芦苇等草类文学意象研究》（张俊峰、张余、李倩、高尚杰、姚梅）；

16.《槐桑樟枫民俗与文化研究》（纪永贵）；

17.《松柏、杨柳文学与文化论丛》（石志鸟、王颖）；

18.《中国梧桐审美文化研究》（俞香顺）；

19.《唐宋植物文学与文化研究》（石润宏、陈星）；

20.《岭南植物文学与文化研究》（陈灿彬、赵军伟）。

我们如此刈禾聚把，集中摊晒，敛物自是快心，乱花或能迷眼，想必读者诸君总能从中发现自己喜欢的一枝一叶。希望我们的系列成果能为花卉植物文化的学术研究事业增薪助火，为全社会的花卉文化活动加油添彩。

程 杰

2018 年 5 月 10 日

于南京师范大学随园

总　目

中国古代文学芍药题材和意象研究

王功绢 著

目　录

引　言

芍药是我国传统花卉之一。芍药起源于上古时期，距今已有 4000 多年的历史。在创作数量上，芍药意象在各代咏花文学中处于中等偏上的位置，芍药题材的赋咏作品数量比较可观。文化意义方面，芍药具有"花相"地位，是传统名花之一，扬州芍药更是有宋一代扬州文化的缩影图景。

目前，中国芍药的审美文化研究几乎是一个空白，此项研究可以弥补这一不足。首先，明晰了历代文学创作中芍药题材创作数量，再现芍药题材的创作发展历程。其次，展现了文学中芍药题材所蕴含的审美认识，力求把握芍药自然特性的同时，解读文学作品中对芍药的主观性的审美认知，做到客观美与主观美的有机统一。

在研究方法上，纵向把握芍药意象和题材在中国文学中的发展轨迹，梳理芍药审美认识的发生、发展、演变的过程，总结其在中国传统花卉中的独特意义、功能和地位。同时兼顾生物、园艺、思想、园林、民俗等方面的背景与原因，总结芍药人文意义发展的生活基础和社会文化思想背景。

在研究内容上，主要是揭示芍药意象和题材在中国文学中的审美认识、艺术表现和文学作用，典型与个案并重，细化对重要作家重要作品的分析。力求全面地认知，把握园艺、民俗等相关于芍药的文化价值，并细致讨论如下问题：

一、芍药题材在文学中的创作比较兴盛，意蕴丰富。生物特征上，花、叶、茎，香、色、态，有独特的美；芍药也承载着丰富的意蕴，如离别之赠、春怨伤感；芍药的品格也是独到的，殿春之花，性格高绝，不与争宠。

二、在中国花卉审美的历史上，一直有厚牡丹薄芍药的传统，对于芍药的研究也是如此。研究的现状多为阶段性的讨论，对于芍药题材文学的关注几乎是空白，本文的研究是一个补偿。意在梳理芍药题材发展史的同时，挖掘芍药自然物性上客观的美，以及在文学中的主观审美认识，并且兼顾其在园艺、民俗、艺术等领域的演进历程。

三、仔细统计各代文学中芍药题材的数量，以量的变化，呈现芍药在传统花卉中位置的变化。一方面，注意芍药与牡丹的发展不同，探讨时代背景等方面的原因；另一方面，发掘芍药花品的特征，展示其独到的花品，如金带围、玉盘盂。

四、文人赏花、唱和活动的研究。如明代文渊阁赏花诗，专门题咏芍药，数量达 30 首，以此可以认识文人的交游及当时习俗。乾隆《御制诗集》中芍药出现了 37 次，有 14 首专门题咏芍药的作品，借此认知芍药与宫廷的关系。

五、古代扬州芍药的研究。芍药是扬州文化史上的一大亮点，围绕扬州芍药的有芍药谱、传说、人物、园林、花会等等，研究扬州芍药有助于深化对宋代扬州城市的认识。

第一章　中国芍药的发展历史

芍药是草本的花卉，与木本中盛名的牡丹花型相似，而根、株、叶的形态却明显的不同。王禹偁在《芍药诗并序》中叹到："百花之中，其名最古。"①可见芍药在传统花卉中的地位是不容置疑的。芍药名称的由来也展现了这一历史风物的丰富性。

图 01　芍药花海。2016 年 5 月，焦永普摄于天津泰达植物资源库。

---

① 《全宋诗》第 2 册，第 766 页。

芍药一名最早在《诗经》中呈现，上古民歌《溱洧》唱道："溱与洧，方涣涣兮。士与女，方秉兰兮。女曰观乎，士曰既且，且往观乎？洧之外，洵訏且乐，维士与女，伊其相谑，赠之以芍药。"《毛传》解释："芍药，香草也。"《郑笺》注："伊，因也。士与女其别则送女以芍药，结恩情也。"①《释文》引《韩诗》解："芍药，离草也。言将离别赠此草也。"崔豹《古今注》解为："芍药一名可离，故将别以赠之，亦犹相招赠之以文无，文无一名当归也。"②从意义出发，《诗经》《毛传》《韩诗》都将芍药解释为"离草"，故芍药又有"将离"一名。

从芍药的花期出发来看，芍药是春夏之交的花卉，此时，玉兰凋零，牡丹谢落，百花残败，暮春之时的芍药又叫做"婪尾春"。《清异录》记载："胡峤诗'瓶里数枝婪尾春'，时人罔喻其意，桑维翰曰：'唐末文人有谓芍药为婪尾春者，婪尾酒乃最后之杯，芍药殿春亦得是名。'"③

从音韵上，李时珍解释芍药为"婥约"二字之音转，"芍药，犹婥约也。婥约，美好貌。此草花容婥约，故以为名。"④象征美好的意义。同时，李时珍芍药释名："将离（纲目），犁食（别录），白术（别录），余容（别录），铤（别录），白者名金芍药（图经），赤者名木芍药。"

从品种上，芍药之名有"金带围"，出自"四相簪花"的故事，是芍药最名贵的品种。此外，常见的品种名称还有"冠群芳""御衣黄""醉西施"等。

从花中地位来看，芍药还有"花相"之名，在由来已久的等级制度下，人有高低贵贱，花有三六九等，牡丹高贵为"花王"，芍药就是王的"近侍"。

---

① ［汉］毛亨传，郑玄笺《毛诗》，第 209 页。
② ［晋］崔豹《古今注》卷下，问答释义第八。
③ ［宋］陶谷《清异录》，《影印文渊阁四库全书》第 1047 册，第 861 页。
④ ［明］李时珍《本草纲目》，第 269 页。

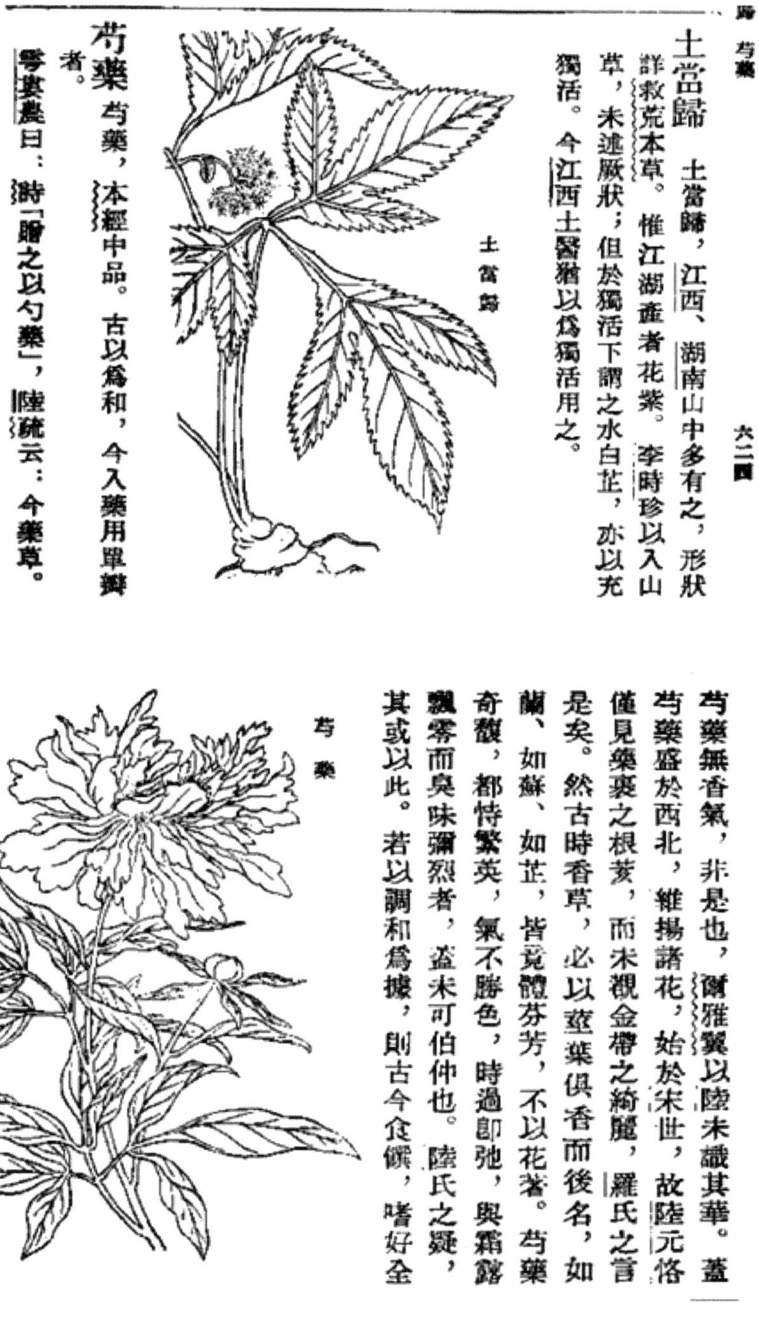

土當歸　土當歸，江西、湖南山中多有之，形狀詳救荒本草。惟江湖產者花紫。李時珍以入山草，未述厥狀；但於獨活下謂之水白芷，亦以充獨活。今江西土醫猶以爲獨活用之。

芍藥　芍藥，本經中品。古以爲和，今入藥用單瓣者。

雩婁農曰：詩「贈之以勺藥」，陸疏云：今藥草。芍藥無香氣，非是也，爾雅翼以陸未識其華。蓋芍藥盛於西北，維揚諸花，始於宋世，故陸元恪僅見藥褁之根荄，而未覩金帶之綺麗，羅氏之言是矣。然古時香草，必以莖葉俱香而後名，如蘭、如蘇、如芷，皆覓體芬芳，不以花著。芍藥奇馥，都恃繁英，氣不勝色，時過即弛，與霜露飄零而臭味彌烈者，蓋未可伯仲也。陸氏之疑，其或以此。若以調和爲據，則古今食饌，嗜好全

图 02　《植物名实图考》中的芍药图。［清］吴其濬著，卷二五，芳草类，芍药。

从传说来看，因为"四相簪花"的传说，芍药有"金带围"的名字；又据《花史左编》记载，芍药又叫白犬："昔有猎于中条山，见白犬入地中，掘得一丛根，携归植之，明年花开，乃芍药也，故谓芍药为白犬。"①

另外，关于"木芍药"之名的解释也有所不同，传统的认识是牡丹为木芍药，但郑樵在《通志略》中叙述："曰何离，曰解仓，曰犁食，曰余容，曰白术，即芍药也。以有何离之名，所以赠别用焉。古今言木芍药是牡丹。崔豹《古今注》云：'芍药有二种，有草芍药，有木芍药。木者花大而色深，俗呼为牡丹，非也。'安期生《服炼法》云：'芍药有二种，有金芍药，有木芍药。金者色白多脂，木者色紫多脉，此则验其根也。然牡丹亦有木芍药之名，其花可爱如芍药，宿枝如木，故得木芍药之名。'"②芍药中色紫多脉的品种也有称木芍药。

第一节　先唐时期：源远流长的种植历史

郑樵《通志略》记载："芍药著于三代之际，风雅所流咏也。"③《山海经·北山经》记载："绣山……其草多芍药。条谷之山……其草多芍药。勾木尔之山……其草多芍药。洞庭之山……其草多芍药。"虞汝明《古琴疏》记载："帝相元年，条谷贡桐、芍药，帝命羿植桐于云和，命武罗柏植芍药于后苑。"相为夏代第五代君王，大致是公元前19世纪时期，至今已有约4000年的历史。

---

① ［明］王路《花史左编》，第96页。
② ［宋］郑樵《通志略》，第789页。
③ ［宋］郑樵《通志略》，第789页。

"赠之以芍药"赋予了芍药特定的含义，《尔雅翼》记载："芍药，花之盛者。当暮春祓除之时，故郑之士女取以相赠。董仲舒以为将离赠芍药者，芍药一名可离，犹相招赠以文无，文无一名当归也。然则相谑之后，喻使去尔。"[①]先民对事物的认识，往往从实用价值出发，然而对于芍药的认识，一开始就赋予了意蕴内涵，可见这一事物的重要地位。

这个时期芍药应用到园林中。《江南通志》记载："乐游苑在上元县城东北八里，晋之芍药园也。义熙中刘裕筑垒即此处，宋元嘉中为乐游苑，《寰宇记》云在覆舟山南。"[②]《晋宫阁名》记载："晖章殿前，种芍药六畦。"

此时，芍药的食用价值广泛发掘，出现了芍药酱这种调味品。根据《尔雅翼》记载："其根可以和五脏，制食毒，古者有芍药之酱，合之于兰桂五味，以助诸食，因呼五味之和为芍药。《七发》曰：'芍药之酱。'《子虚赋》曰：'勺药之和，具而后御之。'《南都赋》曰：'归雁鸣鹍，香稻鲜鱼，以为芍药，酸甜滋味，百种千名。'是因致其滋味也。故孔子曰'不得其酱不食'，非以备味，自爱之至矣。服虔文颖伏俨辈解芍药，称具美也；或以为芍药调食，或以为五味之和，或以为以兰桂调食。虽各得仿佛，然未究名实之所起。至韦昭又训其读'勺，顶削切'，'药，旅酌切'，则并没此物之名实矣。今人食马肝马肠者，犹合芍药而煮之，古之遗法。马肝，食之至毒者，文成以是死。言食之毒，莫甚于马肝，则制食之毒者，宜莫良于芍药，故独得药之名；犹食酱掌和膳羞称医之类，而医又因以为名也。毛苌云'香草'，陆玑云'今药草芍药无香气'，非是也。孔颖达曰：'未审今何草。'盖酱方但用其根，陆不识其华，

---

① ［宋］罗愿著，石云孙点校《尔雅翼》，第26—27页。
② ［清］黄之隽等《江南通志》，第587页。

图 03　［清］华嵒《红白芍药图》。见《中国绘画全集》
第 28 卷，中国美术馆藏。

故云'无香气'。孔又云'何草'，今芍药人家庭户种之，玩其芳，无
不识者，何云何草？《本草》曰:'一名余容。'"①《七发》的"芍药之酱"，
《子虚赋》中的"勺药之和，具而后御之"，张衡《南都赋》"黄稻鲜鱼，
以为芍药，酸甜滋味，百种千名"②，都说明芍药是一味调剂品，可以

---

① ［宋］罗愿著，石云孙点校《尔雅翼》第 26—27 页。
② 《全上古三代秦汉三国六朝文》第 768 页。

让食物的味道更加鲜美。同时，芍药又可以用于治马肝的毒，有"药"之美称。

同时，在医学典籍中，芍药的药学价值也大大地发掘出来，可以活血化瘀，消肿止痛。《名医别录》记载："芍药，味酸，平，微寒，有小毒。主通顺血脉，缓中，散恶血，逐贼血，去水气，利膀胱、大小肠，消痈肿，时行寒热，中恶腹痛，腰痛。一名白术，一名余容，一名犁食，一名解仓，一名铤。生中岳及丘陵。二月，八月采根，暴干。"[1]《神农本草经》记载："芍药，味苦，平。治邪气腹痛，除血痹，破坚积、寒热、疝瘕，止痛，利小便，益气。生川谷。"[2]

突出的是，南京茅山成为了当时芍药的特产之地。根据《本草纲目》记载："弘景曰：'今出白山、蒋山，茅山所产最好，有赤白两种，其花亦有赤白二色。'"[3]《句容县志》载："茅山在县东南四十五里茅山乡，周百五十里，高三十里。"[4]茅山在今南京市句容县东南。而且在唐代，茅山一带仍然种植芍药，有李商隐《茅山诗》为证："客扫红药野径送。"[5]

第二节　唐宋：落谱衰宗，鼎盛扬州

《通志略》记载："芍药著于三代之际，风雅之所流咏也。牡丹初无名，故依芍药以为名，亦如木芙蓉之依芙蓉以为名也。牡丹晚出，

---

[1] ［梁］陶弘景著，尚志钧辑校《名医别录》，第42页。
[2] 尚志钧校《神农本草经校点》，第87页。
[3] ［明］李时珍《本草纲目》，第269页。
[4] ［清］曹袭先《句容县志》，第161页。
[5] ［清］曹袭先《句容县志》，第163页。

唐始有闻，贵游趋竞，遂使芍药为落谱衰宗。"①王禹偁《芍药诗并序》也记载："芍药之义，见于郑诗，百花之中，其名最古。谢公直中书省诗云，'红药当阶翻'。自后，词臣引为故事。白少傅为主客郎中，知制诰，有《草词毕咏芍药》诗，词采甚为该备。然自天后以来，牡丹始盛，而芍药之艳衰矣。考其实，牡丹初号木芍药，盖本同而末异也。"②

　　由此可见，唐代对芍药的栽培很大程度上受到牡丹的冲击。牡丹地位尊贵，以致价格居高，《能改斋漫录》中提到："刘禹锡《嘉话》载陈标《蜀葵》诗：'能共牡丹争几许，得人憎处只缘多。'《杂俎》载：'贞元中，牡丹已多。'柳浑诗言：'近来无奈牡丹何，数十千钱买一窠。今朝始得分明见，也共戎葵较几多。'二诗意相似。"③白居易《看浑家牡丹花戏赠李二十》："香胜烧兰红胜霞，城中最数令公家。人人散后君须看，归到江南无此花。"

　　白居易在《牡丹芳》中写到："石竹金钱何细碎，芙蓉芍药苦寻常。遂使王公与卿士，游花冠盖日相望。厍车软舆贵公主，香衫细马豪家郎。卫公宅静闭东院，西明寺深开北廊。戏蝶双舞看人久，残莺一声春日长。共愁日照芳难驻，仍张帷幕垂阴凉。花开花落二十日，一城之人皆若狂。三代以还文胜质，人心重华不重实。……"牡丹在唐代时反响巨大，赏花时节，倾城出动，上有皇亲贵族，下至平民百姓，都热衷欣赏牡丹的花容。

　　陈师道记载："花之名天下者，洛阳牡丹，广陵芍药耳。"④孔武仲在《芍药谱》中记载："扬州芍药，名于天下，非特以多为夸也。其

---

① ［宋］郑樵《通志略》，第 789 页。
② 《全宋诗》第 2 册，第 765 页。
③ ［宋］吴曾《能改斋漫录》，第 227 页。
④ ［宋］陈师道著，李伟国点校《后山谈丛》，第 33 页。

敷腴盛大，而织丽巧密，皆他州之所不及。至于名品相厌，争艳斗奇，故者未厌，而新者已盛。州人相与惊异，交口称说，传于四方。名益以远，价益以重，遂与洛阳牡丹俱贵于时。四方之人，尽皆齐携金帛，市种以归者多矣。吾见其一岁而小变，三岁而大变，卒与常花无异。由此芍药之美，益专于扬州焉。"①当洛阳牡丹扬名天下，扬州芍药亦不减风采，并驾齐驱。宋代闲适的生活态度，园艺花卉事业的繁荣，都是芍药兴盛的土壤。孔武仲《芍药谱》、刘攽《芍药谱》、王观《扬州芍药谱》，都显示了宋代芍药的一世盛名。

此时，京城一带芍药也有种植。归仁园中芍药千株，如是："归仁园其坊名也，园尽此一坊，广轮皆里余，北有牡丹芍药千株，中有竹百亩，南有桃李弥望"，②李氏仁丰园，"李卫公有平泉花木记百余种耳，今洛阳良工巧匠批红判白，接以它木，与造化争妙，故岁岁益奇，且广桃李梅杏莲菊各数十种，牡丹芍药至百余种"，③宫廷中也有种植芍药，《宋史》记载："宪圣慈烈吴皇后，开封人。父近，以后贵，累官武翼郎，赠太师，追封吴王，谥宜靖。近尝梦至一亭，扁曰'侍康'；傍植芍药，独放一花，殊妍丽可爱，花下白羊一，近寤而异之。后以乙未岁生，方产时，红光彻户外。年十四，高宗为康王，被选入宫，人谓'侍康'之征。"④芍药花是吉祥福瑞的象征。

芍药的种植也推广到塞外，成为了少数民族的美味佳肴，甚是喜爱。《大金国志》记载："(阿骨打之十四年，时宋政和五年，辽天庆五年)是年，生红芍药花，北方以为瑞。女真多白芍药花，皆野生，绝无红者。

① ［宋］吴曾《能改斋漫录》，第 459 页。
② ［宋］李格非《洛阳名园记》，第 601 页。
③ ［宋］李格非《洛阳名园记》，第 601 页。
④ ［元］脱脱等《宋史》第 25 册，第 8684 页。

好事之家采其芽为菜，以面煎之，凡待宾斋素则用之。其味脆美，可以久留。金人珍甚，不肯妄设，遇大宾至，缕切数丝置楪中，以为异品。"①

图 04　游人赏花。2016 年 5 月，焦永普摄于天津泰达植物资源库。

　　在种植区域上，扬州芍药可谓是壮观之极，"自广陵南至姑苏，北入射阳，东至通州海上，西止滁和州，数百里间人人厌观矣"，②其地界范围之广，以射阳（今属江苏盐城射阳县）为北界，以广陵（今扬州）为南界，以通州（今属江苏南通市）为东界，以滁州（今安徽滁州），和州（今安徽合肥一带）为西界，地域非常广大。

　　而且，扬州芍药出现了许多的专职种花之家，分畦成亩数万根，

① ［宋］宇文懋昭著，崔文印校正《大金国志校正》（上），第 13 页。
② ［宋］刘攽《芍药谱序》，载于《广群芳谱》。

以致田野弥望不到边。"负郭多旷土,种花之家,园舍相望。最盛于朱氏、丁氏、袁氏、徐氏、高氏、张氏,余不可胜记。畦分亩列,多者至数万根。自三月初旬始开,浃旬而甚盛,游观者相属于路。障幕相望,笙歌相闻,又浃旬而衰矣。"①

扬州还开辟了专门的芍药观赏地,有芍药圃和芍药厅。芍药厅更是聚集了一州的精华绝品。《扬州府志》记载,"扬州古以芍药擅名天下,宋有圃地在禅智寺前,又有芍药厅"②。同时,《江南通志》记载:"芍药厅,在江都县治内。《舆地纪胜》云:'州宅旧有此厅,在都厅之后,聚一州芍药之绝品于其中,今镇淮堂是也。'"③

另外,芍药也成为了老百姓们一时种植的兴趣,孔武仲记载:"四方之人尽皆来,携金帛市种以归者多矣。"各地之人不惜重金,到扬州买花种植。范成大也在扬州买芍药种植:"范成大北使过维扬买栽于石湖,有深红素白诸色千叶重台数种。(成大诗)万里归程许过家,移将二十四桥花。石湖从此添春色,莫把葡萄苜蓿夸。"④

赏花习俗也催生了芍药兴盛,蔡京举办万花会,用花千万余朵;借芍药盛开举办芍药会,宴请宾客。"扬州产芍药,佳者不减姚黄、魏紫。蔡京知州日,作万花会,其后岁岁循习,人颇病之。元祐间,苏文忠轼来知州,正遇花时,吏白旧例,轼判罢之。书报王定国云:'花会捡旧案,用花千万余朵,吏缘为奸,乃扬州大害,已罢之矣。虽杀风景,免造业也。'"⑤《江南通志》记载:"郡圃在长洲县,郡治后旧多楼亭,

① [宋]吴曾《能改斋漫录》,第459页。
② [明]杨洵、陆君弼等《万历扬州府志》,第367页。
③ [清]黄之隽等《江南通志》(一),第641页。
④ [明]林世远、王鏊等《(正德)姑苏志》(上),第236—237页。
⑤ [清]黄之隽等《江南通志》(五),第3316页。

宋建炎毁，端平初，张嗣古补葺易名同乐园，嘉定中綦奎复立四小亭，其芍药坛每岁花开，太守宴客，号为芍药会。"①然而，草本的芍药缘何输给了木本的牡丹，刘攽《芍药谱序》指出了芍药输于牡丹的原因：

其一，"洛阳牡丹由人力接种，故岁岁变更日新，而芍药以种传，独得于天然，非翦剔培壅，灌溉以时，亦不能全盛，又有风雨寒暄，气节不齐，故其名花绝品有至十四五年得一见者"。在生物特征上，芍药是一年一生的植物，不可以人为的嫁接和栽培，品种上难以多样和变新，更难以培植出珍品异种。

其二，"芍药始开时，可留七八日……广陵至京师，千五百里，骏马疾走可六七日至也，上不以耳目之玩勤远人，而富商大贾逐利纤啬不顾，又无好事有力者招致之，故芍药不得至京师"。地理因素也是制约芍药兴盛的一大原因。芍药花期短暂，扬州距开封路途遥远，给京师赏花带来了难度。统治者也不以玩乐芍药为喜好，所以也没有商人愿意从事芍药的远销传播的行业。

其三，芍药"移根北方者，六年以往则不及初年，自是岁加劣矣，故北方之见芍药者，皆其下者也"。以扬州较之北方之洛阳、开封，芍药更适宜在扬州生长。也不奇怪刘攽如此一说："此天地尤物，不与凡品同待，其地利、人力、天时参并具美，然后一出，意其造物，亦自珍惜之尔。"非要有天时、地利、人力因素一一俱全，芍药才可以达到它的极致。

这一时期，芍药的地位也引起了人们的注意，宋张翊《花经》定位为，一品九命为兰、牡丹、梅、腊梅等，三品七命芍药，杨万里称，牡丹为花王、芍药为花相，曾端伯以十花为十友，称芍药为艳友，张

---

① ［清］黄之隽等《江南通志》（一），第604页。

景修以十二花为花客，芍药为近客。

第三节　元明清：京城赏花，兴盛丰台

历史至此，政治中心也北移北京，《钦定热河志》引《元一统志》载：
"大宁路金源县、利州、兴中州、川州，皆土产芍药，又兴中州有芍药
河，源自芍药庄，山谷间芍药丛中流出。今热河境内芍药往往不由人力，
自生山谷，有红白二色。"①《大金国志》还记载了金人采集野生红芍
药花的嫩芽，和面煎之，作为珍贵的一道菜肴招待重要的客人。②北
方的芍药引起了人们的关注。

明代，芍药在宫廷中种植，设席赏花以及唱和，内阁赏芍药的诗
歌就出现了 38 首。《明宫史》载："殿之东曰永寿殿，曰观花殿，植牡
丹、芍药甚多。"③"四月，初四日宫眷内臣换穿纱衣，钦赐京官扇柄，
牡丹盛后，即设席赏芍药花也。"④现在故宫后花园内还种植有成畦的
牡丹、芍药。《翰林记》记载："赏花倡和，景泰中内阁赏芍药赋黄字
韵诗，本院官皆和之，有玉堂赏花集盛行于时，成化末，少傅徐溥在
内阁赏芍药，赋吟扉二韵，次年又有诗二韵，本院官亦皆和之。正德
中，大学士梁储、杨一清赏芍药倡和，则用东冬清青为韵，人各四首云。
按宣德八年十一月，本院诸僚，有文渊阁赏雪诗，盖词林纪事，多有

① ［清］和珅、梁国志等《钦定热河志》，《影印文渊阁四库全书》第 496 册，
　　第 478 页。
② ［宋］宇文懋昭著，崔文印校正《大金国志校正》（上），第 13 页。
③ ［明］刘若愚《明宫史》，《丛书集成新编》第 85 册，第 672 页。
④ ［明］刘若愚《明宫史》，《丛书集成新编》第 85 册，第 689 页。

题咏，不特赏花而已。"①

　　赏花活动也兴盛在民间，当时的张园、梁园、房山僧舍，都是赏花的好去处，张园、梁园成为了京城赏花的一大景观地。《帝京岁时纪胜》记载："（二月）十二日。传为花王诞日。曰花朝。幽人韵士，赋诗唱和，春早时赏牡丹，惟天坛南北廊，永定门内张园，及房山僧舍者最盛。"②同时，私人园林中的芍药种植也是一时佳话，最突出的是明代的张园，袁宏道有"惠安伯园芍药开至数十万本，聊述以纪其盛，兼赠主人"一诗，③《畿辅通志》记载："张园，在宛平县西。"④"原太傅惠安伯张公园，在嘉兴观之右，牡丹芍药各数百亩，花时主人制小竹兜，供游客行花胜中（燕都游览志）。"⑤"原惠安伯张元善园中牡丹，自言经营四十余年，筋力半疲于此花，自篱落至门屏，无非牡丹也。最后一空亭周遭皆芍药，密如韭畦，约有十万余本（袁中郎集）"⑥根据袁宏道的记载，太傅张惠安，辛苦经营张园，最倾心的作品是牡丹，但是芍药的种植也是非常可观的，有十万余株。明代，张园成为了京城赏花的一大景观地。《钦定日下旧闻考》记载："原京师赏花人联住小城南古辽城之麓，其中最盛者曰梁氏园，园之牡丹芍药几十亩，每花时，云锦布地，香冉冉闻里余，论者疑与古洛中无异。（篁墩集）"⑦"原小南城梁家园盛时，芍药最盛，

① ［明］王世贞《翰林记》，《丛书集成新编》第 30 册，第 480 页。
② ［清］潘荣陛《帝京岁时纪胜》，《续修四库全书》第 885 册，第 612 页。
③ ［明］刘侗《帝京景物略》，《续修四库全书》第 729 册，第 385 页。
④ ［清］田易等《畿辅通志》，《影印文渊阁四库全书》第 505 册，第 211 页。
⑤ ［清］于敏中、英廉等《钦定日下旧闻考》，《影印文渊阁四库全书》第 498 册，第 492 页。
⑥ ［清］于敏中、英廉等《钦定日下旧闻考》，第 492 页。
⑦ ［清］于敏中、英廉等《钦定日下旧闻考》，第 868 页。

人多携酒赏之，后其家废，无一本在者（匏翁家岁集）"①在《家藏集》卷二十五《秦公邀赏左厢前芍药》诗中写到："往时小南城梁氏芍药最盛，号梁家园，人多携酒赏之，后其家废，遂无一本在者。"

这个时期，花卉事业已经是专职的一项生产活动了，花农对牡丹芍药"栽如稻麻"，代表了花卉事业的繁盛。《燕都游览志》记载："原草桥众水，所归种水田者，资以为利十里，居民皆莳花为业，有莲池香闻数里，牡丹芍药栽如稻麻。"②芍药牡丹是当时世人追捧的花卉。

清代，丰台芍药名甲天下，种植更是连畦接畛，观赏的人轮毂相望，每天售卖近万枝。《燕京岁时记》记载："芍药乃丰台所产，一望弥涯，四月，花含苞时，折枝售卖遍历城坊。"③关于丰台，《帝京岁时纪胜》记载："京都花木之盛惟丰台芍药，甲于天下，旧传扬州刘贡父谱三十一品，孔常父谱三十三品，王通叟谱三十九品，亦云瑰丽之观矣，今扬州遗种绝少，而京师丰台于四月间，连畦接畛倚担市者日万余茎，游览之人，轮毂相望，惜无好事者，图而谱之。如宫锦红，醉仙颜，白玉带，醉杨妃等类，虽重楼牡丹亦难为比。"④《析津日记》也记载："原芍药之盛，旧属扬州，刘贡父谱三十一品，孔常父谱三十三品，王通叟谱三十九品，亦云瑰丽之观矣，今扬州遗种绝少，而京师丰台连畦接畛，倚担市者，日万余茎，惜无好事者图而谱之。"⑤比较遗憾的就是此时未有品种的记载图谱。

丰台的名气以及名园的推广，芍药至此达到了与宋代一样的兴盛

---

① ［清］于敏中、英廉等《钦定日下旧闻考》，第 868 页。
② ［清］于敏中、英廉等《钦定日下旧闻考》，第 428 页。
③ ［清］敦礼臣《燕京岁时记》，第 37 页。
④ ［清］潘荣陛《帝京岁时纪胜》，《续修四库全书》第 885 册，第 628 页。
⑤ ［清］于敏中、英廉等《钦定日下旧闻考》，第 430 页。

时期。在清代题咏芍药的 92 首（72 组）作品中，丰台赏花诗 11 首（7组），占 11.96%，成为创作的主题。还有一处赏花之地是增丰台，"增丰台在宛平县西草桥南，接连丰台，为近郊养花之所，元人园亭皆在此，今每逢春时，为都人游观之地，自柳村、俞家村、乐吉桥一带有水田，桥东有园，其南有荷花池，墙外俱水田，种稻至蒋家街，为故大学士王熙别业，向时亭台极盛，今亦荒芜矣，其季家庙张家路口樊家村之西北地亩，半种花卉，半种瓜蔬，刘村西南为礼部官地，种植禾黍豆麦，京师花贾比比于此培养花木，四时不绝，而春时芍药尤甲天下，泉脉从水头庄来，向西北流约八九里，转东南入。"①

此外，京都芍药还不乏兴盛之地，有海淀别业、凉暑园等。《泽农吟稿》记载："补燕中，不乏名胜，大抵皆贵珰坟院位置，一律殊不雅观，惟武清侯海淀别业，引西山之泉汇为巨浸缭垣约十里水居，其半叠石为山岩，洞幽窅渠，可运舟，跨以双桥，堤旁俱植花果，牡丹以千计，芍药以万计，京国第一名园也。"②《亳州牡丹史》记载："凉暑园……典客博洽，兼有花嗜，牡丹芍药，各以区别，入园纵目，如涉花海，茫无涯际，花至典客，精妙绝伦。"③

同时，芍药在扬州还占据着重要地位，南方扬州芍药的种植尚且可观，在品种上，据陈淏子《花镜》记载，扬州芍药有 88 个品种，赞"惟广陵者为天下最"。④而且还对花期进行调控，《扬州画舫录》记载："冬于暖室烘出芍药牡丹，以备正月园亭之用。"《扬州府志》记载："开明桥有芍药花市。"《扬州览胜录》卷四记载："居民艺花为业，而尤以芍

① ［清］于敏中、英廉等《钦定日下旧闻考》，第 431 页。
② ［清］于敏中、英廉等《钦定日下旧闻考》，第 246 页。
③ ［明］薛凤翔《亳州牡丹史》，《续修四库全书》第 1116 册，第 317 页。
④ ［清］陈淏子《花镜》，第 305—310 页。

药田为大宗，阡陌纵横，弥望皆是。"《扬州画舫录》记载："仰止楼前窗在竹中。后窗在园外。可望过江山色。东山墙圆牖为薜荔所覆。西山墙圆牖中皆芍田。花时人行其中。如东云见鳞。西云见爪。楼下悬夕阳双寺外。"①芍田里游人如"东云见鳞，西云见爪"，如一条巨龙一样，蜿蜒在花丛之中，是何等的壮观。

徐州、亳州等地也广泛种植，还出现了墨芍药、早绯玉、海棠红等贵重品种。《江南通志》记载："徐州府（今徐州），芍药，徐郡多植此花，极为奇盛。"②山东亳州，也成为了芍药的一大兴盛地，"颖州府，芍药，重台茂密，芳香不散，以亳出者甲于四方。"③墨芍药，据王士祯《池北偶谈》记载："墨芍药，馆陶人家有墨芍药，与曹州黑牡丹，皆异种。"④《浙江通志》记载："芍药，（咸淳临安志）艮山门外范浦镇多植此花，冠于诸邑，有早绯玉，白缀露，又有千叶白，尤贵。"⑤"芍药，（弘治衢州府志）常山县出。"⑥瘦西湖一带，也遍植芍药。四川一带盛产芍药，如海棠红，《花镜》中记载一品为"海棠红，重叶黄心，出蜀中。"⑦

① ［清］李斗著，汪北平、涂雨公点校《扬州画舫录》，第349—350页。
② ［清］黄之隽等《江南通志》（三），第1448页。
③ ［清］黄之隽等《江南通志》（三），第1456页。
④ ［清］王士祯《池北偶谈》，第582页。
⑤ ［清］沈翼机等《浙江通志》，第1690页。
⑥ ［清］沈翼机等《浙江通志》，第1769页。
⑦ ［清］陈淏子《花镜》，第308页。

第二章　中国文学中芍药题材的创作历程

自《诗经》以来,中国古代文学就有着传统的"赋比兴"审美范式,由此开启了咏物诗的历程。咏物一论,清代学者已多有论述,如俞琰认为:"凡诗之作,所以言志也;志之动,由于物也……古之咏物,其见于经……至六朝,始以一物命题。唐人继之,著作益工。两宋、元、明承之,篇什愈广。故咏物一体,三百导其源,六朝备其制,唐人擅其美,两宋、元、明沿其传。"① 咏物诗,从齐梁时期开始兴盛,在盛唐达到顶峰。伴随咏物文学的发展历程,芍药题材的文学创作甚是分明,其发展脉络也清晰可见。

第一节　芍药的文学地位

笔者统计《诗经》中的前十位的植物意象为:松柏、葛藤、草、瓜、桑、梅、竹、梧桐、兰、花椒。这些植物于实用价值以外,已经成为传情、比德的承载体。芍药同兰一样,是带有芬芳的花朵,所使用的场景也相似,《郑风·溱洧》:"溱与洧,方涣涣兮,士与女,方秉蕑兮。女曰观乎,士曰既且,且往观乎,洧之外,洵訏且乐。维士与女,伊其相谑,赠之以芍药。"相见时秉兰草,离别时赠芍药,上古民风"赠

---

① 〔清〕俞琰选编《咏物诗选》,第 2 页。

之以芍药"充满了神秘。在先秦典籍中,芍药还见于《山海经》中。《古琴疏》《通志略》也记载了芍药至今约 4000 年的悠远历史。

汉魏晋南北朝时期,芍药意象出现了 11 次。《先秦汉魏晋南北朝诗》中统计的花卉意象排名为:兰、草、莲、柳、桂、松、竹、桑、桃、桐、柏、梅。[①]芍药只见于 2 个诗篇中,谢灵运的名句"红药当阶翻",是对芍药叶、茎的形象认识,对后世影响极大。根据严可均《全上古三代秦汉三国六朝文》统计,题咏芍药的文有 4 篇,《芍药赋》《芍药华赋》以及《芍药花颂》2 篇,辛萧《芍药花颂》82 字,对芍药的叶、蕊、花、色予以细致描写,并整体定位为"娇媚"、"晔晔"的形象。此时,张衡《南都赋》记载了芍药的饮食价值,《神农本草经》《名医别录》记载了芍药的药用价值。芍药的实用价值充分为先人发掘出来。

唐代,芍药地位开始衰落,根据《全唐诗》检索系统,芍药意象出现了 97 次,存于 55 篇诗中,题咏芍药的作品 14 首。而牡丹意象 375 次,题咏牡丹的作品 135 首,芍药在数量上大大少于牡丹。

宋代,扬州芍药名扬天下,芍药在题咏花卉的文学中的排名大致与牡丹齐名。根据《宋词题材研究》载《2189 首宋代咏花词题材构成表》芍药第 10 位,有 41 首,笔者检索《全宋词》,"红药"语词意象另有 60 首,芍药总计应为 101 首,仅次牡丹(128),排名第 6。[②]根据《〈全宋词〉植物词数量统计表》,芍药意象为 105 次,同杜鹃(104)、黍(105,排名 35)大致,宋词中牡丹出现了 140 次,排名 32。[③]由此可见,芍药之名在宋代大致与牡丹等齐。芍药题材的文学创作在宋代是一大高

---

① 南京师范大学雷铭根据《先秦汉魏晋南北朝诗》统计。
② 许伯卿著《宋词题材研究》,第 121 页。
③ 南京师范大学王三毛根据《全宋词》统计。

峰，笔者检索，《全宋诗》有 63 首题咏作品，《全宋词》中有 16 首题咏作品，从意象数量上，《全宋诗》499 次，扬州的芍药诗歌有 60 多首。

元明清时期，芍药题材在文学中的创作进一步继承发展。根据上海辞书出版社《影印文渊阁四库全书》电子检索版，检索别集类"芍药"（除去木芍药的次数）在金至元时期，70 个集子中，出现了 173 次，其中 45 首专门题咏芍药的作品；明洪武至崇祯时期，87 个集子中，出现了 227 次，其中 91 首专门题咏芍药的作品；清代，24 个集子中，出现了 235 次，72 首专门题咏的作品。检索"红药"（不排除红药、芍药同时出现在一首诗中的情况），金至元时期，31 个集子中，出现了 58 次，专门题咏有 3 个作品；明洪武至崇祯时期，49 个集子中，出现了 78 次，专门题咏有 1 个作品；清代，24 个集子中，出现了 129 次，专门题咏有 8 个作品。总体来看，金元时期，专门题咏的有 48 个作品；明代，专门题咏的有 92 个作品；清代，专门题咏的有 80 个作品。

意象意义的稳定，还体现为对于多样化文学的统一性认识。依据《御定佩文斋咏物诗选》，按入选作品数量的统计，芍药在花卉的排名为 33，入选作品 28 首，与梨花（30）、榴花（30）、酴醿（29）、芭蕉（27）、苔藓（26）、藤花（25）大致的地位相当[1]。《古今图书集成》中芍药入选作品共计文 5 篇、诗词 74 篇、句 27，排名 18，基本与梨花（127）、兰（121）、杏（109）、樱桃（94）、桑（89）、石榴（87）、橘（85）、梧桐（81）大致地位相当[2]。

---

① 南京师范大学朱明明根据《佩文斋咏物诗选》统计。
② 南京师范大学张荣东根据《古今图书集成》统计。

第二节　芍药题材的创作历程

先唐时期，谢灵运写作了"芍药当阶翻"之句，芍药的美灵动而出，再者有辛萧《芍药花颂》："晔晔芍药，植权此前庭。晨润甘露，书晞阳灵。曾不逾时，茬苒繁茂。绿叶青葱，应期吐秀。缃蕊攒挺，素华菲敷。光譬朝日，色艳芙蕖。媛人是采，以厕金翠。发彼妖容，增此婉媚。惟昔风人，抗兹荣华。聊用兴思，染翰作歌。"[①]王徽《芍药华赋》："原夫神区之丽草兮，凭厚德而挺受，翕光液而发藻兮，飏晖而振秀。"[②]美丽的花朵，盎绿的叶子，婉媚的姿态，把芍药的物色特色诠释得恰到好处，构成了芍药晔晔生辉的形象。

唐人写诗，摹写自然风物有致，是从自然物的直接感观出发的。在对自然物直接感受下流露个人的感情色彩，由此可以从诗篇中反观一个人对于时代的态度。翠茎、红蕊、鲜香、欹红、窈窕，唐人对于芍药花、叶、色、姿的准确定位，既是承继先唐以来的写作传统，也是唐人突出了"文的自觉"的创作态度。

初唐时期，张九龄《苏侍郎紫薇庭各赋一物得芍药》："仙禁生红药，微芳不自持。幸因清切地，还遇艳阳时。名见桐君箓，香闻郑国诗。孤根若可用，非直爱华滋。"[③]从实用的环境、历史、药用、香味角度写下芍药，显示的是初唐时期稳重、求实的风气，反映了整个初唐诗

---

① 《全上古三代秦汉三国六朝文》，第 2287 页。
② 《全上古三代秦汉三国六朝文》，第 2536 页。
③ 《全唐诗》，第 147 页。

歌摹写风物客观求实的态度。盛唐时期，牡丹兴盛，开元之时，牡丹更是受统治者的喜爱。这个时期的作品，没有一篇涉及芍药，统治者的喜爱引导了社会的整个浪潮。唐诗中摹写风物的细致，是杜甫的创作推动了咏物文学的发展，影响了一代人的创作。韩愈、白居易、柳宗元、元稹纷纷写作了题咏芍药的作品，典型性与个性化的特点，体现了中唐时期咏物诗的成就，如下：

韩愈《芍药 (元和中知制诰寓直禁中作)》：浩态狂香昔未逢，红灯烁烁绿盘笼。觉来独对情惊恐，身在仙宫第几重[1]。

白居易《草词毕遇芍药初开因咏小谢红药当阶翻诗以为一句未尽其状偶成十六韵》：罢草紫泥诏，起吟红药诗。词头封送后，花口拆开时。坐对钩帘久，行观步履迟。两三丛烂熳，十二叶参差。背日房微敛，当阶朵旋欹。钗萼抽碧股，粉蕊扑黄丝。动荡情无限，低斜力不支。周回看未足，比谕语难为。勾漏丹砂里，僬侥火焰旗。彤云剩根蒂，绛帻欠缨緌。况有晴风度，仍兼宿露垂。疑香薰罨画，似泪著胭脂。有意留连我，无言怨思谁。应愁明日落，如恨隔年期。菡萏泥连萼，玫瑰刺绕枝。等量无胜者，唯眼与心知。[2]

元稹《红芍药》：芍药绽红绡，巴篱织青琐。繁丝蟹金蕊，高焰当炉火。翦刻彤云片，开张赤霞裹。烟轻琉璃叶，风亚珊瑚朵。受露色低迷，向人娇婀娜。酡颜醉后泣，小女妆成坐。艳艳锦不如，夭夭桃未可。晴霞畏欲散，晚日愁将堕。结植

---

① 《全唐诗》，第 850 页。
② 《全唐诗》，第 4943 页。

本为谁，赏心期在我。采之谅多思，幽赠何由果。①

图 05　红芍药。犹如红灯烁烁一般。2016 年 5 月，焦永普摄于天津泰达植物资源库。

韩愈从芍药的物色出发，描写其花形浩态，花香狂香，花叶绿盘龙，视觉上层次鲜明，遒劲有力，花色红烁，鲜亮明丽。白诗从芍药的姿态出发，具体描写了花朵旋欹，低斜不支，色如彤云，用拟人的手法，给植物着上了情思悱恻的心理活动。元诗也由此发挥，芍药的花是彤云赤霞，叶是琉璃轻烟，花朵如珊瑚炉火，姿态表现为娇嗔羞赧、面带难色的一个小女子。白居易《草词毕遇芍药初开因咏小谢红药当阶翻诗以为一句未尽其状偶成十六韵》与元稹《红芍药》的创作，是另一番的平易安静，由观物摹物到移情拟人，再到物我合一。唐诗咏物，

————————
① 《全唐诗》，第 996 页。

过程是由客观之物到移情之物到我心之物，感性思维高度发挥。

图 06　含露芍药。似一个泪著胭脂的女子。2016 年 5 月，
焦永普摄于天津泰达植物资源库。

宋代是芍药题材创作的高峰时期。从词的内容来看，多贴近生活
之作，更适合抒发内心情感的需要；从词的形式来看，浅斟吟唱，变
化丰富，更有利于口头表达的传递。宋词体现了对芍药女子形象的高
度表现和咏史感怀，《全宋词》中芍药意象 105 次，题咏芍药的作品有
16 首，非书面的语言以及非正式情感的空间里，芍药温馨熟美的女子
形象较之唐诗，不再典雅，而是柔情万种，呈现出一种含蓄蕴藉、情
意绵绵的典型化审美意境，更趋近小词的格调。而且，宋词在描写芍
药女子特质上比唐诗更具表现力。芍药本身的自然特质，香、色、姿，
在唐诗之中，难免端重、稳妥，词的形式为抒写小儿女情怀"非主流"

的思想提供了场所，芍药的特质在词中表达自然一体，浑然天成，验证了文学内容与形式的高度统一。

南渡分流之后，现实苦难的磨练，人生体验的丰富，词人咏物怀史，呈现出寄寓遥思、沉郁哽咽的另一番意境，词的情感也向纵深的方向发展。最具有代表性的是姜夔《扬州慢》《侧犯·咏芍药》、刘克庄《贺新郎·客赠芍药》。总体来看，宋词的写作与唐诗稍异，基本略去了对芍药自然特征的描述，而是直接从芍药与女子的相似点来写，摹写的似乎不再是芍药风物，而是一个柔情万种的女子。这种情怀里抛洒着南渡词人在纵情娱乐之后，离愁伤感的思绪，细腻隐约。

宋代理学的发微，更强调天人合一，要求静观万物，体会时序的变迁，程颢诗云："万物静观皆自得，四时佳兴与人同。"宋诗在内涵上倾注作者的思考，哲理的渗透。宋诗则是理性思想高度繁荣的一大体现，芍药题材在宋代文学中的推陈出新，是在理性的角度，揆情度理，突写芍药的品格。较之唐诗，宋诗突破了自然观照的层面，更注重内蕴的挖掘，达到纵向、深层次的思考，从自然物性升华到品格美韵，以此体现人生参悟。芍药题材的文学创作在宋代是一大高峰，根据笔者检索，《全宋诗》有63首题咏作品，意象数量达499次，宋诗中更注重表现芍药的天性使然，品性高绝的特点。如韩琦《和袁陟节推龙兴寺芍药》、邵雍《芍药》等作品。

元明清时期，芍药题材的作品沿袭了前代的创作，意蕴及吟咏模式上突破较少。但是，这一时期，把芍药与日常生活的距离拉近了，体现为日常生活艺术上的发展。元代的芍药茶的风靡，是对芍药的药学价值生活化的应用，让芍药切切实实地融入日常生活。明清时期，赏花的作品大量涌现，多是酬唱之作，体制庞大，多组诗，明代题咏芍药的89首（65组）作品中，内阁赏芍药诗有38首（13组），赋1篇，歌行1篇，占44.9%，诸如倪文僖《和内阁李学士赏花诗并序》十组诗，李东阳内阁赏芍药组诗，《玉堂赏花集》等。清代，乾隆《御制诗集》中芍药意象出现了34次，其中专门题咏芍药的诗歌有14首，此外，还有丰台赏芍药诗。宫廷应制吟唱，表现了对芍药祥瑞吉兆意义的延展，是"润色鸿业"的理想之笔，也是入世之人对自身仕途的期许。

考察整个中国古代文学中芍药题材的创作历程，由物色之美到形象之美，由品格观照到人生参悟，映照着中国各代各体文学的特色。芍药分布地域广泛，冠名扬州等因素，使其在花卉题材的文学中占有一席之地。然而，芍药又远远不如梅、兰、竹、菊、荷那样拥有经久不息的热捧者，一方面在自然特性上，由于自身视觉形象矮小，不容易在园林中造景，一年一生难以人力培育绝好品种；另一方面在气质内蕴上，它属于婉约的女子形象，也难以成为士大夫精神归宿之地。归结起来，芍药在中国花卉题材文学中处于中等偏上的位置，其地位也折射出其寂静不与争宠的品格来。

第三章　中国文学中芍药的审美意蕴

植物本是客观存在的实体，正因为人的意识的参与，发挥了极大的主观能动性，才有了主观的美与客观的美之间的区别。主观的美，主要指品格、意蕴、象征等，客观的美，着重突出物色、形态等实物的描摹。而且，植物的观赏，有以叶胜者，有以花胜者，有以果胜者，总有最突出的一点掳获人心，从物态的观赏上升到物我相融的感受，往往是通过审美意识的参与。芍药的茎、叶、花、色、香，均具有独特的生物特性，从而传递出其特有的审美意蕴。

第一节　芍药的物色美

物色美，指在生物的自然特征上，个体获得的直观感受，如鹅掌楸、鸡冠花等。教育心理学家认为，导致学习迁移的一个主要因素是相似性，也就是两个物体中具有相当多的共同成分，导致了思维迁移的产生。物色美发现，正是基于芍药与其他物体之间相似特点的迁移性认知。

一、花色

芍药是以花胜的植物，突出表现在花蕊、花瓣、花形、花的层数、花的大小等方面。如上之上品"冠群芳：大旋心冠子也。深红，堆叶，顶分四五旋，其英密簇，广可半尺，高可六寸，艳色绝妙，可冠群芳"，"宝妆成：髻子也。色微紫，于上十二大叶中，密生曲叶，回环裹抱团圆，其高八九寸，广半尺余，每一小叶上，络以金线，缀以玉珠"，"尽天工：柳浦青心红冠子也。于大叶中小叶密直，妖媚出众"，"叠香英：紫楼子也。广五寸，高盈尺，于大叶中细叶二三十重，上又耸大叶如楼阁状"，[①]以上品种都是上等，最突出的就是花蕊与花瓣的特点。

图07　芍药物色。诗人笔下描写的"浩态狂香"。2016年5月，焦永普摄于天津泰达植物资源库。

芍药的花单生于茎端或近顶端的叶脉处。花大，直径可达10～20cm。花蕾有圆桃形、扁圆桃形、尖圆桃形、长圆桃形等[②]。雄蕊呈螺旋状排列，离心发育，花蕊万丝同心，花瓣千叶同萼，如同女子的宝髻。花朵单生、朵形硕大，韩愈《芍药》写到："浩态狂香昔未

① ［宋］王观《扬州芍药谱》，第107页。
② 王建国、张佐双《中国芍药》，第5页。

逢。"同时，花朵也不全都是单生，如"会三英：三头聚一萼而开"，"合欢芳：双头并蒂而开二朵相背"，仿佛和气而生，背立无言，惆怅满怀。

　　色，《广群芳谱》中把王观的《芍药谱》分为四色："黄、红、紫、白"四种。今天芍药的品种，包括红、蓝、黄、绿、黑、紫、粉、白、复色九种颜色。古代较为常见的有黄色，定位为"金缕"，如同月色，如文征明《禁中芍药》"月露冷团金带重"；红色，元稹《红芍药》"繁丝蘸金蕊，高焰当炉火。剪刻彤云片，开张赤霞裹"，红得如炉火一般炽热；王禹偁《芍药诗》"满院匀开似赤城，帝乡齐点上元灯"，如红灯烁烁一般；有的如同胭脂色，宛若女子脸颊，白居易笔下是"似泪著胭脂"；白色，苏轼尤赞，如玉盘盂，"姑山亲见雪肌肤"，白得剔透晶莹。

　　图 08　芍药姿态。文人用"没骨"来形容。2016 年 5 月，焦永普摄于天津泰达植物资源库。

　　香，"宝妆成"是"香欺麝兰"，"黄楼子"是"其香尤甚"，一般而言，花朵大，香味就相对要淡一些，反之如桂花，小而芳香浓郁。但芍药却很例外，"宝妆成"是"十二大叶中，密生曲叶，回环裹抱团圆"，"黄楼子"是"盛者五七层"，在唐诗中，"香"的运用有25次，占25.7%，宋词中，有48处，占45.7%。韩愈"浩态狂香惜未逢"[①]，"温馨熟美鲜香起"，[②]白居易笔下是"疑香薰罨画"，[③]王禹偁《芍药诗》"风递清香满四邻"，"仙家重爇返魂香"。[④]芍药的香更增花色之味。

二、姿态

芍药的姿态突出表现在茎和叶的形态上。茎，如"醉西施""大软条冠子也。色淡红，惟大叶有类大旋心状，枝条软细，渐以物扶助之，绿叶色深厚，疏长而柔。"[⑤]"醉"，体现为枝条柔软，需要物体扶持，随风摇曳，这一点与木本的牡丹有极大的区别。

芍药的茎为草质，丛生状，高度40～150cm，有无毛与有毛之分；上不多具棱，直伸或扭曲，向阳部分多着紫红色晕，基部为圆柱形，有紫红色晕。[⑥]由于其草本的特质，扭曲，以致文人用"没骨"形容其姿态，谢尧仁《咏芍药》"兔笑花无骨"，茎杆有紫红色晕，形象化为酡颜、醉后、婀娜、绰约的一系列形象。唐诗中，"倚"、"靠"动词出现了9次，占9.27%，"醉"出现了15次，占15.5%，如元稹《红芍药》"酡颜醉后泣"，柳宗元《戏题阶前芍药》"欹红醉浓露"，孟郊《看花》"醉倒深红波"。根据统计，在18首芍药题咏的宋词中"醉"字出现了8次，44.4%，"倚"字出现了7次，占38.9%，对"倚"、"醉"的应用广泛，

---

① 《全唐诗》，第850页。

② 《全唐诗》，第855页。

③ 《全唐诗》，第1104页。

④ 《全宋诗》第2册，第766页。

⑤ ［宋］王观《扬州芍药谱》，第107页。

⑥ 王建国、张佐双《中国芍药》，第5页。

突出地表现了娇女形象的美。

正是芍药的"醉"姿态，才完美地叙述了"憨湘云醉眠芍药茵"的故事，见《红楼梦》第六十二回写到：

　　果见湘云卧于山石僻处一个石凳子上，业经香梦沉酣，四面芍药花飞了一身，满头脸衣襟上皆是红香散乱，手中的扇子在地下，也半被落花埋了。一群蜂蝶闹穰穰的围着他，又用鲛帕包了一包芍药花瓣枕着。

图09 〔清〕费丹旭《史湘云醉卧芍药圃》。为《十二
金钗图》中的第二幅作品，绢本设色，纵20.3厘米，
横27.7厘米，北京故宫博物院藏。

不难想象，山石旁，有一丛芍药盛开正浓，踉踉跄跄的醉酒湘云正好路过，万花迷眼，花香沁人，湘云便与花嬉戏，玩性大发起来。浩态狂香的芍药，契合了湘云洒脱不羁的性格，歪歪倒倒的花丛，仿若湘云醉酒之后的无力支撑。最后，花香安定了人的思绪，花醉陪伴

着人醉，湘云如同路遇知己，相拥入睡。

侯置《朝中措》写到："翻阶红药竞芬芳。著意巧成双。须信扬州国艳，旧时曾在昭阳，盈盈背立，同心对绾，联萼飞香。牢贮深沉金屋，任教蝶困蜂忙。"两枝背立的芍药，如同两个挽起了发髻的人儿相互依靠。双头芍药作为特写呈现在作品中。

图10　同蒂芍药。未开放的芍药如同女子挽起的发髻。2016年5月，焦永普摄于天津泰达植物资源库。

在宋诗中表现突出的，有5首这样的作品：

彭汝砺《赋刘令公署双头芍药》：花容人所怜，花意我独知。雨露三月春，齐容一纤枝。并立无妒心，相逢况芳时。长同白日照，不为颠风离。世情正暌乖，因赋芍药诗。

王洋《题范子济双头芍药》：烟粘草露珠结寨，淮上人疑春未多。扬州东部纷芍药，已与天地分中和。双苞一色生同蒂，不是花妖是和气。恩沾雨露力偏饶，来向人间自应贵。栏边鼓彻无奈何，欲留白日谁挥戈。练缃聊记旧容质，犹得盛士长吟哦。八姨不列真妃上，大姨稳作昭仪样。无双颜貌却成双，背立无言似惆怅。淮南通守别花眼，曾向花前倾玉盏。左看右看俱可人，欲选娇娘倩谁柬。

王之道《次韵蔡永叔双头芍药》：反复新诗对月华，视模犹及正而葩。坐驰芍药心先醉，身老江湖眼欲花。夜半已酬连理约，风钱远见一枝斜。滩头更下双鹈鹕，并与妖红作意夸。

辛弃疾《和赵茂嘉郎中双头芍药》两首：昨日梅华同语笑，今朝芍药并芬芳。弟兄殿住春风了，却遣花来送一觞。当年负鼎去干汤，至味须参芍药芳。岂是调羹双妙手，故教初发劝持觞。

图 11　芍药之叶。观若琉璃，参差涌动。2016年 5 月，焦永普摄于天津泰达植物资源库。

"无妒心"，"是和气"，进一步形象为"真妃昭仪"，"双鸂鶒"。半开或未开的芍药，花苞呈圆形，就像女子头上挽起的发髻一样。所以诗人的笔下形象地叙述为两个女子，相依相偎，和气共生，仿佛一对好姐妹。

叶，古语中的叶与现代意义上的叶有严格的区别，《芍药谱》中记载："凡品中言大叶小叶堆叶者，皆花叶也。言绿叶者，谓枝叶也。"①这里明确指出，说大叶小叶的，是特指的花瓣的大小，而说绿叶的，才指的是今天广泛意义上的叶。

图 12　宛若女子的芍药。捻红唇小，胭脂尽透，束素腰纤，芳心带露，顾盼阶前，依然相若。2016 年 5 月，焦永普摄于天津泰达植物资源库。

在花品的考察中要加以区别，芍药的叶子在古人眼中已引起了充分的注意。如"叠香英：绿叶疏大而尖柔"，"点妆红：绿叶微似

① ［宋］王观《扬州芍药谱》，第 107 页。

瘦长"，"晓妆新：绿叶甚柔而厚"，"尽天工：绿叶青薄"，"醉西施：绿叶色深厚，疏而长以柔"，"妒鹅黄：绿叶疏柔"，"怨春红：绿叶疏平稍若柔"。

芍药的叶互生，为二回三出羽状复叶。与牡丹比较，芍药的叶小且薄，但叶色深而光亮，小叶形态变化也趋简单，多为椭圆形、长椭圆形、卵状椭圆形以及狭线状椭圆形，背面沿叶脉有短柔毛。叶边缘具骨质细齿，波状或稍有缺刻。[①]

由于叶片小、叶质薄，叶子就容易随风涌动，叶边缘波状、复叶的特点，让随风涌动的叶片有了层层叠叠、翠绿沧浪的特色，最形象的要数白诗笔下的"十二叶参差"，错落有致，透着一种独特的韵味。叶子上有一些短柔毛，有一点泛白，仿佛袅袅轻烟一般，元稹《红芍药》最传神地写到了这一特点，

三、女性美

李时珍解释芍药为"绰约"二字之音转，"芍药犹婥约也，婥约此草花容婥约，故以此为名。"绰约已经定位为芍药的一个特质形象，这也是女性所独有的形象气质。

刘攽《芍药谱》的编著已经突出地表现出这种迁移性认知：其名三十一种，都是 3 个字构成，在意义上有显著的倾向性："冠群芳"、"赛群芳""宝妆成""晓妆新""点妆红""叠香英""素妆残""醉娇红""醉西施""妒娇红""缕金囊""积娇红""拟绣鞯""试浓妆"，这些名字大多有"妆""香""娇""绣""西施"等女性意义上的词汇。

这种写法是直接从芍药与女子的相似点来写，摹写的似乎不再是芍药风物，而是一个形象生动的女子，其容颜是"双脸晒红""捻红唇

---

① 王建国、张佐双《中国芍药》，第 5 页。

小""施朱傅粉""胭脂渍透""芳心带露",其身段是"束素腰纤""弱质敧风",其姿势是"倚阑柔弱""酒困无力""困倚东风",总体呈现出来便是"顾盼阶前"、"依然相若"的女子。

若是要在文本中找到这样的女子,最为经典的呈现是在刘子寰《醉蓬莱》中:

> 访莺花陈迹,姚魏遗风,绿阴成幄。尚有馀香,付宝阶红药。
>
> 淮海维阳,物华天产,未觉输京洛。时世新妆,施朱傅粉,依然相若。　　束素腰纤,捻红唇小,郭袖娇看,倚阑柔弱。
>
> 玉佩琼琚,劝王孙行乐。况是韶华,为伊挽驻,未放离情薄。
>
> 顾盼阶前,留连醉里,莫教零落。[①]

对于唇的描摹是对芍药的特写,"捻红唇小",基于芍药花颜色的遥想,馨香一瓣,红唇一捻,孔尚任《咏一捻红芍药》写到:"料得也能倾国笑,有红点处是樱唇。"情趣盎然,诗意浓郁,正如陈师道《少年游》中写到:"芍药梢头,红红白白,一种几千般。"对于"肌肤"一词的应用更是对芍药女性美的特写,苏轼《玉盘盂》:"姑山亲见雪肌肤。"苏辙《和子瞻玉盘盂二首》:"憔悴无言损玉肤。"杨万里《玉盘盂》:"欲比此花无可比,且云冰骨雪肌肤。"红色的花瓣犹似小小红唇,白色的花瓣又像女子的冰雪肌肤,难怪程棨《三柳轩杂识》中定位"芍药为娇客",小女子娇柔的形象比较贴切传神。

芍药于艳丽的一面之外,有着引人深味的神秘气质。自高唐儿女,潇湘美人,再到求仙游仙之文学,仙的气质是飘逸脱俗的,李白的洒脱浪漫、了无羁绊的风范得以"诗仙"盛誉,恰恰是"仙"的内质要求。

芍药突出地表现为一种飘渺仙质。在韩愈《芍药》诗中,就写到:"觉

---

① 《全宋词》第 4 册,第 2704 页。

来独对情惊恐，身在仙宫第几重。"这种缥缈的气质还比较朦胧，而在孟郊《看花》，则更突出这种美质："家家有芍药，不妨至温柔。温柔一同女，红笑笑不休。月娥双双下，楚艳枝枝浮。洞里逢仙人，绰约青宵游。芍药谁为婿，人人不敢来。唯应待诗老，日日殷勤开。"芍药如月娥仙子，潇湘妃子，绰约之美，"仙女"明确了这种气质，还把自己比作芍药之婿。后来王禹偁写作"羽客暗传尸解术，仙家重热返魂香"，王之道《次韵周运判彦约芍药》："独殿群芳占晚春，对花犹幸有斯人。宓妃正自须曹赋，楚女何妨与宋邻。"[①]《和方正叔芍药》："未饶玉蘂来仙女，那羡莲花似阿郎。"[②]以"宓妃""楚女""仙女"之比，突出了芍药的仙质之美。

第二节　芍药的情感蕴涵

一、赠别寄情

上古民歌《溱洧》唱到："溱与洧，方涣涣兮。士与女，方秉蕳兮。女曰观乎，士曰既且，且往观乎？洧之外，洵訏且乐，维士与女，伊其相谑，赠之以芍药。"《毛传》解释："芍药，香草也。"《郑笺》作注："伊因也，士与女其别则送女以芍药，结恩情也。"[③]"药"通"邀"之音转，此说认为是对悦己者之间的互诉衷肠，传情达意。《释文》引《韩诗》解："芍药，离草也。言将离别赠此草也。"崔豹《古今注》解为："芍药一名可离，故将别以赠之，亦犹相招赠之以文无，文无一名当归

---

① 《全宋诗》第 32 册，第 20234 页。
② 《全宋诗》第 32 册，第 20235 页。
③ ［汉］毛亨传，郑玄笺《毛诗》，第 209 页。

也。"①从意义出发,《韩诗》将芍药解释为"离草",故芍药又有"将离"一名,如是柳枝之赠别寄留,芍药为离别时的赠别寄情。

再读《溱洧》,在淙淙的河水之畔,心上人之间手持兰草,神韵气清,别有一番美好的意蕴。《卫风·淇奥》有云:"宽兮绰兮,猗重较兮;善戏谑兮,不为虐兮",带着几分嬉笑捉弄,心上人把芍药奉上,嬉笑无疑是对离别的排遣,芍药用来寄寓离别带来的忧愁。

如元稹《忆杨十二》:

去时芍药才堪赠,看却残花已度春。只为情深偏怆别,等闲相见莫相亲。②

图 13　芍药花蕊。丝丝花蕊,绵绵情思。2016 年 5 月,焦永普摄于天津泰达植物资源库。

---

① ［晋］崔豹《古今注》卷下。
② 《全唐诗》,第 4564 页。

这首诗是寄情离别的，芍药在落英缤纷、繁花不再的暮春开放、让离别的感情怆然凄冷。再者如柳宗元《戏题阶前芍药》："愿致溱洧赠，悠悠南国人。"元稹《红芍药》："采之谅多思，幽赠何由果。"芍药在这里都是赠别之物，染上邀约的意味。另一个角度，如张泌《芍药》："零落若教随暮雨，又应愁杀别离人。"姚合《欲别》："山川重叠远茫茫，欲别先忧别恨长。红芍药花虽共醉，绿蘼芜影又分将。"曾觌《念奴娇·赏芍药》下阕："须信殿得韶光，只愁花谢，又作经年别。嫩紫娇红还解语，应为主人留客。月落乌啼，酒阑烛暗，离绪伤吴越。竹西歌吹，不堪老去重忆。"①芍药在此处是"将离"的含寓，隐喻了内心的缱绻离愁。无论是"邀"之音转还是"将离"的含义，芍药都承载着离别时的忧伤。

二、伤春怨咽

芍药是春夏之交的花卉，此时，玉兰凋零，牡丹谢落，百花残败，暮春之时的芍药又叫做"婪尾春"。《清异录》记载："胡峤诗'瓶里数枝婪尾春'，时人罔喻其意，桑维翰曰：'唐末文人有谓芍药为婪尾春者，婪尾酒乃最后之杯，芍药殿春亦得是名。'"②

春天本是一个情思生长的季节，如李白《春思》："燕草如碧丝，秦桑低绿枝。当君怀归日，是妾断肠时。春风不相识，何事入罗帏？"闺怨情思就如同"暮春三月，江南草长，杂花生树，群莺乱飞"一样无边无际地蔓延。

许景先《阳春怨》:红树晓莺啼,春风暖翠闺。雕笼熏绣被,珠履踏金堤。芍药花初吐,菖蒲叶正齐。薰砧当此日,行役

---

① 《全宋词》第 2 册，第 1311 页。
② ［宋］陶谷《清异录》，第 861 页。

向辽西。[1]

杜牧《旧游》：闲吟芍药诗，惆望久颦眉。盼盼回眸远，纤衫整髻迟。重寻春昼梦，笑把浅花枝。小市长陵住，非郎谁得知。[2]

芍药以意象出现，寄托出浓浓的闺怨情思。芍药的花期非常短暂，最多开放 8 ～ 10 天，在盛放的芍药面前，花开花落，闺阁之人最容易悲叹韶华不驻，时光匆匆。再加上芍药又有溱洧之赠，将离之寓，更成为了闺阁女子心中郁积的苦苦相思。

图 14　微距下的芍药。花期短暂,时光易逝。2016 年 5 月,焦永普摄于天津泰达植物资源库。

① 《全唐诗》，第 1135 页。
② 《全唐诗》，第 5986 页。

三、咏史怀古

唐代芍药落谱衰宗，继而在宋代兴盛扬州，后又辗转到丰台，一部芍药种植史也隐约见证了中国政治中心的变迁史。尤其是芍药冠名扬州，作为历史的见证者，由此生发了寄寓遥思、沉郁哽咽的词作，最具有代表性的是姜夔《扬州慢》：

> 淮左名都，竹西佳处，解鞍少驻初程。过春风十里，尽荠麦青青。自胡马窥江去后，废池乔木，犹厌言兵。渐黄昏，清角吹寒，都在空城。　　杜郎俊赏，算而今，重到须惊。纵豆蔻词工，青楼梦好，难赋深情。二十四桥仍在，波心荡、冷月无声。念桥边红药，年年知为谁生。

同时，还有姜夔《侧犯·咏芍药》：

> 恨春易去。甚春却向扬州住。微雨。正茧栗梢头弄诗句。红桥二十四，总是行云处。无语。渐半脱宫衣笑相顾。金壶细叶，千朵围歌舞。谁念我、鬓成丝，来此共尊俎。后日西园，绿阴无数。寂寞刘郎，自修花谱。[1]

这首词感喟的内容与《扬州慢》一致，在历史的一个小窗口抒写沧桑的心境。二十四桥的芍药，曾经承载着一个盛世的光景，万人花会，国泰民安，一个盛世的狂欢。而今好景不再，睹物伤感，大起大落的节奏里，芍药成为了咏史怀古的一个典型意象。

相似的词作还有刘克庄的《贺新郎·客赠芍药》：

> 一梦扬州事。画堂深、金瓶万朵，元戎高会。座上祥云层层起，不减洛中姚魏。叹别后、关山迢递。国色天香何处在，想东风、犹忆狂书记。惊岁月，一弹指。　　数枝清晓烦驰骑。

---

[1] 《全宋词》第 3 册，第 2179 页。

向小窗、依稀重见，芜城妖丽。料得花怜侬消瘦，侬亦怜花憔悴。漫怅望、竹西歌吹。老矣应无骑鹤日，但春衫、点点当时泪。那更有，旧情味。[1]

转眼，往日的盛世之景不在，历史来到了风雨飘摇的节点。回忆只能带来更多的伤痛。芍药花会，当时是何等的盛况，从字里行间来感受一下：

> 黄升《花发沁园春·芍药会上》：晓燕传情，午莺喧梦，起来检校芳事。荼蘼褪雪，杨柳吹绵，迤逦麦秋天气。翻阶傍砌。看芍药、新妆娇媚。正凤紫匀染绡裳，猩红轻透罗袂。昼暖朱阑困倚。是天姿妖娆，不减姚魏。随蜂惹粉，趁蝶栖香，引动少年情味。花浓酒美。人正在、翠红围里。问谁是、第一风流，折花簪向云髻。[2]

> 晁补之《望海潮·扬州芍药花会作》：人间花老，天涯春去，扬州别是风光。红药万株，佳名千种，天然浩态狂香。尊贵御衣黄。未便教西洛，独占花王。困倚东风，汉宫谁敢斗新妆。年年高会维阳。看家夸绝艳，人诧奇芳。结蕊当屏，联葩就幄，红遮绿绕华堂。花面映交相。更秉管观沔，幽意难忘。罢酒凤亭，梦魂惊恐在仙乡。[3]

狂香浩态，天姿妖娆，争奇斗艳，犹在仙乡，如此繁盛的花会已不复存，只能"叹别"、"惊岁月"、"漫怅望"，作者无奈地玩味，最后，只有陷入无限的"那更有,旧情味"的萦绕之中，仿若"扬州风物鬓成丝"

---

① 《全宋词》第 4 册，第 2627 页。
② 《全宋词》第 4 册，第 2998 页。
③ 《全宋词》第 4 册，第 560 页。

的一唱三叹，哀伤之情拂之不去。

第三节　芍药的品格意蕴

品格，指精神层面上体现出来的审美主体价值，如梅花的"清气""骨气""生气"[①]，菊花的隐逸高洁，牡丹的富贵吉祥。芍药品格美韵的积极发现，在于宋代这片文化沃土：

其一，两宋之际，花卉业高度繁荣。在唐代还没有出现大面积种植的记载，而在宋代园林事业高度发达的催化下，芍药大面积的种植出现了，扬州芍药可谓是壮观之极。

其二，爱花的社会风气的驱使。宋代推崇文化、享受生活，如赏花活动的兴盛，卖花、戴花，种植等诸多伴随性的效应。蔡襄作扬州太守时，用花千余株，举办万花会。苏轼《玉盘盂》并序中提到："东武旧俗，每岁四月大会于南禅、资福两寺，以芍药供佛，而今岁最盛，凡七千余朵。"[②]

其三，文学思潮"载道""比兴"传统。自初唐陈子昂"重兴寄，兴风骨"，中唐古文运动的"文以载道"，至宋时，文人尤推杜甫。宋人已不满足在有限的空间里创作，而是寄托、兴味上不断地延展。而且宋诗注重思想层面的理趣的挖掘，正是这种趋向，开拓了芍药的品格美韵。

其四，芍药独特的生物特性。在培育上，芍药是被子植物，它的栽培主要是靠根、种子繁殖，不能像牡丹那样由人力嫁接优育。在世

①　程杰《宋代咏梅文学研究》，第 182 页。
②　《全宋诗》第 14 册，第 9226 页。

人眼中是天然灵种，一年一成。在开放日期上，芍药在春夏之交开放，大致时间是五月初至五月中旬，花期十日左右，当春天到来，百花齐放的时候，芍药在静静等待自己的花期。梅是凌寒傲骨的孤单，芍药则是不与争宠的安静。

王禹偁是宋代第一位着意写作较多芍药题材作品的诗人。至道三年丁酉（997年)，王禹偁写到《芍药诗三首并序》，回忆过往，发为感叹：

牡丹落尽正凄凉，红药开时醉一场。羽客暗传尸解术，仙家重热返魂香。蜂寻檀口论前事，露湿红英试晓妆。曾忝披垣真旧物，多情应认紫薇郎。

东君留意占残春，得得迟开亦有因。曾与披垣留故事，又来淮海伴词臣。日烧红艳排千朵，风递清香满四邻。更爱枝①头弄金缕，异时相对掌丝纶。

满院匀开似赤城，帝乡齐点上元灯。感伤纶阁多情客，珍重维扬好事僧。酌处酒杯深蘸甲，拆来花朵细含棱。老郎为郡辜朝寄，除却吟诗百不能。②

第一首诗就芍药与牡丹的相似性谈起，丝毫没有贬低芍药的用意，以"尸解术""返魂香"，表明芍药之特质与牡丹并不逊色。

第二首诗由时节展开，"东君留意占残春，得得迟开亦有因"，芍药为春天的最后一花，它的开放引起了诗人的自我思索，由外层面转向内层面。

第三首诗的场景是对花酌酒。"感伤纶阁多情客，珍重维扬好事僧"，于觥筹交错之间，是诗人的暗自神伤，回忆起自己身世的起伏波折，"老

---

① 《全宋诗》注："原作丝，据四库本改。"
② 《全宋诗》第2册，第766页。

郎为郡辜朝寄，除却吟诗百不能"，宦海失落的诗人姑且以朝寄聊慰，望岁之心的无可奈何，只得吟诗作罢，凄怆伤感。

王禹偁逝于1001年，年仅48岁，此诗作于997年，在这三首芍药诗中，诗人用情很深，由物感发至人，同年春，诗人所咏有牡丹、海仙花、琼花、樱桃，写作的《牡丹十六韵》《朱红牡丹》《芍药花开忆牡丹绝句》《海仙花诗三首并序》《后士庙琼花诗二首并序》《樱桃渐熟牡丹已凋恨不同时辄题二韵》，无一首有这样深刻的自我身世感喟情怀。正因为芍药是一个时代的缩影，所以才有了这么深层的感喟。

韩琦写作了《和袁陟节推龙兴寺芍药》一诗，全诗以364字的笔墨对芍药有了更高度的认识，据笔者统计，韩琦的作品中题咏牡丹的诗有17首，芍药5首，他的个人观点是很明确的，在17首牡丹诗中，出现了6次"花王"，1次"百花魁"，在5首芍药诗中，他明确地提到了"肯与姚黄为近侍，亦须称后始无差"，韩琦对芍药为"近侍"的认识，代表了有宋一代对芍药的典型认识：

> 广陵芍药真奇差，名与洛花相上下。洛花年来品格卑，所在随人趁高价。接头著处骋新妍，轻去本根无顾藉。不论姚花与魏花，只供俗目陪妖姹。广陵之花性绝高，得地不移归造化。大豪人力或强迁，费尽雍培无艳冶。东君固是花之主，千苞万萼从荣谢。似娇东君泛爱心，枉杀春风不肯嫁。遂令天下走香名，仿佛丹青竞夸诧。以此扬花较洛花，自合扬花推定霸。其间绝色可粗陈，天工着意诚堪讶。仙家冠子镂红云，金线妆治无匹亚。旋心体弱不胜枝，宝髻欹斜犹堕马。冰雪肌肤一缬斑，新试守宫明似赭。双头两两最多情，象物更呈鞍面洼。楼子亭亭欠姿媚，特有怪状堪图写。见者方知画不真，

未见直疑传者诈。前贤大欲巧赋咏，片言未出心先怕。天上人间少其比，不似余芳资假借。我来淮海涉三春，三访龙兴旧僧舍。问得龙兴好事僧，每岁看承不敢暇。后园栽植虽甚蕃，及见花成由取舍。出群标致必惊人，方徙矮坛临大厦。客来只见轩栏前，国艳天姿相照射。因知灵种本自然，须凭精识能陶冶。君子果有育材心，请视维扬种花者。[①]

首先以"品格"论调，"洛花年来品格卑，所在随人趁高价"，接着把牡丹之品性与芍药的品性相比较："接头著处骋新妍，轻去本根无顾藉。不论姚花与魏花，只供俗目陪妖姹"，而芍药是"广陵之花性绝高，得地不移归造化。大豪人力或强迁，费尽雍培无艳冶"。

图 15　素雅的芍药。灵种自然，品格高绝。2016 年 5 月，焦永普摄于天津泰达植物资源库。

---

① 韩琦《和袁陟节推龙兴寺芍药》，《全宋诗》第 6 册，第 3967 页。

芍药的品性一一被诗人所挖掘出来：第一点是种植上，芍药无须大力的栽培，而是"得地不移归造化"，似一种人的安土重迁的品性，由来自然。第二点是花期上。芍药不与其他花卉争宠，不趋春光开放，而自由的花开花落。其三是品种，灵种本自然，天工着意，而不是人为的嫁接培育。

康节先生邵雍对芍药的品格更有独到的认识，比之梅格。邵雍笔下，植物入诗较多：第一，梅，有《和商守宋郎中早梅》[①]《和宋都官乞梅》[②]《同诸友城南张园赏梅十首》[③]等诗；第二，竹，有《高竹八首》，[④]第三位的就是芍药五首，第四位是牡丹三首。对牡丹的定位是冠艳群芳：

牡丹花品冠群芳，况是其间更有王。四色变而成百色，百般颜色百般香。[⑤]

一般颜色一般香，香是天香色异常。真宰功夫精妙处，非容人意可思量。[⑥]

邵雍笔下的《芍药》，突出的是品格的描写：

阿姨天上舞霓裳，姊妹庭前剪雪霜。要与牡丹为近侍，铅华不待学梅妆。

含露仙姿近玉堂，翻阶美态醉红妆。对花未免须酣舞，到底昌黎是楚狂。

一声啼鴂画楼东，魏紫姚黄扫地空。多谢化工怜寂寞，

---

① 《全宋诗》第 7 册，第 4465 页。
② 《全宋诗》第 7 册，第 4529 页。
③ 《全宋诗》第 7 册，第 4584 页。
④ 《全宋诗》第 7 册，第 4457 页。
⑤ 邵雍《东轩前添色牡丹一株开二十四枝成两绝呈诸公》，《全宋诗》第 7 册，第 4556 页。
⑥ 邵雍《牡丹吟》，《全宋诗》第 7 册，第 4667 页。

尚留芍药殿春风。

　　花不能言意已知，今君慵饮更无疑。但知白酒留佳客，
直待琼丹覆玉彝。①

邵雍高度赞扬芍药的品格是："近侍"，"梅妆"，芍药在诗人的眼中，
不是国色天香之物，而是如雅淡之梅。无独有偶，侯寘对芍药也有"梅
格"的认识，其《鹧鸪天·赏芍药》写到：

　　只有梅花是故人。岁寒情分更相亲。红鸾跨碧江头路，
紫府分香月下身。　　君既去，我离群。天涯白发怕逢春。
西湖苍莽烟波里，来岁梅时痛忆君。②

梅之独放在寒冬之际，寂寂无闻，芍药独放在暮春时候，无争芳
斗艳之心，芍药"以梅为友"的写法，让芍药的品格更有内蕴了。

第四节　芍药写作的表现方式

一、牡丹为王，芍药为臣

从生物性的角度来讲，芍药与牡丹是木本与草本区别，就视觉效
果上，木本牡丹形状可嫁接成株，更见形状，略显高大，芍药茎秆柔弱，
矮小无章。牡丹花瓣圆，硕大花形，艳丽色彩，饱满大方，芍药花细碎。
牡丹宜干不宜湿，牡丹是深根性肉质根，怕长期积水，平时浇水不宜多，
有"清牡丹，浊芍药"之说，芍药适合土壤肥沃之地，牡丹耐寒，不
耐高温，所以牡丹在北方更适合生长，而芍药则在扬州兴盛。就品种
而言，牡丹可嫁接优育，所以品种良多，芍药的品种要逊于牡丹。

---

① 《全宋诗》第 7 册，第 4699 页。
② 《全宋词》第 3 册，第 1434 页。

唐代芍药的落谱衰宗，很大程度上是因为世人对牡丹热捧而造成的冲击。欧阳修《洛阳牡丹记》记载："牡丹初不载文字，唯以药载《本草》。然于花中不为高第，大抵丹、延以西及褒斜道中尤多，与荆棘无异。土人皆取以为薪。自唐则天已后，洛阳牡丹始盛，然未闻有以名著者。如沈、宋、元、白之流，皆善咏花草，计有若今之异者，彼必形于篇咏，而寂无传焉。……谢灵运言永嘉竹间水际多牡丹，今越花不及洛阳甚远，是洛花自古未有若今之盛也。"

牡丹其根皮可入药。最早作为药用记载是在《神农本草经》中。在刘宋时期，谢灵运感叹"永嘉竹间水际多牡丹"。而后在隋代，隋炀帝在洛阳建西苑，奇花异草甚多，牡丹花色有多种。牡丹在隋炀帝时代开启了皇宫园林的篇章："易州进二十相牡丹：赭红、赭木、橙红、坯红、浅红、飞来红、袁家红、起州红、醉妃红、起台红、云红、天外黄、一拂黄、软条黄、冠子黄、延安黄、先春红、颤风娇等。"在这个时期，芍药的品种还没有引起世人的重视，连相关的记载都没有。在品种上，牡丹多色多种，大大赶超了芍药。牡丹的兴盛自唐代开始。关于记载，有舒元舆《牡丹赋序》："古人言花者，牡丹未尝与焉。盖遁于深山，自幽而芳，不为贵者所知。花者何遇焉。天后之乡西河也，有众香精舍，下有牡丹，其花特异。天后叹上苑之有阙，因命移植焉。由此京国牡丹，日月寝盛。"[1]此说认为牡丹的兴盛因武则天厚爱牡丹，移植到皇家园林中。统治者的喜爱，由此带来了世人的热捧。王禹偁也有举证："自天后以来，牡丹始盛。"[2]还有《酉阳杂俎》记载："牡丹，前史中无说处，惟《谢康乐集》中言竹间水际多牡丹。成式检隋

---

[1] ［清］董诰编《全唐文》第 8 册，第 7485 页。
[2] 《全宋诗》第 2 册，第 766 页。

朝《种植法》七十卷中，初不记牡丹，则知隋朝花药中所无也。开元末，裴士淹为郎官，奉使幽冀回，至汾州众香寺，得白牡丹一窠，植于长安私第，天宝中，为都下奇赏。"①由此，就开启了牡丹盛世唐朝的时代。此时还有关于牡丹的其他传说，都印证了这个时代对牡丹的追捧和痴迷。一则是"花妖"："初有木芍药，植于沉香亭前，其花一日忽开一枝两头，朝则深红，午则深碧，暮则深黄，夜则粉白；昼夜之内，香艳各异。帝谓左右曰：'此花木之妖，不足讶也。'"一则是"醒酒花"："明皇与贵妃幸华清宫，因宿酒初醒，凭妃子肩同看木芍药。上亲折一枝，与妃子递嗅其艳，帝曰：'不惟萱草忘忧，此花香艳，尤能醒酒。'"②

图 16　复色牡丹。多色多种，赶超芍药。2016 年 4 月，焦永普摄于天津泰达植物资源库。

① ［唐］段成式著，杜聪校点《酉阳杂俎》，第 133 页。
② ［五代］王仁裕撰，丁如明辑校《开元天宝遗事》，第 72—86 页。

图 17　牡丹花色。嫁接优育，花色繁多。2016 年 4 月，
焦永普摄于天津泰达植物资源库。

唐代，幅员辽阔，大一统的局势，国家繁荣，而且，大唐气度恢弘，与外国有诸多交流，表现在花卉园艺上，是历史上第一次花卉栽培引种的大交流。唐代艺花活动也大为兴盛，《开元天宝遗事》记载"斗花"："长安王士安，春时斗花，戴插以奇花多者为胜，皆用千金市名花植于庭苑中，以备春时之斗也。"①花卉园艺事业的兴起，是强大的国力的一隅。而大唐强势的国力，是花卉事业繁荣的前提条件，为牡丹品种的培育创造了条件，在色艳鲜香上，芍药与牡丹无异，但是牡丹可嫁接，品种更优育良多。就精神领域而言，盛世之载，成就了一代人气度豪迈，胸襟开阔，乐观愉快，昂扬奋发的气质，在审美倾向上，也更雍容华贵，秾丽明媚，牡丹就在这样真实的环境中确立了自己花王的地位。

① ［五代］王仁裕著，丁如明辑校《开元天宝遗事》，第 97 页。

宋代是花卉繁盛的一大时代，宋人更注重生活品质的把握，《东京梦华录》记载："牡丹、芍药、棣棠、木香种种上市。卖花者以马头竹篮铺排，歌叫之声，清奇可听，晴帘静院，晓幕高楼，宿酒未醒，好梦初觉，闻之莫之不新愁易感，幽恨悬生，最一时之佳况。"① "其中大小勾栏五十余座，内中瓦子莲花棚，牡丹棚。"②沿袭唐代余气，牡丹在宋代的地位仍旧不可冲击，牡丹在宋代品种已达109种，芍药在王观芍药谱中只有31种。

图18　牡丹国色。花型硕大，饱满大方。2016年4月，焦永普摄于天津泰达植物资源库。

但是这一时期，芍药也在扬州找到了适合自己生长的土壤，但是在花品定位上，牡丹花王，芍药花相已经是人们的共识，如：邵雍《芍药》

① ［宋］孟元老著，邓之诚注《东京梦华录注》，第200页。
② ［宋］孟元老著，邓之诚注《东京梦华录注》，第66页。

四首其二："要与牡丹为近侍，铅华不待学梅妆"。[1]周必大笔下芍药为花嫔，"天教姚魏主芳菲，合有宫嫔次列妃。"[2]王十朋《芍药》："已过花王候，才开近侍香。"曹组《水龙吟》："东风既与花王，芍药须为近侍。"

牡丹为王，芍药为臣的写法，在乾隆的《御制诗集》中表现得特别突出，诗集中出现了题咏芍药的作品14首，其中有9处是言花嫔的，代表着对花品地位已有的形成性认识，也是统治阶级等级观念的倾向写照。如《芍药》："花王常欲傲，不肯嫁东风。"[3]《见芍药戏作》："今日风沙齐道侧，乱头只见魏家奴。"[4]《戏咏芍药》："花嫔盈盈放始开。"[5]但是在这种认识中，也没有贬低芍药的意思，只是定位的不同，乾隆《筱园咏芍药》："芍药富丽虽不及牡丹，而逸乃其所长。"[6]另一首《芍药》中写到："雅淡风情绰约姿，侍花王必而为宜。"[7]明清时期，花品的认识也是如此，李渔写到："芍药与牡丹媲美，前人署牡丹以'花王'，署芍药以'花相'。冤者！予以公道论之：天无二日，民无二王，牡丹正位于香国，芍药自难并驱。虽别尊卑，亦当在五等诸侯之列，岂王之下，相之上，遂无一位一座，可备酬工之用者哉？"[8]明清时期人们对牡丹花王，芍药花相的认识根深蒂固。《红楼梦》写到薛宝钗抓到

① 《全宋诗》第7册，第4699页。
② 《全宋诗》第43册，第26764页。
③ ［清］爱新觉罗·弘历《御制诗集》，《影印文渊阁四库全书》第1302册，第416页。
④ ［清］爱新觉罗·弘历《御制诗集》，第1303册，第553页。
⑤ ［清］爱新觉罗·弘历《御制诗集》，第1305册，第342页。
⑥ ［清］爱新觉罗·弘历《御制诗集》，第1309册，第363页。
⑦ ［清］爱新觉罗·弘历《御制诗集》，第1306册，第861页。
⑧ ［明］李渔《闲情偶寄》，第283页。

一支画着牡丹的签，题着"艳冠群芳"四字。①由此来看，牡丹花王，芍药花相的定位是历史的沉淀。

二、芍药挚友

牡丹是芍药的老朋友，时而争芳斗艳，时而相互提携，而在这样的季节里，荼蘼、蔷薇却是芍药的挚友，相互陪伴着走过春天。

（一）芍药与荼蘼

荼蘼，又作酴醿，《群芳谱》载："酴醿，色黄如酒，固加酉字作酴醿"，开于晚春，同芍药的花期。正如叶颙《酴醿》一诗写到："千红万紫消磨尽，犹有风吹不断香"，苏轼诗云"芍药不争春，寂寞开最晚"。唐诗中，荼蘼与芍药意象出现了 2 次，根据《全宋词》检索，芍药意象出现了 105 次，其中荼蘼意象伴随出现了 16 次，约占 15%，比重最大。根据《全宋诗》检索，芍药意象出现了 499 次，荼蘼伴随出现了 25 次，约占 5%。荼蘼与芍药一并写作的比重较大，地位特殊。荼蘼的特点是花香扑鼻，这一点与芍药有类似之处。宋祁称赞荼蘼是"无华真国色，有韵自天香"，苏轼誉为"不妆艳已绝，无风香自远"，暮春时节，芍药的妍丽，荼蘼的含香，如戴复古《陪厉寺丞赏芍药》写到："酴醿压架垂垂老，芍药翻阶楚楚春。"②构织成暮春有色有味的图景。

流传甚广的是"开到荼蘼花事了"一句，蕴涵着一种隐隐约约的伤感和即将逝去的忧伤。作为暮春之花，荼蘼和芍药一样，代表着春天的逝去，韶华不再，青春难驻，颓丧的心扉之侧，是绝望的神情的怅惘，且看范成大《乐先生辟新堂以待芍药酴醿作诗奉赠》：

芍药有国色，酴醿乃天香。二妙绝世立，百草为不芳。

---

① 《红楼梦》，第 521 页。
② 《全宋诗》第 54 册，第 33587 页。

56

先生绝俗姿，风味本无双。年来悟结习，欲试安心方。天魔巧伺便，作计迴刚肠。多情开此花，艳绝温柔乡。道人为一笑，正尔未易忘。呼童葺荷芷，择胜开轩窗。啼莺不愁思，游蜂亦猖狂。百年鞚呻轻，共此过隙光。朝为春条绿，暮为秋叶黄。把玩尚无几，况以忧愁妨。愿言秉烛游，迨此春宵长。[①]

芍药之妍丽，匹配着酴醿的天香，巧作一对，色香风味，绝世无敌。蜂蝶忙忙碌碌，穿梭其中，正是它们的忙碌，应正了白驹过隙的时光，太匆忙，一念想是春的花红柳绿，一念想便是秋的落叶潇潇，只能以忧愁聊慰心思，黑夜里照着蜡烛把春天的时光拉长。

芍药与荼蘼的搭配在宋词中更为常见，围绕在荼蘼与芍药的香味色泽中的，都是伤感的情绪。这样挚友搭配，堪称借酒浇愁，抽刀断水之态势：

十日借春留。芍药荼蘼不解愁。（吴淇《南乡子》）

荼蘼芍药春将暮。最无情，飘零柳絮，搅人离绪。（吴潜《贺新郎·说著成凄楚》）

几许暮春清思，未知芍药，先拟荼蘼。老却东风，春去不与人期。（尹济翁《玉蝴蝶》）

芍药荼蘼还又是，仗何人，说与司花女。将岁月，浪如许。（吴潜《贺新郎·一笑春无语》）

---

① 《全宋诗》第 41 册，第 25760 页。

图19 ［清］恽丙《芍药桃花图》轴。一株桃花，一株芍药，仿若挚友。见《中国绘画全集》，第26卷。

（二）芍药与蔷薇

蔷薇也是暮春花卉之一，送春迎夏。蔷薇蔓生，多用棚架搭载，形成花架景观，如高骈《山亭夏日》写到："水精帘动微风起，满架蔷薇一院香。"裴说《蔷薇》："一架长条万朵春，嫩红深绿小窠匀。"蔷薇突出表现为视觉上美感。论起二者的相似点，突出的表现在形态上，斜倒之状，都是需要外力扶持，在园林造景中常常搭配。

芍药与蔷薇的写作模式较少，但秦观《春日》把两者的美质演绎得生动精灵，成为咏花的名句：

一夕轻雷落万丝，霁光浮瓦碧参差。有情芍药含春

图 20 ［清］袁耀《芍药萱石图》轴。芍药与石头造景。见《中国绘画全集》，第 26 卷，天津艺术博物馆藏。

泪，无力蔷薇卧晓枝。

春雷降临，细雨丝丝，在云霄雨霁之时，琉璃瓦层层叠叠地泛着光辉。花瓣上的露珠晶莹剔透，宛若雨后的芍药脉脉含泪，是对春的眷恋，难以割舍。此时，蔷薇酣醉，正扶着花枝，睡眼惺忪，朦朦胧胧地看着脚下的芍药带雨的美。一高一低，视角不断变幻，我俯视着脚下的你，你仰视着头上的我，两者似乎是一对好朋友，相互慰藉，互诉衷肠，定格成一幅春泪尽染的画面。

类似的创作如温庭筠"芍药蔷薇语早梅，不知谁是艳阳才"，[①]吕渭老《极相思·西园斗草归迟》："寒食清明都过了，趁如今，芍药蔷薇。衩衣吟露，归州缆月，方解开眉。"表达的是趁着春光还在，及时行乐，才是潇洒解脱的人生。在这样的春天里，芍药的盛开并不是寂寞的。三两朋友，携手相伴，你云我语，莫不温馨。

三、护花使者

芍药的美感不仅因自而生，而且更突出的是凭借外物的兴寄表现出来的玩味。

（一）风生情致

《全唐诗》中，芍药意象出现了 97 次，"风"意象伴随出现了 62 次，占 63.9%。根据《全宋词》检索，芍药意象出现了 105 次，其中"风"意象伴随出现了 95 次，约占 90.5%。根据《全宋诗》检索，芍药意象出现了 499 次，"风"意象伴随出现了 278 次，约占 55.7%。可见，芍药在文学作品中的形象展现很大程度上凭借着风，生发着无穷的韵味情致。

风，既是云飞扬的姿态，又是雨满楼的景致，既有潜入夜的静谧，

---

① 《全唐诗》，第 6729 页。

又有扫落叶的音效，集视觉、听觉、触觉为一体。唐诗中，"春风"意象5次，"东风"意象7次，宋词中，"春风"意象6次，"东风"意象17次，特别的是，芍药开放的时间里，人们眼中的春天即将过去，此时的春风也是万般的无情，风里落花如扫，李弥逊《十样花》："红药一番经雨。把酒绕芳丛，花解语。劝春住。莫教容易去。"晚春里的芍药生发了人们惜春，留春的眷恋，卢储写到："芍药斩新栽，当庭数朵开，东风与拘束，留待细君来。"[①]春风是否能放慢它的脚步，花儿多绽放些时日，等待着你的到来。

最为经典的是明人顾清用高度的拟人手法，写作了《芍药寻盟二首》：

开缄奕奕见风神，

百过赓酬意转新。栗里

图21 〔清〕任颐《红芍药图》。画中描绘了芍药斜倚雕栏，分外天真。纸本设色，纵163.5厘米，横46.4厘米。南京博物馆藏。

---

① 《全唐诗》，第920页。

黄花偏耐晚，谢庭红药已含春。追攀未觉亭台夐，题品时应翰墨亲。指屈东风宁几日，只愁无地著吟身。

问梅依竹几重重，曾伴渊明醉屋冬。秀质自然天力与，芳香不逐岁华穷。琴尊胜会留清赏，旗鼓骚坛合顺风。走遍凤城车马地，几人高兴与公同。①

诗中以"风神"陪衬芍药，犹如画龙点睛，风就是一种自然天力，捎带着芍药的芬芳，主要呈现为两种方式：

首先是风递清香。风带来了气流的流动，香气也借此散发，王禹偁《芍药诗》其二："风递清香满四邻。"李义山《祝英台近》："夏初临，春正满，花事在红药。一阵光风，香雾喷珠箔。"李处全《西江月·又芍药》："十里香风晓霁"。②

其次是风生情态。突出地表现为动态的美感，动态的美表现为两种类型，一类是"倚""靠""扶""醉"，表现出娇弱无力，弱质如柳的小女子形象来，尤其在宋词中突出应用，在题咏芍药的 18 首宋词中，"倚"出现了 7 次，占 38.9%，"醉"出现了 8 次，约占 44.5%，由此体现一种"娇"的气质来，"娇"出现了 10 次，占 55.6%，如陈从古《蝶恋花》："困倚东风，无限娇春处。"曾协《醉江月·咏芍药》："弱质敧风，芳心带露，酒困娇无力。"再者如陈济翁《蓦山溪》："晚风生处，襟袖卷浓香，持玉斝，秉纱笼，倚醉听更漏。"张泌《芍药》："闲倚晚风生怅望。"王贞白《芍药》："妒态风频起。"③

一类是"翻""摇""荡"，在题咏芍药的 13 首唐诗中，"翻"1 次，

---

① ［明］顾清《东江家藏集》，《四库明人文集丛刊》第 1261 册，第 488 页。
② 《全宋词》第 3 册，第 1733 页。
③ 《全唐诗》，第 2155 页。

"荡"2次,"摇"1次,在题咏芍药的18首宋词中,"翻"4次,"摇"1次,体现为一种生气、活泼的自然美韵。这种写法是承继谢灵运"红药当阶翻"的创作,既把芍药叶子静态的参差描摹出来,又在动态上给人微风拂过,花朵起起伏伏的视觉效果,如柳宗元《戏题阶前芍药》:"暄风动摇频",[①] 元稹《红芍药》:"风亚珊瑚朵",[②] 白居易看着是"动荡情无限,低斜力不支",[③] 顾瑛《春晖楼赏芍药》:"舞袂风翻翻。"袁桷《新安芍药歌》:"风动霓裳凝绰约。"风的入诗,摇曳生姿,使静态的美有了动觉的质感,更贴近生活,接近最自然的原始感受,芍药犹如一个困倚东风的娇弱女子,痴情而怅惘,正如元郝经《芍药》写到:"烟轻雪腻丰容质,露重霞香婀娜身。铁石肝肠总销铄,都将软语说风神。"高度说明了风的陪衬作用。

(二)阶、栏造景

在唐诗中,芍药意象出现了97次,"阶"意象伴随出现了9次,占9.27%,"栏"意象出现了9次,占9.27%。根据《全宋词》检索,芍药意象出现了105次,其中"阶"意象伴随出现了19次,约占18.1%,"栏"意象出现了9次,约占8.57%。根据《全宋诗》检索,芍药意象出现了499次,"栏"意象伴随出现了32次,约占6.41%。在题咏芍药的18首宋词中,"阶"使用了6次,约占33.4%,"栏"使用了7次,约占38.9%。

在造景上,阶是石头累积而成的梯级,具有清晰的层次,使芍药在视觉上达到起伏而涌动的效果,异常醒目。而且芍药本身叶子具有

---

① 《全唐诗》,第874页。

② 《全唐诗》,第996页。

③ 《全唐诗》,第1104页。

复叶的特点，与台阶的形象有异曲同工之处。

著名的写法有谢灵运"红药当阶翻"，跳跃而灵动，侯置的"翻阶红药竞芬芳"，①方岳《沁园春》："把酒问花，茧栗梢头，春今几何。笑身居近侍，阶翻万玉，面丐菩萨，髻拥千螺。"②

"栏"，在诗词语境中有独特的意义，李煜《浪淘沙》："独自莫凭栏"，岳飞《满江红》："凭栏处，潇潇雨歇"，栏杆之处，已经成为情绪的遣散地了。

芍药诗词的写作中，栏杆处是特写的镜头："昼暖朱阑困倚"；③"束素腰纤，捻红唇小，郭袖娇看，倚阑柔弱"；④"最是倚栏娇分外"；孔尚任《咏一捻红芍药》："一枝芍药上精神,斜倚雕栏比太真。"栏边芍药，仿佛一个女子，无限的眺望，无限的情思。

① 侯置《朝中措》，《全宋词》第 3 册，第 1434 页。
② 方岳《沁园春》，《全宋词》第 4 册，第 2838 页。
③ 黄升《花发沁园春·芍药会上》，《全宋词》第 4 册，第 2998 页。
④ 刘子寰《醉蓬莱》，《全宋词》第 4 册，第 2704 页。

第四章 宋代扬州的芍药及其文学

有宋一代，扬州芍药擅名天下，文学上形成了围绕扬州芍药的一代创作，园艺学上有了芍药谱录的诞生，艺花活动中有了大规模的芍药种植，都市生活中有了赏芍药的花会，传说"四相簪花"也在这个时候开始。芍药在扬州的成就无疑是突出的，丰富了扬州的历史，也是整个芍药史上华丽的篇章。扬州是历史名城，内涵丰富，底蕴深远，《扬州府志·序》云："以地利言之，则襟带淮泗，锁钥吴越，自荆襄而东下，屹为巨镇。漕艘供馈岁至京师者，必于此焉。是达盐策之利，邦赋攸赖。若其文人之盛，尤史不绝书。"[①]扬州在隋代以前称为广陵，在隋开皇九年（589年），改吴州为扬州，《扬州府志》记载："宋因之寻分扬州为五，曰：扬州、真州、泰州、通州、高邮军。"[②]

概观来看，宋代时期扬州是一代都会，"东南奥区，尤多托迹其间"，[③]人口众多，"人性轻扬，善商贾，廛里饶富，多高赀之家"，[④]交通上，扬州系京杭大运河中的要塞之地，处于邗沟的南部，漕运货运都极其发达，是交通发达的城市。经济上，水运的优势位置，成就了贸易大都市，《舆地纪胜》记载："自淮南以西，大江之东，南至五

---

① ［清］江藩、姚文田等著，阿克当阿序《嘉庆重修扬州府志》，第1页。
② ［清］阿克当克等《扬州府志》，第93页。
③ ［明］杨洵、陆君弼等著，杨洵序《万历扬州府志》，《北京图书馆古籍珍本丛刊》本第25册，第10页。
④ ［宋］脱脱等《宋史》，第2185页。

岭蜀汉，十一路百州迁徙贸易之人，往还皆出扬州下。舟车日夜灌输京师，居天下之十七。"[①]而且，扬州本是水乡富饶之地，盛产粮食，土地肥沃，加上水运的便利，造船业、盐业等经济行业也迅猛发展起来，据《宋史·食货志》记载："凡盐之入，置仓以受之，通、楚州各一，泰州三，以受三州盐。又置转般仓二，一于真州，以受通、泰、楚五仓盐；一于涟水军，以受海州涟水盐。江南岁潜米至淮南，受盐以归，东南盐利，视天下为最厚。"[②]宋代的都市生活，本是寻求着闲适、享受型的线路，在宋代闲适风气的大背景下，扬州借以城市的发展，人口的众多，交通的便利，经济的繁荣，为都市文化生活的发展培植了沃土，由此，艺花、赏花、花会等活动异彩纷呈、欣欣向荣，扬州芍药就在这一片沃土之上开启它最辉煌的篇章。

第一节 宋代扬州芍药文学

扬州芍药文学，从创作群体来界定，以仕扬文人和经扬文人为主，仕扬文人如王禹偁、穆修、韩琦、刘敞、苏颂、孔武仲、晁补之、苏轼，经扬文人如蔡襄、曾巩、黄庭坚等。根据《全宋诗》检索，题咏扬州芍药的诗如表1所示：

表1 扬州芍药诗

文人 （按年龄排序）	作品
王禹偁	《芍药诗三首》
穆修	《合欢芍药》

---

① ［宋］王象之《舆地纪胜》，第 1561 页。
② ［宋］脱脱等《宋史》，第 4438 页。

许元	"芍药琼花应有恨，维扬新什独无名"
韩琦	《和袁陟节推龙兴寺芍药》《北园同赏芍药》《阅古堂八咏·芍药》《乙卯北第同赏芍药》《狎鸥亭同赏芍药》①
蔡襄	《和王学士芍药》《和运使王学士芍药篇》《华严院西轩见芍药》
曾巩	《芍药厅》
刘敞	《芍药》《芍药》《园人戏芍药》《题庭前药栏》
司马光	《和陈殿丞芍药》
苏颂	"广陵芍药盛开，品目比旧又多，累日与同官赏叹，不足因记，嘉祐中，西台吴大资与留守宋丞相唱和二篇，吴诗有不逐新奇争世玩却怜陶菊与庄椿之句，宋答云，松篁何意常如旧，闲倚霜空不肯凋。意有未尽，辄成二章》"
郑獬	《丝头黄芍药》
周必大	《彭孝求送芍药数种鄙句为谢》
徐积	《双头芍药三首》
韦骧	《和潘通甫芍药十韵》《和潘通甫芍药》
苏轼	《送笋芍药与公择二首》《玉盘盂》（二首）《赵昌四季芍药》
苏辙	《和子瞻玉盘盂二首》《同陈述古舍人观芍药》
孔武仲	《芍药》《赋刘令公署双头芍药》
彭汝砺	《赋刘公署双头芍药》《舟中载芍药数本》
陆佃	《依韵和再开芍药十六首》《依韵和双头芍药十六首》
黄庭坚	《广陵早春》
张耒	《三月小园花已谢独芍药盛开》
晁说之	《谢魏宰惠芍药》
王洋	《题范子济双头芍药》
王十朋	《芍药》
杨万里	《芍药初生》《芙蓉渡酒店前金沙芍药盛开》《芍药》②《多稼堂前两槛芍药红白对开二百朵》
张栻	《谢韩监芍药》
戴复古	《陪厉寺丞赏芍药》
贾似道	《芍药》（三首）

---

① 《全宋诗》，第 6 册。原题为《狎鸥亭同赏牡丹》，旁注为"二字底本目录作芍药，宜从"，诗中最后一联"肯与姚黄为近侍，亦须称后始无差"应是赏芍药之作，此处作《狎鸥亭同赏芍药》。

② 据《广群芳谱》增，何以筑花宅，笔直松枝子，何以盖花房，雪白清江纸，纸将碧油透，松竹画栋峙，铺纸便作瓦，瓦色水晶似，金鸭暖未焰，银竹响无水，汗容渍不湿，晴态娇非醉，尽将香世界，关作闲天地，风日几曾来，蜂蝶独得至，劝春入宅莫归休，劝花住宅且少留，昨日花开开一半，今日花飞飞数片，留花不住春迳归，不如折插瓶中看。

根据全宋词检索，题咏扬州芍药的词如下表2所示：

表2　扬州芍药诗

文人（按年龄排序）①	作品
苏轼	《浣溪沙·芍药樱桃两斗新》（扬州赏芍药樱桃）
陈济翁②	《蓦山溪·薰风时候》③
晁补之	《望海潮·人间花老》（扬州芍药会作）④
葛胜仲	《浣溪沙·楼子包金照眼新》（赏芍药）
曾觌	《念奴娇·人生行乐》
韩元吉	《浪淘沙·怨花残》
曾协	《醉江月·一年好处》（咏芍药）
侯置⑤	《朝中措·翻阶红药竞芬芳》（双头芍药）
李处全⑥	《西江月·婷婷妆楼红袖》（又芍药）
张孝祥	《踏莎行·洛下根株》
姜夔	《侧犯·恨春易去》《扬州慢·淮左名都》
卢祖皋	《水龙吟·杜鹃啼老春红》
刘圻父⑦	《醉蓬莱·访莺花陈迹》
刘克庄	《贺新郎·一梦扬州事》
赵长卿⑧	《醉蓬莱·是三春已暮》
黄升⑨	《花发沁园春·晓燕传情》（芍药会上）

---

① 部分词人生卒年不详，据所在时期大致排序。
② 陈济翁，生卒年不详，大致与苏轼同期。
③ 《全宋词》第1册，第276页。
④ 《全宋词》第1册，第560页。
⑤ 南渡词人，1127年前后。
⑥ 李处全，1174年前后。
⑦ 刘圻父，生卒年不详，嘉定十年（1217年）进士。
⑧ 赵长卿，1208年前后。
⑨ 黄升，1245年前后。

在《全宋诗》499 次"芍药"意象①中，"扬州"意象②出现了 63 次，占 12.63%。在《全宋词》105 次"芍药"意象③中，"扬州"意象④出现了 16 次，占 15.23%。

从创作内容来看，创作主要是关于芍药自然美韵以及品格美韵的挖掘、芍药花会、借芍药讽喻历史三方面的创作：

一、芍药特质的挖掘

唐诗从自然特质上挖掘，而在宋代理学深度思考的影响下，芍药向着纵深的方向体现着它的品格美韵，突出的表现在韩琦的写作之中。韩琦写作了《和袁陟节推龙兴寺芍药》⑤《乙卯北第同赏芍药》《狎鸥亭同赏芍药》等。韩琦庆历五年三月至庆历六年（1045 年—1046 年），以资政殿学士知扬州，此时扬州种植芍药已经是比较盛行，如王禹偁《芍药诗序》中写到："扬州僧舍植数千本。"⑥

韩琦的写作，突出地表现了芍药的"品格"："广陵芍药真奇差，名与洛花相上下。洛花年来品格卑，所在随人趁高价。""广陵之花性绝高，得地不移归造化。""因知灵种本自然。"由"品格""花性""灵种"的定位，芍药的品格特质得以彰显。

突出的是，芍药的花品在诗人的作品中得以呈现，这是从宋代才开始的，如苏轼、杨万里、周密笔下的玉盘盂：

---

① "芍药"意象检索 284 次，"红药"意象检索 185 次。
② "扬州"意象检索包括"扬州"（28 次）、"广陵"（12 次）、"江都"（8 次）、"淮南"（8 次），江南（7 次）词汇的检索。
③ "芍药"意象检索 45 次，"红药"意象检索 60 次。
④ "扬州"意象检索包括"扬州"（10 次）、"广陵"（1 次）、"江都"（1 次）、"淮南"（0）次，"江南"（2 次）词汇的检索。
⑤ 《全宋诗》第 6 册，第 3967 页。
⑥ 《全宋诗》第 2 册，第 776 页。

苏轼《玉盘盂》其一：杂花狼藉占余春，芍药开时扫地无。两寺妆成宝璎珞，一枝争看玉盘盂。佳名会作新翻曲，绝品难逢旧画图。从此定知年谷熟，姑山亲见雪肌肤。[1]

杨万里《玉盘盂》：旁招近侍自江都，两岁何曾见国姝。看尽满栏红芍药，只消一朵玉盘盂。水精淡白非真色，珠璧空明得似无。欲比此花无可比，且云冰骨雪肌肤。[2]

周密《江城子》（赋玉盘盂芍药寄意）：玉肌多病怯残春，瘦棱棱，睡腾腾，清楚衣裳，不受一尘侵。香冷翠屏春意靓，明月淡，晓风轻。楼中燕子梦中云，似多情，似无情。酒醒歌阑，谁为唤真真。尽日琐窗人不到，莺意懒，蝶愁深。

玉盘盂，是白芍药的别称，白色的芍药花，在文人的笔下，比作了如雪一样的肌肤之美，似真似假的淡白，词作中更把它写作了一位如幻如真的女子，就着轻罗白衣，袅袅娜娜，似有情又似无情。

芍药在宋代得到了精工雍培，由此品种上、花枝上，在作品中都有了新的呈现，例如双头芍药。

彭汝砺《赋刘令公署双头芍药》：花容人所怜，花意我独知。雨露三月春，齐荣一纤枝。并立无妒心，相逢况芳时。长同白日照，不为颠风离。世情正睽乖，因赋芍药诗。

王洋《题范子济双头芍药》：烟粘草露珠结窠，淮上人疑春未多。扬州东部纷芍药，已与天地分中和。双苞一色生同蒂，不是花妖是和气。恩沾雨露力偏饶。来向人间自应贵。栏边鼓彻无奈何，欲留白日谁挥戈。练缃聊记旧容质，犹得胜士

---

① 《全宋诗》第 14 册，第 9226 页。

② 《全宋诗》第 42 册，第 26561 页。

长吟哦。八姨不列真妃上，大姨稳作昭仪样。无双颜貌却成双，背立无言似惆怅。淮南通守别花眼，曾向花前倾玉盏。左看右看俱可人，欲选娇娘倩谁东。

王之道《次韵蔡永叔双头芍药》：反复新诗对月华，视模犹及正而葩。坐驰芍药心先醉，身老江湖眼欲花。夜半已酬连理约，风前还见一枝斜。滩头更下双鹨鶒，并与妖红作意夸。①

辛弃疾《和赵茂嘉郎中双头芍药二首》：昨日梅华同语笑，今朝芍药并芬芳。弟兄殿住春风了，却遣花来送一觞。　当年负鼎去干汤，至味须称芍药芳。岂是调羹双妙手，故教初发劝持觞。

在《扬州芍药谱》中："合欢芳，双头并蒂而开，二朵相背也。"②即是指双头芍药，犹如鹨鶒，同伴同行，形象的如同两个人站在一起，所以呈现出"并立无妒心"，"和气"的感觉，诗人还形象地看作了是两个女子背向站立，默默无言，似乎惆怅满怀，装满了心事。

二、芍药花会，扬州气象

扬州芍药的兴盛，最突出的是举办芍药花会，《墨庄漫录》记载：

西京牡丹，闻于天下。花盛时，太守作万花会。宴集之所，以花为屏帐，至于梁栋柱拱，悉以竹筒贮水，插花钉挂，举目皆花也。扬州产芍药，其妙者不减于姚黄、魏紫，蔡元长知维阳日，亦效洛阳作万花会。其后岁岁循习而为，人颇病之。元祐七年，东坡来知扬州，正遇花时，吏白旧例，公判罢之，

---

① 《全宋诗》第 32 册，第 20234 页。
② ［宋］王观《扬州芍药谱》，《丛书集成新编》第 44 册，第 108 页。

人皆鼓舞欣悦。作书报王定国云："花会检旧案，用花千万朵，吏缘为奸，乃扬州大害，已罢之矣，虽杀风景，免造业也。"公为政之惠利于民，率皆类此，民到于今称之。①

元祐元年（1086年），蔡京知扬州，仿照洛阳也举办万花会，用花千万朵，官吏借此捞财害命，称其为"扬州大害"，大可比蔡京兴花石纲之役的危害。直到元祐七年（1092年），苏东坡知扬州，才下令禁止举办万花会，惠民之举，得到了老百姓的称赞。

苏轼《玉盘盂》并引写到："东吴旧俗，每岁四月大会于南禅、资福两寺，以芍药供佛。而今岁最盛，凡七千余朵，皆重跗累萼，繁丽丰硕。中有白花，正圆如覆盂，其下十余叶稍大，承之如盘，姿格绝异，独出七千朵之上。云得于城北苏氏园中，周相国莒公之别业也。其名俚甚，乃为易之。"②供佛之芍药，七千余朵，是何等的繁盛之象！

芍药花会是诗人展现生花之笔的大好机会，如晁补之《望海潮·人间花老》（扬州芍药会作）：

人间花老，天涯春去，扬州别是风光。红药万株，佳名千种，天然浩态狂香。尊贵御衣黄。未便教西洛，独占花王。困倚东风，汉宫谁敢斗新妆。年年高会维阳。　　看家夸绝艳，人诧奇芳。结蕊当屏，联萼就幄，红遮绿绕华堂。花面映交相。更秉管观沼，幽意难忘。罢酒风亭，梦魂惊恐在仙乡。③

晁补之《望海潮》写作的正是扬州的气象："扬州别是风光"，"梦魂惊恐在仙乡"，芍药天然浩态，天姿妖娆，不减姚魏风采，从芍药这

---

① ［宋］张邦基《墨庄漫录》卷九。
② 《全宋诗》第14册，第9226页。
③ 《全宋词》第1册，第560页。

个缩微图景中，看到的是作为大都市的扬州，较之洛阳，也别具一番气象。

还有黄升《花发沁园春·晓燕传情》(芍药会上)：

> 晓燕传情，午莺喧梦，起来检校芳事。荼蘼褪雪，杨柳
> 吹绵，迤逦麦秋天气。翻阶傍砌。看芍药、新妆娇媚。正凤
> 紫匀染绡裳，猩红轻透罗袂。　　昼暖朱阑困倚。是天姿妖娆，
> 不减姚魏。随蜂惹粉，趁蝶栖香，引动少年情味。花浓酒美。
> 人正在、翠红围里。问谁是、第一风流，折花簪向云髻。[①]

黄升的作品借芍药诉说着儿女情长，但"问谁是，第一风流，折花插向云髻"，仿若当年李白醉吟作《清平乐》，让高力士脱靴的洒脱，正是这种洒脱里，传递着盛世的气象。

三、咏怀讽古

咏怀，借以事物，诉诸自己；讽古，以史明鉴，感慨岁月。芍药有过盛名扬州的辉煌岁月，然而当繁华不再，往事不堪回首时，它寄寓的是另一种心情。暮春时节，百花凋落，诗人的思索转为悲伤沉吟。

有了韩愈的芍药花前酒醉，在历史的低谷中，诗人反复寻求着麻痹之中的伤痛忘却：

> 王禹偁《芍药诗》其三：满院匀开似赤城，帝乡齐点上
> 元灯。感伤纶阁多情客，珍重维扬好事僧。酌处酒杯深蘸甲，
> 折来花朵细含棱。老郎为郡幸朝寄，除却吟诗百不能。[②]

> 陈棣《别墅芍药盛开沈公辟有诗见嘲次韵代柬》其二：
> 翰林忆昔咏孤芳，自合移根向玉堂。贵客亲陪天女手，侍臣

---

① 《全宋词》第 4 册，第 2998 页。
② 《全宋诗》第 2 册，第 766 页。

应带御炉香。花前未许退之醉，江上空嗟子美狂。一夜殷红飘落尽，不堪寂寞对霞觞。①

王禹偁于端拱己丑（989年），由左司谏为制诰舍人，后又在淳化甲午（994年），遭遇罢黜，接连的不幸让这位诗人在面对芍药花开的时候，感伤嗟叹。陈棣也是如此，花在风雨之后的飘零，零落的诗人寂寞对酒感怀。

当金人的铁蹄踏碎了北宋安乐享受的美梦，扬州城也开始了它的劫难岁月，《金史·太宗纪》："天会七年五月乙卯，拔离速等袭宋主于扬州。"②

"庚午，金人去扬州。"③天会七年（1129年），到庚午（1030年），据《扬州图经》记载："金人焚扬州。初，金遣甲士数十人，入扬州谕士民出西城，人皆疑之，犹未有出城者。是日，又遣人大呼，告以不出城者皆杀，于是西北人自西门出，则悉留木栅中，惟扬州人不出。夜，金纵火焚城，士民皆死，存者才数千人而已。"④这是扬州城第一次被掳，火烧扬州，死伤惨重。"辛酉，金人犯扬州"，⑤"绍兴元年正月己酉（1131年），金人犯扬州。"⑥

扬州几经洗劫，已是满目疮痍。历史兴衰瞬息变幻，芍药作为扬州风物之一，是历史的见证者，是诗人们的回忆所在：

孔武仲《芍药》：楼上看红药，都城值晚春。风葩低永昼，

① 《全宋诗》第35册，第22041页。
② ［清］焦循、江藩著，薛飞点校《扬州图经》，第143页。
③ ［清］焦循、江藩著，薛飞点校《扬州图经》，第144页。
④ ［清］焦循、江藩著，薛飞点校《扬州图经》，第144页。
⑤ ［清］焦循、江藩著，薛飞点校《扬州图经》，第151页。
⑥ ［清］焦循、江藩著，薛飞点校《扬州图经》，第152页。

露脸泣芳晨。忆昨淮南客，曾为诗社人。轻明时楼子，闲淡有天真。此地虽都会，兹花莫等伦。维扬不复梦，羸马禁城尘。[1]

　　黄庭坚《广陵早春》：春风十里珠帘卷，彷佛三生杜牧之。红药梢头初茧栗，扬州风物鬓成丝。

　　舒岳祥《对红药有感》：牡丹过后卖芍药，清晓天街频叫时。传世园林莺自占，有名花草蝶先知。百年富贵一场梦，千古英雄几局棋。世上兴亡总如此，我今叹老复嗟衰。[2]

"扬州风物鬓成丝"，这里明确地提到，芍药已经作为了扬州的城市符号，这个符号在历史的变迁之中，尤其令人感喟。这种情怀在词表现也比较痛彻，最有名的就是姜夔《扬州慢·淮左名都》《侧犯·恨春易去》(咏芍药) 对二十四桥的写作："二十四桥仍在，波心荡、冷月无声。念桥边红药，年年知为谁生。""正茧栗梢头弄诗句。红桥二十四，总是行云处。"从历史兴亡之中，好梦已经不再，盛景犹如头发一样发白惨淡，尤其在南渡文人面前，面临的是背井离乡，忍辱求和，对比历史的兴衰，自己也渐渐进入了迟暮之年，所以富贵也只是一场梦，英雄也只是过往的故事，兴与亡的交替，入与出的变化，是文人永远的心结。

第二节　宋代扬州芍药谱录

　　宋代的花卉业达到了前所未有的繁荣，种花、赏花、艺花已经成为一种风气，由此推动了园艺学理论上谱录的大量涌现，根据王毓瑚

---

① 《全宋诗》第 15 册，第 10323 页。
② 《全宋诗》第 65 册，第 40982 页。

所编的《中国农学书录》显示，宋代花木类专著 43 种，官修文献《太平御览》中 30 余卷作品也专门涉及了果木花草。同时，专门的以植物研究为对象的大型类书也出现，以《全芳备祖》为代表，涉及植物的 300 余种，花卉 120 种。

民间谱录更是流行，专门的花卉种类书籍大量地涌现，以牡丹为代表的，有欧阳修《洛阳牡丹记》、周师厚《洛阳牡丹记》、张邦基《陈州牡丹记》、陆游《天彭牡丹谱》、丘浚《牡丹荣辱志》；以菊花为代表，有刘蒙《菊谱》、史正志《菊谱》、范成大《范村菊谱》；以芍药为代表，有刘放《芍药谱》、王观《扬州芍药谱》、孔武仲《芍药谱》；以兰花为代表，有赵时庚《金漳兰谱》、王贵学《兰谱》，此外，还有范成大《范村梅谱》、陈翥《桐谱》、沈立《海棠记》、周必大《唐昌玉蕊辨证》、释赞宁《笋谱》等专门的谱录。

宋代先后出现了三本专门记录芍药的谱录，按时间先后排序，是刘放《芍药谱》（1073 年），①王观《扬州芍药谱》（1075 年），②孔武仲《芍药谱》（1075 年），③关于谱录，四库提要说只有王观《扬州芍药谱》保存下来，其他谱皆不传世，这种说法是不当的。《广群芳谱》中收录了刘谱序，孔谱序，④此外，陈景沂《全芳备祖》前集收录了孔谱序，刘谱序及内容，⑤孔谱序及内容，也可见于《能改斋漫录》卷十五方物中。⑥

---

① 本文采用《全芳备祖》版刘谱。［宋］陈景沂《全芳备祖》，第 178—189 页。
② 本文采用《丛书集成》版王谱。［宋］王观《扬州芍药谱》，第 106—108 页。
③ 本文采用《能改斋漫录》版孔谱。［宋］吴曾《能改斋漫录》，第 458—460 页。
④ ［清］汪灏《广群芳谱》，第 1082—1084 页。
⑤ ［宋］陈景沂《全芳备祖》，第 178—189 页。
⑥ ［宋］吴曾《能改斋漫录》，第 458—460 页。

刘攽（1023 年—1089 年），字贡父，清江人，北宋史学家。庆历六年(1046 年)进士,宋史卷三一九有传。自序记载,北宋熙宁六年(1073 年),刘攽被罢海陵守至广陵，正当四月花开的季节，邀集友人观赏，因而写成此谱，所记诸品，都让画工描画下来，作《芍药谱》。《中国农学书录》记载：此书收在祝穆的事文类聚集后集里面，四库提要说今世已无传本,仅陈景沂《全芳备祖》和《嘉靖维扬志》中保存着书的摘要,是不对的,近人余嘉锡已加以辩证。① 由此得知，原书还有附图，书中所记扬州芍药三十一个品种，评为七等。这是最早的一部芍药专谱。

王观（1035 年—1100 年），字通叟，如皋（今属江苏）人。仁宗嘉祐二年（1057 年）进士。神宗熙宁八年（1075 年），王观知扬州江都县事。时作《扬州赋》，神宗阅后甚喜，大加褒赏。1075 年，王观在刘攽谱的基础上，作《扬州芍药谱》。此谱的次序大致与刘攽谱的相类，有新增八种，无列等。有前序，后论。根据《中国农学书录》记载，此书后世传刻书名题为《扬州芍药谱》，有百川学海、说郛、山居杂志、群芳清完、珠丛别录、墨海金壶、香艳丛书、扬州丛刻以及丛书集成本等本。②

孔武仲（1041 年—1097 年),字常甫,新淦人。仁宗嘉祐八年（1063 年）进士,《宋史》卷三四四有传。1075 年，作《芍药谱》。明王路《花史左编》以为三十九种，当是误记。陈氏书录解题农家类有芍药谱图序一卷，题"新淦孔武仲常甫著"，通考经籍考也据以著录，应当就是此书。书名既有"图序"字样，原书必然也有附图。③书中所记芍药

① 王毓瑚《中国农学书录》，第 72 页。
② 王毓瑚《中国农学书录》，第 73 页。
③ 王毓瑚《中国农学书录》，第 73 页。

共三十三种，无列等，命名与其他两谱相异，多以颜色形态命名表征，如"黄丝头，其叶浅黄，大叶中生细叶如丝也"。也有以地名命名，如"常州冠子，此花常州素有之"。

芍药谱的产生，在宋代花卉事业高度繁荣的大背景下，还有着它自身发展趋势的需要：

一、扬州经济的繁荣，社会的安定。王观在《扬州芍药谱后论》中写到："维扬，东南一都会也，自古号为繁盛。唐末乱离，群雄据有，数经战焚，故遗基废迹，往往芜没而不可见。今天下一统，井邑田野，虽不及古之繁盛，而人皆安生乐业，不知有兵革之患。民间及春之月，惟以治花木、饰亭榭，以往来游乐为事，其幸矣哉。"[①]长期的战乱把城市变成了废墟，这个时期，结束了唐末以来的动荡纷乱，呈现出社会大一统的局面，经济发展稳定，人民安居乐业，所以才有了对生活情趣的追求，种植花木，赏花游乐。

二、扬州芍药种植规模空前庞大。刘攽其序写到："自广陵南至姑苏，北入射阳，东至南通一带，西止滁和州，数百里间人人厌观矣。"[②]按照今天的行政区域划分，当时的种植规模是以扬州为中心，南面到苏州，北面到盐城射阳，东面到南通，西面到安徽滁州、和州一带，种植地域之广阔。不仅如此，在扬州的私人园圃中，芍药作为园林中的观赏性花卉也大量种植，刘攽谱序记载："正四月花时，会友傅钦之孙莘老偕行，相与历览人家园圃及佛舍所种，凡三万余株芍药，嫩好及虽好而不至者尽具矣，扶风马玿府大尹给事公子也，博物好奇，为余道芍药本末，及取广陵人所第名品示余出，余按唐氏藩镇之盛，扬州

---

① ［宋］王观《扬州芍药谱》，第108页。
② ［清］汪灏《广群芳谱》，第1083页。

号为第一。"①私人园圃，佛舍种植的数量达三万余株。王谱序写到：
"今则有朱氏之园，最为冠绝，南北二圃所种，几于五六万株，意其自
古种花之盛,未之有也。"②朱园的种植达到了五六万株,是何等的繁盛。

三、芍药品种的繁多。刘谱记载了三十一品，王谱记载了三十九
品,孔谱记载了三十三品。周师厚《洛阳花木记》记载芍药有四十一种。
孔谱序写到："唐之诗人最以摹写风物自喜，如卢仝、杜牧、张祜之徒
皆居扬日久，亦未有一语及之，是花品未有若今日之盛也。"③这里说明，
唐代品种甚少，连久居扬州的诗人笔下都没有描摹，宋代芍药品种的
数量大大增加。

四、芍药在历史上无专门记载。历代以来，不乏见到芍药的记载，
但是刘放写到："万商千贾，珍货之所丛集，百氏小说尚多记之，而莫
有言芍药之美者，非天地生物无闻于古而特隆于今也，殆时所好尚不
齐，而古人未必能知正色尔……古人之不知芍药何疑，然当时无记录，
故后世莫知其详，今此复无传说使后胜今犹不足恨，或人情好尚更变，
骎骎日久，则名花奇品遂将泯默无传，来者莫知有此，不亦惜哉，故
因次序为谱三十一种，皆使画工图写，而示未尝见者使知之，其尝见者，
固以吾言为信矣。"④正是古来无人重视芍药，当时扬州芍药的种植达
三万余株，奇品尚多，由此刘放生发了为芍药作谱的念想。

五、时人对芍药的追捧。"种芍药者，犹得厚价重利云"，⑤"花品
旧传龙兴寺山子、罗汉、观音、弥陀之四院，冠于此州，其后民间稍

---

① ［清］汪灏《广群芳谱》，第 1083 页。
② ［宋］王观《扬州芍药谱》，第 107 页。
③ ［宋］吴曾《能改斋漫录》，第 459 页。
④ ［清］汪灏《广群芳谱》，第 1083 页。
⑤ ［清］汪灏《广群芳谱》，第 1083 页。

稍厚赂以丐其本，培壅治莳，遂过于龙兴之四院。"①"扬之人与西洛不异，无贵贱皆喜戴花，故开明桥之间，方春之月，拂旦有花市焉。"②世人以高成本种植芍药，竞相争艳，而且，扬州人还喜爱戴花，花市的出现，也催生了世人种植芍药的兴趣。

芍药谱录的出现，不仅具有突破历史的意义，作谱文人还带着独特的眼光认识芍药的价值：

一、对芍药品格的认识。刘攽写到："洛阳牡丹由人力接种，故岁岁变更日新，而芍药自以种传，独得于天然，非翦剔培壅，灌溉以时，亦不能全盛，又有风雨寒暄，气节不齐，故其名花绝品有至十四五年得一见者，其开不能成，或变为他品，此天地尤物，不与凡品同待，其地利、人力、天时参并具美，然后一出，意其造物，亦自珍惜之尔。"比较牡丹的生物习性，刘攽认为芍药不需要嫁接，非人力可以改变，必须同时具备了地利、人力、天时的要素才有绝品，以"天然"的特色见称，是天地孕育的尤物。

二、对芍药品种的记载。品种大多以三个字为名，从名字中依稀可见芍药的风致。"冠群芳""赛群芳"，可见花朵的秾丽，艳色无敌，突出了一种攀比的姿态，如"妒娇红""妒鹅黄"中的妒忌之义，又写成"宝妆成""点妆红""醉娇红"，宛如一个盛装艳抹的女子。"醉西施""素装残""试梅妆""浅妆匀"，又表现出一个妍丽清纯的女孩子形象，浅浅的打扮，素素的衣裳，带着几分西施般的娇羞。

三、研究芍药产地及种植区域的文献。如王谱中记载的"掬香琼：本自茅山来"。在孔谱中也记载了"茅山冠子""茅山紫楼子"。证明了

---

① ［宋］王观《扬州芍药谱》，第107页。
② ［宋］王观《扬州芍药谱》，第107页。

茅山是芍药的原产地之一，《本草纲目》记载："弘景曰：'今出白山、蒋山、茅山所产最好，有赤白两种，其花亦有赤白二色。'"[①]《句容县志》载："茅山在县东南四十五里茅山乡，周百五十里，高三十里。"[②]茅山在今南京市句容县东南，唐代芍药在茅山一代仍然种植，唐代李商隐《茅山诗》："客扫红药野径送。"[③]在宋代，茅山仍然盛产芍药。

就种植区域来讲，"环广陵四五十里之间为然"，"自广陵南至姑苏，北入射阳，东至通州海上，西止滁和州"，可见当时之盛况。王谱记载："杂花根弃多不能致远，惟芍药及时取根，尽去本土，贮以竹席之器，虽数千里之远，一人可负数百本而不劳。至于他州，则壅以沙粪，虽不及维扬之盛，而颜色亦非他州所有者比也。亦有逾年即变而不成者，此亦系土地之宜不宜，而人力之至不至也。"芍药的栽培比其他花要容易，只需要取根就可以，尽管千里之外，也不会太劳费。明确记载，此时的扬州芍药已经推广到扬州以外的其他州区域，因为土壤、人力的栽培的因素，其他区域的芍药始终不及扬州芍药的花色秾丽。

四、对芍药种植方法的介绍。王观《扬州芍药谱序》是对芍药种植方法的最早记载："方九月、十月时，悉出其根，涤以甘泉，然后剥削老硬病腐之处，揉调沙粪以培之，易其故土，凡花大约三年或二年一分，不分，则旧根老硬，而侵蚀新芽，故花不成就。分之数，则小而不舒，不分与分之太数，皆花之病也。花颜色之深浅，与叶蕊之繁盛，皆出于培壅剥削之力。花既萎落，亟翦去其子，屈盘枝条，使不离散。脉理不上行而皆归于根，明年新花繁而色润。"详细地记载了宋代培植

---

① ［明］李时珍《本草纲目》，第 237 页。
② ［清］曹袭先《句容县志》，第 161 页。
③ ［清］曹袭先《句容县志》，第 163 页。

芍药的方法，在九月、十月时，把芍药根挖出，用清泉洗涤，除去死根老皮，再用沙粪培植。花根需要两三年一分，才能开好花，花的颜色及花蕊的大小，都是与剪裁花根有关的。花落之后，要立即剪去花实，把枝条盘旋到根部，这样第二年的花朵才会繁多艳丽。

第三节　宋代扬州芍药传说

兴盛扬州，世人热捧，在高度发展的同时，芍药还演绎出一段神秘色彩的故事，成为文人们的寄托。见《梦溪笔谈·异事》的记载：

韩魏公庆历中以资政殿学士帅淮南，一日，后园中有芍药一干，分四岐，岐各一花，上下红，中间黄蕊间之。当时扬州芍药未有此一品，今谓之"金缠腰"者是也。公异之，开一会，欲招四客以赏之，以应四花之瑞。时王岐公为大理寺评事通，王荆公为大理评事金判，皆召之。尚少一客，以判钤辖诸司使忘其名官最长，遂取以充数。明日早衙，钤辖者申状暴泄不至。尚少一客，命取过客历求一朝官足之，过客中无朝官，唯有陈秀公时为大理寺丞，遂合同会。至中筵，剪四花，四客各簪一枝，甚为盛集，后三十年间，四人皆为宰相。①

这是"四相簪花"故事的最早记载。稍后，陈师道在《后山谈丛》详细记载："花之名天下者，洛阳牡丹，广陵芍药耳。红叶而黄腰，号'金带围'，而无种，有时而出，则城中当有宰相。韩魏公为守，一出四枝，

---

① ［宋］沈括著，侯真平校点《梦溪笔谈》，第269页。

公自当其一，选客具乐以当之。是时王岐公以高科为倅，王荆公以名士为属，皆在选，而阙其一，莫有当者。数日不决，而花已盛，公命戒客，而私自念：'今日有过客，不问如何，召使当之。'及暮，南水门报陈太傅来，亟使召之，乃秀公也。明日酒半折花，歌以插之。其后四公皆为首相。"①这里的记载，与《梦溪笔谈》所讲述的一致。

同时，《江南通志》记载："芍药圃在江都县禅智寺前，宋韩琦守郡，圃中发金带围四朵，非常种也，燕时王珪为监郡，王安石为幕官，陈升之初授衙尉丞过此亦与焉，各簪其一，后四公相继登宰辅。"②

仁宗庆历五年(1045 年)，韩琦因谏保范仲淹、富弼而被罢枢密副使，以资政殿学士出知扬州。其后园有一干芍药分为四歧，花朵外形奇特，上下红色，中间一圈是黄色。后世称为"金带围"。韩琦邀请了当时在扬州的王珪、王安石参加，正在发愁怎样找到第四人时，正好陈升之来访。一同赏花的人，在此后的三十年里，都陆续上任宰相。"四相簪花"故事，充分赋予了芍药的神秘性和独特性，也开启了金带围的传说。

韩琦在庆历五年（1045 年）以资政殿学士知扬州，王观以将士郎守大理寺丞，知扬州江都县事。以此为节点，探寻一下关于"金带围"品种的记载。最近的芍药品种的记载是熙宁六年（1073 年）的刘攽《芍药谱》，但刘谱三十一种品种中，无"金带围"的记载。

王观在熙宁八年（1075 年）写作《扬州芍药谱》，共计三十九种品种，无金带围的记录，只是在"新收八品"中："御衣黄，黄色浅而叶疏，蘽差深，散出于叶间，其叶端色又微碧，高广类黄楼子也。此种

---

① ［宋］陈师道著，李伟国点校《后山谈丛》，第 33 页。
② ［清］黄之隽等《江南通志》（一），第 642 页。

图 22 ［清］钱慧安《簪花图》。取意韩魏公邀请宾客簪金带围的轶事。该画为立轴，绢本设色，纵 142 厘米，横 80 厘米，台北故宫博物院藏。

图23 [清] 黄慎《韩魏公簪金带围图》。图中韩琦正将金带围花簪于头后。绢本设色，纵179.3厘米，横92.1厘米，扬州博物馆藏。

宜升绝品。"①御衣黄这一品种"宜生绝品",但花为黄色,与红色的花,中间金色腰线的金带围相差甚远。

同年中（1075年),孔武仲《芍药谱》中也并未出现关于"金带围"记载,但有一品种为"金系腰:红叶,有黄晕横色,如金带然",②金系腰虽然不是金带围,但是花形与记载中的金带围一致,红色的花瓣上,中间一圈是金黄色,当是金带围的最早记载。

此外,目前的谱录中,陈溟子《花镜》(1688年)中是最早的使用"金带围"一词的记载,如是"金带围:上下叶红,中则间以数十黄瓣"。③但这种花型与宋代笔记中所载的金带围样子不同,金带围是红色花瓣中间以黄线围之,而清代时的金带围是红色花瓣中间以黄色花瓣相间。

四相簪花的故事之后,金带围的出现一直被认为吉祥瑞意。如《扬州画舫录》记载:"瑞芍亭在药栏外芍田中央。……乾隆乙卯。园中开金带围一枝。大红三蒂一枝。玉楼子并蒂一枝。时称盛事。"④正因为吉祥瑞兆,才有这样的盛世之称。

在晚清时期,金带围又出现在黄右园的园中,据梁章钜《归田琐忆》记载:"扬州黄右原比部家芍药最盛,尝招余陪阮仪征师赏之。吾师以脚疾不便于行,端坐亭中遥望之。余与右原则遍履花畦,真如入众香国矣。园丁导余观新绽之金带围,盖千万朵中一朵而已。余自诧眼福,并语右原曰:'吾师与余皆已退居林下,此花之祥,实惟园主人专之矣。'故余诗结语云:'难得主人初日学,定教金带擅奇祥。'师和余韵云:'谢公应为苍生起,花主人应亦兆祥。'盖为周旋宾主起见。而朱兰坡和诗

---

① ［宋］王观《扬州芍药谱》,第108页。
② ［宋］吴曾《能改斋漫录》,第460页。
③ ［清］陈溟子《花镜》,第307页。
④ ［清］李斗著,汪北平、涂雨公点校《扬州画舫录》,第349—350页。

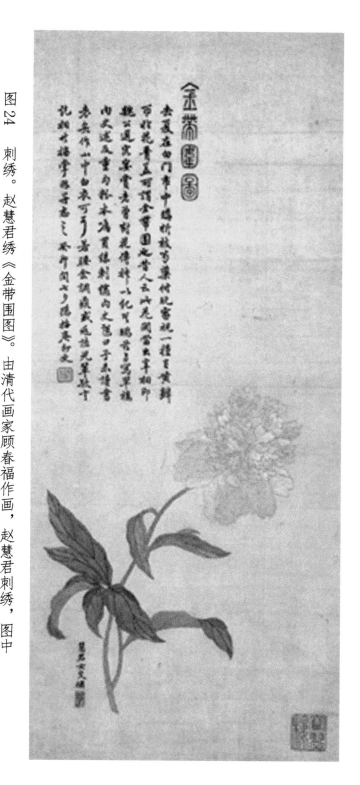

图 24　刺绣。赵慧君绣《金带围图》。由清代画家顾春福作画，赵慧君刺绣，图中一支静雅优美的芍药。纵 70.5 厘米，宽 28.5 厘米，上海博物馆藏。

云：'试看黄黄金带色，君家姓氏本符祥。'"钱梅溪和诗云：'料得主人应似客，故教金带呈吉祥。'则亦专归美于园主人也。吾师望余复起颇切，故余叠韵诗云：'生怕山前泉水浊，随缘止止即延祥。'实答吾师诗意。"①在一唱一和之中，可见文人对金带围传说的迷信，也是对瑞兆的推崇至极。

类似的记载还有李贤《玉堂赏花集序》记载："文渊阁右植芍药，有台，相传宣庙幸阁时命工砌者。初植一本，居中淡红者是也。景泰初，增植二本，纯白居左，深红居右，旧常有花，自增植后，未尝一开。天顺改元，徐有贞、许彬、薛瑄、李贤同时入为学士，居中一本遂开四花其一久而不落，既而三人皆去，惟贤独留，人以为兆。明年暮春，忽各萌芽，左二右三，中则甚多，而彭时、吕原、林文、刘定之、李绍、倪谦、黄谏、钱溥相继同升学士，凡八人，贤约开时共赏，首夏四日盛开八花，贤遂设筵以赏之。时贤有玉带之赐，诸学士各赐大红织衣，且赐宴，因名纯白者曰'玉带白'，深红者曰'宫锦红'，淡红者曰'醉仙颜'。惟谏以足疾不赴，明日复开一花，众谓谏足以当之。"②文渊阁芍药一本开了四朵，其中有一朵还盛开了很长时间，继而李贤独自一人留下做了学士，花寓命运，与四相簪花的故事有些相近。第二年，李贤被授予玉带赏赐，其他八位学士有赐大红织衣，恰好黄谏因病不能前往，芍药又只盛开了八朵，第二天，芍药又增开一朵，众人以为黄谏非来不可，瑞意芍药，又生成了一个九人簪花赏花的故事。

《阅微草堂笔记》记载："乌鲁木齐泉干土沃，虽花草一皆繁盛。……虞美人花大如芍药。大学士温公以仓场侍郎出镇时，阶前虞美人一丛，

---

① ［清］梁章钜著，于亦时校点《归田琐记》，第5页。
② ［清］孙承泽《天府广记》，第569页。

忽变异色,瓣深红如丹砂,心则浓绿如鹦鹉,映日灼灼有光;似金星隐耀,虽画工设色不能及。公旋擢福建巡抚去。……此花为瑞兆,如扬州芍药偶开金带围也。"[①]此时,对于"金带围"的吉祥瑞意的认识成为人们的共识。

"金带围"传说的敷衍,与其外形有关系,"上下红,中间黄蕊间之",此花又叫"金缠腰",据《宋史·舆服四》记载:"朝服,一曰进贤冠,二曰貂蝉冠,三曰獬豸冠,皆朱衣朱裳",[②]"貂蝉笼巾七梁冠,天下乐晕锦绶,为第一等。蝉,旧以玳瑁为蝴蝶状,今请改为黄金附蝉,宰相、亲王、使相、三师、三公服之。"[③]宋代官员宰相的穿着正好是红袍装扮,配系上黄色腰带,"金带围"的瑞兆之意正好贴合了出仕高官的梦想。

① ［清］纪昀《阅微草堂笔记》,第 157 页。
② ［宋］脱脱等《宋史》第 11 册,第 3550 页。
③ ［宋］脱脱等《宋史》第 11 册,第 3555 页。

第五章　芍药文化的综合研究

从《诗经》到《离骚》，从汉大赋到古诗十九首，花草树木以文学的形式记载下来，直到《南方草木状》《魏王花木志》的著成，园艺文化逐渐成为了一朵中华传统文化中的奇葩开放起来。

宋代陈景沂《全芳备祖》成为花卉通论著作的始祖，专著类著作如欧阳修《洛阳牡丹记》、周师厚《洛阳牡丹记》、张邦基《陈州牡丹记》、陆游《天彭牡丹谱》、丘浚《牡丹荣辱志》、刘蒙《菊谱》、史正志《菊谱》、范成大《范村菊谱》、赵时庚《金漳兰谱》、王贵学《兰谱》、范成大《范村梅谱》、陈翥《桐谱》、沈立《海棠记》等各类牡丹、菊花、兰花、梅花、芍药、竹、桐等近四十种谱录，温革《分门琐碎录》还全面记载了花卉的栽培技术。

元明清时期，花卉通论类著作不断问世，体系也更加浩繁，有王世懋《学圃杂疏》、高濂《遵生八笺》、王路《花史左编》、周文华《汝南圃史》、王象晋《群芳谱》、陈淏子《花镜》、汪灏《广群芳谱》《古今图书集成》之草木典等。

同时，专著类著作也很繁荣，如薛凤翔《亳州牡丹史》、余鹏年《曹州牡丹史》、计楠《牡丹谱》、黄省曾《艺菊书》、周履靖《菊谱》、叶天培《菊谱》、评花馆主《月季花谱》、杨钟宝《荷谱》等。

芍药伴随着花卉园艺文化的发展历程，在品种、栽培、园林应用、药用食用价值以及艺术呈现上，也越发异彩纷呈。

第一节　芍药的品种

从历史来看，芍药在早期有《诗经》"赠之以芍药"，《晋宫阁名》："晖章殿前芍药六畦。"《建康记》载："建康出芍药，极精好。"直到唐代，孟郊《看花》中"家家有芍药"，那时长安已经普及了对芍药的种植，扬州芍药扬名天下，芍药在宋代达到它的鼎盛时期。

芍药品种的记载，最早起源于刘攽《芍药谱》，共计三十一个品种，比起牡丹的品种的最早记载，也就是隋炀帝在洛阳兴建西苑引进牡丹二十种这一记载，芍药的品种记载落后至少四百年。芍药的品种在如此长的时间里沉寂，一方面是唐代牡丹的兴盛淹没了它的光芒，另一方面，宋代花卉业的繁荣为芍药的兴盛在积极准备。

刘攽《芍药谱》（1073 年）记载了芍药品种三十一种，分为七等，王观《芍药谱》（1075 年）记载芍药三十九种，大致与刘谱相类，分为上之上六品，冠群芳、赛群芳、宝妆成、尽天工、晓妆新、点妆红；上之下二品，叠香英、积娇红；中之上六品，醉西施、道妆成、掬香琼、素妆残、试梅装、浅妆匀；中之下四品，醉娇红、凝香英、妒娇红、缕金囊；下之下四品，怨春红、妒鹅黄、醮金香、试浓妆；下之中四品，宿妆殷、取次妆、聚香丝、簇红丝；下之下五品，效殷妆、会三英、合欢芳、凝绣袜、银含稜；共计三十一品，只是新收八品未列等，黄楼子、袁黄冠子、峡石黄冠子、鲍黄冠子、杨花冠子、湖缬、龟池红。

孔武仲《芍药谱》（1075 年）记载芍药三十三品，未列等，御衣黄、青苗楼子、尹家二色黄楼子、绛州紫苗黄楼子、圆黄、碳石黄、鲍家黄、石壕黄、道士黄、寿州青苗黄楼子、黄丝头、白缬子、金线冠子、金系腰、沔池红、胡家缬、玉楼子、玉逍遥、红楼子、青苗旋心、赤苗旋心、二色红、杨家花、茅山紫楼子、茅山冠子、柳铺冠子、软条冠子、常州冠子、红丝头、绯多叶、多叶军子、髻子。

　　除此三谱外,周师厚《洛阳牡丹记》(1082 年)记载了芍药四十一种,千叶黄花类十六品,千叶红花类十六品,千叶紫花类六品,千叶白花类二品,千叶桃花类型一品。王象晋《群芳谱》记载了黄色七品,红色二十二品,紫色五品,白色五品,共三十九品。宋代时期,芍药的品种俱载于此,或以地名,或以州名,或以色名,或以氏名等等。

　　根据刘谱和王谱的七等,与孔谱序记载当时的品种标准,对于芍药品种的审美发生着变化,刘谱与王谱俱列"冠群芳"为第一品:"冠群芳:大旋心冠子也,深红堆叶顶分四五旋。其英密簇,广可及半尺,高可及六寸,艳色绝妙,可冠群芳,因以名之。枝条硬,叶疏大。"[①]冠群芳的颜色为深红色,而且在上之上及上之下八品中,颜色红色者六种,紫色者两种,黄色者居为中品。然而孔谱序记载:"芍药之美益专推扬州焉,大抵粗者先开,佳者后发,高至尺余,广至盈手,其色以黄为最贵,所谓绯红千叶乃其下者。"扬州本土的芍药是最佳者,高度一尺以上,花朵比手大,颜色以黄色最为名贵,如"御衣黄:千叶而淡,其香正如莲花,比他色最殊绝。凡衣冠楼髻军,皆言其所似也。"[②]孔谱三十三品中,前十品都是黄色,白色三品、金线二品者居中,十六品之后皆是红色。王谱采用的是刘谱的编例,在列等方面并无改进,

---

① ［宋］王观《扬州芍药谱》,第 107 页。
② ［宋］吴曾《能改斋漫录》,第 459 页。

王谱在新收八品中也同样记载了御衣黄："黄色浅而叶疏，蕊差深，散出于叶间，其叶端色又微碧，高广类黄楼子也，此种宜升绝品。"王谱详细地描述了御衣黄的形态，并以"宜升绝品"论断，在1073年前，芍药以红色为贵，在1075年后，芍药以黄色为贵了。

对花色认识的转变，是世风的影响：一、牡丹以姚黄为名品。《曹州牡丹谱》记载："姚黄，此花黄胎护根，叶浅绿色，疏长过于花头，拥若覆，初开微黄，垂残愈黄。"[①]二、红色代表喜庆，黄色（金色）代表至高无上的权位以及黄金意义上的财富。三、"金带围"传说带来的改变。这种认识也体现在诗歌作品中，周必大在《题杨谨仲芍药诗后》序写到："淳熙甲午会同年杨谨仲、周孟觉赏芍药、尝樱桃，谨仲有诗，予次韵，今二十有三年，彭君仲识携谨仲帖相过，且索旧诗，为之怅然，此花最盛于太和，而以红都胜、黄楼子为冠，如牡丹姚、魏也，黄楼或得之，都胜者邑中一、二甲有种，惜不与人。"有诗曰："芍药名先记《郑风》，那因加'木'辨雌雄。姚黄后出今王矣，合把黄楼列上公。"周必大推崇芍药甚于牡丹，以"黄楼"代表着最极品，也是黄色为贵的。明清时期，芍药的品种增多，并且这种以黄色为贵的认识一直影响到清代。明代《遵生八笺》中记载《广陵志芍药谱》记录了三十种：御爱黄、御衣黄、玉盘盂、玉逍遥、红都胜、紫都胜、观音红、包金紫、黄楼子、尹家黄、黄寿春、出群芳、莲花红、瑞莲红、霓裳红、柳浦红、芳山红、延州红、缀珠红、玉板缬、玉冠子、红冠子、紫鲐盘、小紫球、镇淮南、倚娇栏、单绯、胡缬玉楼子、粉绿子、红旋心。[②]特别的是有御爱黄、瑞莲红、小紫球、黄寿春等其他谱未见品种。

---

① ［清］余鹏年《曹州牡丹谱》，第1页。
② ［明］高濂《遵生八笺》，第177页。

图25 ［清］恽寿平《五色芍药图》。立轴，
绢本设色。构图简单，左右各有芍药一丛，红、
白、粉、紫，配以绿色花叶，设色淡雅。

陈淏子《花镜》（1688 年）中记载了芍药八十八品，按黄色、深红色、粉红色、紫色、白色分类排列。其中黄色十八品，"御袍黄：色初深后淡，叶疏而端肥碧。"与孔谱及王谱中的"御衣黄"记载相同，当时清代时期对"御衣黄"的更名，由"御衣"更改为"御袍"，这无疑增加了政治色彩的意义，更加代表着权力。黄色也培育出新品种，如"御爱黄"等。深红色为二十五品，除了以往的冠群芳、尽天工等品，在新的地方出现了新的品种，如："柳浦红：千叶，冠子，因产之地得名。""海棠红：重叶黄心，出蜀中。"粉红色十七品，宋以来的品种如醉西施、淡妆匀、合欢芳，新的品种有"红宝相，似宝相蔷薇"，"瑞莲红，头微垂下似莲花"，"观音面，似宝相而娇绝"，以花朵的形似来命名。紫色有十四品，宋以来的为宝妆成、凝香英等，但是"金系腰"与孔谱中的记载不同，孔谱"金系腰，红叶，有黄晕横色，如金带然"，《花镜》中"金系腰，即紫袍金带"。白色有十四品，宋以来品种如晓妆新、银含稜等，苏轼、杨万里作品中的玉盘盂，明确的作为品种记载下来，其外观是，"玉盘盂，单叶而长瓣。"

谱录中未见品种还有，据《直省志书》记载："鄢陵县，土产芍药，不知盛自何时，其最佳者曰丹山双凤、金带玉围、胭脂点玉、金玉交辉、含蝭娇、盛夺翠、软枝白。"石门县有一种"杨妃吐舌"。[1]

近现代时期，黄岳渊《花经》（1949 年）按《花镜》记载叙录了芍药八十八品，在其后记中写到："以上八十八中，予园均备具，且每年皆有新种，及西洋种之输入；名有定者，亦有未定者，不下二百种，惜黄花种已不多见。"[2]可见在近现代时期，受国外品种的影响，芍药

---

① 《古今图书集成》博物汇编草木典，第 66053 页。
② 黄岳渊《花经》，第 377 页。

的品种在增加。由黄岳渊的陈述看出，黄色品种仍然是比较推崇的种类。

纵观整个芍药品种的发展历史，自宋代的三十九品一直发展到清代、近现代的八十八品，芍药大部分品种都未改变，新品的出现也是因新产地和新种子的培育。芍药本是以种子培育新品种的，但品种几年就会发生改变，所以得到新品本是不易，牡丹可以嫁接，芍药也应用到牡丹的繁育新品中，《花镜》录牡丹品种一百三十一个，据计楠《牡丹谱》（1809 年）记载：清代太湖流域嘉兴、松江等地，利用单瓣芍药为砧木，采取根接法，培育新的牡丹品种。

第二节　芍药的栽培经验

芍药的种植经验最早是在宋王观《扬州芍药谱序》中涉及，接着明王象晋《群芳谱》详尽地介绍了种植方法，后世《花镜》《花经》等书，芍药的种植方法大致相同，其中，《花经》最为详备地介绍了分株栽培的方法。

一、繁殖。芍药繁殖的常见方式是分株。王观《扬州芍药谱》写到："居人以治花相尚，方九月、十月时，悉出其根，涤以甘泉，然后剥削老硬病腐之处，揉调沙粪以培之，易其故土，凡花大约三年或二年一分，不分，则旧根老硬，而侵蚀新芽，故花不成就。分之数，则小而不舒，不分与分之太数，皆花之病也。花颜色之深浅，与叶蕊之繁盛，皆出于培壅剥削之力。"首先，强调了芍药在两年或三年要分株。分株，就是每年九月到十月，将芍药的根挖出，抖落附土，用清泉洗涤，剥掉老硬的，腐烂的旧根，防止它侵蚀新芽，然后分成数丛，每丛 2～3

芽。分株的频率也要严格控制，如果太频繁，也会让花长得不好。花的颜色是否妍丽以及花朵的花盘是否繁茂，都是由分株所影响的。如果任其自然生长，则植株不见长大，而且根系过于繁密，枝叶反而萎缩。王象晋《群芳谱》则指出："分植芍药大约三年或两年一分，分花自八月至十二月，其津脉在根可移栽，春月不宜，谚云'春分分芍药，到老不开花。'以其经脉发散在外。"[①]芍药不能在春分时期分株，因为此时春寒料峭，对于芍药极为不利，只有在暮秋时节，天气尚暖之时，此时距离下一次开花时间也很长，可以有时间修复根系，而且秋时芍药根系发达，也利于分株。芍药的繁殖也可以播种，黄岳渊《花经》记载："除分株外，亦可播子，惟须注意交配法：凡欲行交配之株，种宜稀疏，花开时即可行之，其法与牡丹同。"

二、修整。王象晋写到："修整春间，止留正蕊，去其小苞，则花肥大，新栽者止留二三蕊，一二年后得地气，可留四五，然亦不可太多，开时扶以竹则花不倾倒，有雨遮以箔则耐久。"在春天花蕾出现后，侧蕾摘除，只留顶端的花蕾。如果是新栽种的芍药，只留下 2～3 个花蕾，如果是栽种了一二年的芍药，则可以留下 4～5 个花蕾，花的数量不必多，而且要以竹子来支撑花枝，下雨的时候，搭雨棚为其遮雨，这都是因为芍药的茎秆为草质，受重力以及外力影响，比较容易折断。花落之后，对芍药的养护也极其重要，王观《扬州芍药谱》的认识是："花既萎落，亟翦去其子，屈盘枝条，使不离散。脉理不上行而皆归于根，明年新花繁而色润。"剪去花实，也是降低养分消耗。按照现代科学来讲，这是依据了植物养分输送的原理，花落之后，把芍药的植株盘旋屈折，归于地面。盘旋可以使植株的脉理顺畅，屈折则降低了植株的

---

① ［明］王象晋《群芳谱》，第 281 页。

高度，这样既减少了植株输送养分的压力，也降低了植株对养分的消耗，从而使根系得到更好的发育。

三、栽种。宋代时，王观谱记录了芍药的栽种移植方法："杂花根棄多不能致远，惟芍药及时取根，尽去本土，贮以竹席之器，虽数千里之远，一人可负数百本而不劳。"芍药抖落土壤后，装在竹器中，可以移植到远地去，比起其他花木来比较方便。王象晋《群芳谱》记载的栽种方法是："栽向阳，则根长枝荣发生繁盛，相离约二三尺，一如栽牡丹法，不可太远太近。穴欲深，土欲肥，根欲直，将土鉏虚以壮河泥，拌猪粪或牛羊粪，栽深尺余尤妙。不可少屈其根稍，只以水注，实勿踏筑，覆以细土，高旧土痕一指，自惊蛰至清明，逐日浇水，则根深枝高，花开大而且久不茂者亦茂矣。"把芍药种植在向阳的地方，植株距离2～3尺左右，根穴一尺余深，土壤要肥沃，河泥含有多种养分，拌着牲畜肥料用来垫在根穴中，根稍要平直放入根穴中，培土时浇水使土壤沉陷，不可用脚踩土，培土的高度需要比土地高出一指。到了惊蛰至清明时期，每天浇水灌溉，花朵会比较繁茂。

四、改良。培育新品种方面，王象晋写到："以鸡矢和土培花丛下，渥以黄酒，淡红者悉成深红。"施肥，灌溉黄酒，可以把淡红的花转变成深红色。

五、越冬。王象晋记载："冬间频浇大粪，明年花繁而色润，处暑前后平土剪去，来年必茂，冬日宜护，忌浇水。"芍药为肉质根，比较耐寒，但冬天不能浇水，以免发生冰冻，冻坏根系，需要施肥灌溉。清代时期，芍药还有暖室栽培，《金鳌退食笔记》记载："又于暖室烘出芍药、牡丹诸花，每岁元夕赐宴之时，安放乾清宫，陈列筵前，以为胜于剪彩。"[1]

----

① ［清］高士奇《金鳌退食笔记》，第150页。

根据《花卉词典》的记载：芍药性耐寒，夏季喜冷凉气候，喜阳光又耐半阴，要求土层深厚，肥沃，湿润以及排水良好的壤土或砂壤土。播种仅用于培育新品种，种子在8～9月成熟后立即播种，播种苗生长缓慢，4～5年可开花。分株在9～10月进行，先将植株叶片及茎秆剪掉，挖起后去掉土壤，分成每株丛带3～5芽，栽植地应便于排水，栽植不宜过深，以芽稍露土面为宜，并在栽前施足基肥。①芍药的现代种植技术与王观《扬州芍药谱》与王象晋《群芳谱》大致无异，可见芍药古代园艺技术已趋于成熟。

第三节　芍药在园林中的应用

芍药在园林中是作为观赏性花卉，最早的记载是虞汝明《古琴疏》记载："帝相元年，条谷贡桐、芍药，帝命羿植桐于云和，命武罗柏植芍药于后苑。"大致是公元前19世纪时期，至今已有约4000年的历史。接着，晋代也有芍药园："乐游苑在上元县城东北八里，晋之芍药园也。"②

直到宋代，芍药在园林中多见起来，扬州园圃、寺庙多种植。根据《扬州芍药谱》之序记载的朱氏园："朱氏之园，最为冠绝，南北二圃所种，几于五六万株，意其自古种花之盛，未之有也。"③如归仁园中芍药千株，如是："归仁园其坊名也，园尽此一坊，广轮皆里余，北有牡丹芍

---

① 余树勋、吴应祥编《花卉词典》，第403—404页。
② ［清］黄之隽等《江南通志》（一），第587页。
③ ［宋］王观《扬州芍药谱》，第107页。

药千株，中有竹百亩，南有桃李弥望。"①李氏仁丰园，"李卫公有平泉花木记百余种耳，今洛阳良工巧匠批红判白，接以它木，与造化争妙，故岁岁益奇，且广桃李梅杏莲菊各数十种，牡丹芍药至百余种"，②扬州还开辟了专门的芍药园林景观，如"芍药圃，扬州古以芍药擅天下圃地在禅智寺前有"③，《江南通志》记载："芍药厅，在江都县治内。《舆地纪胜》云：'州宅旧有此厅，在都厅之后，聚一州芍药之绝品于其中，今镇淮堂是也。'"④再如狎鸥亭⑤阅古堂⑥，寺庙最兴盛的是龙兴寺，王观《扬州芍药谱序》记载："花品旧传龙兴寺山子、罗汉、观音、弥陀之四院，冠于此州。"再如南禅寺、资福寺、昭庆寺⑦。

元代，芍药在滦京（今内蒙古锡林郭勒附近）也一时兴盛，杨允孚《滦京杂咏诗注》："内园芍药，迷望亭亭，直上数尺许，花大如斗，扬州芍药称第一，终不及上京也。"

明代，文渊阁种植芍药，私人园林中也比较盛行，如张园、梁园、房山僧舍。《帝京岁时纪胜》记载："（二月）十二日。传为花王诞日。曰花朝。幽人韵士，赋诗唱和，春早时赏牡丹，惟天坛南北廊，永定门内张园，及房山僧舍者最盛。"⑧"原太傅惠安伯张公园，在嘉兴观

---

① ［宋］李格非《洛阳名园记》，《丛书集成新编》第 48 册，第 601 页。
② ［宋］李格非《洛阳名园记》，第 601 页。
③ ［明］杨洵、陆君弼等《万历扬州府志》，第 367 页。
④ ［清］黄之隽等《江南通志》（一）第 641 页。
⑤ 韩琦《狎鸥亭同赏芍药》："家园经赏复官园，芍药多名两共妍。醉白堂前淮海艳，狎鸥亭下凤麟天。楼妆蕊玉千层密，冠缕真金半尺圆。不斗诗豪开酒户，是将倾国欲轻捐。"《全宋诗》第 6 册，第 4117 页。
⑥ 韩琦《阅古堂八咏·芍药》："从来良守重农桑，何事栽花玷此堂。已爱昔贤形藻绘，更移嘉卉伴馨香。"《全宋诗》第 6 册，第 4014 页。
⑦ 王洙《昭庆寺看芍药》，《全宋诗》第 2 册，第 843 页。
⑧ ［清］潘荣陛《帝京岁时纪胜》，《续修四库全书》第 885 册，第 612 页。

之右，牡丹芍药各数百亩，花时主人制小竹兜，供游客行花胜中（燕都游览志）。"①《钦定日下旧闻考》记载："原京师赏花人联住小城南古辽城之麓，其中最盛者曰梁氏园，园之牡丹芍药几十亩，每花时，云锦布地，香冉冉闻里余，论者疑与古洛中无异。"②

清代，丰台芍药盛极一世，《析津日记》记载："原芍药之盛，旧属扬州，刘贡父谱三十一品，孔常父谱三十三品，王通叟谱三十九品，亦云瑰丽之观矣，今扬州遗种绝少，而京师丰台连畦接畛，倚担市者，日万余茎，惜无好事者图而谱之，丰台之名不知所始，询之土人并无台也"③，增丰台也是种植芍药甚多，"增丰台在宛平县西草桥南，接连丰台，为近郊养花之所，元人园亭皆在此……京师花贾比比于此培养花木，四时不绝，而春时芍药尤甲天下，泉脉从水头庄来，向西北流约八九里，转东南入。"④还有武清侯海淀别业、凉暑园等。

扬州则是芍田与药栏的布景，如白塔晴云，筱园。《扬州画舫录》记载："仰止楼前窗在竹中。后窗在园外。可望过江山色。东山墙圆牖为薜荔所覆。西山墙圆牖中皆芍田。花时人行其中。如东云见鳞。西云见爪。楼下悬夕阳双寺外。"⑤药栏也是布景之一，"药栏十五间在仰止楼西。栏外即芍田。中有一水之界之。即昔之藕穅。以上七间面西为游人看花处。……"⑥"白塔晴云，园中芍药十余亩，花时植木为棚，织苇为帘，编竹为篱，倚树为关，有茶室居其中，名曰'芍厅'。""筱园，

① ［清］于敏中、英廉等《钦定日下旧闻考》，第 492 页。
② ［清］于敏中、英廉等《钦定日下旧闻考》，第 868 页。
③ ［清］于敏中、英廉等《钦定日下旧闻考》，第 430 页。
④ ［清］于敏中、英廉等《钦定日下旧闻考》，第 431 页。
⑤ ［清］李斗著、汪北平、涂雨公点校《扬州画舫录》，第 349—350 页。
⑥ ［清］李斗著、汪北平、涂雨公点校《扬州画舫录》，第 349—350 页。

芍田边筑红药栏，栏外一篱界之外，外垦湖田百顷。""勺园，种花人汪希文宅也，园内建水廊十余间，芍药数十畦。"①陈淏子《花镜》:"如牡丹、芍药姿艳，宜玉砌雕台，佐以嶙峋怪石，修篁远映。"②所以《红楼梦》第十七回写到:"转过山坡，穿花度柳，抚石依泉，过了荼蘼架，再入木香棚，越牡丹亭，度芍药圃，入蔷薇院，出芭蕉坞，盘旋曲折。"③这种布局正是传统园艺中的布景。

芍药在花卉中的传统定位是花相。"相"这一定位，是帝王之下，万人之上的位置，可见世人对于芍药的美，是不容半点小觑的。这一定位从宋代就形成了认识，如杨万里《多稼亭前两槛芍药红白对开二百朵》诗:"好为花王作花相，不应只遣侍甘泉。"录牡丹为花王、芍药为花相。自宋以后，人们更是在这个定位上达到了高度的统一，如明代王路《花史左编》记录:"牡丹品第第一，芍药第二。故世谓牡丹为花王，芍药为花相，又或以为华为王之副也。"④

其他的花品定位，如张翊《花经》中芍药"三品七命"，⑤张景修把芍药作为"近客"，⑥曾端伯评定芍药为"艳友"，⑦陈淏子《花镜》

① ［清］阿克当阿、姚文田《嘉庆重修扬州府志》，第 525 页。
② ［清］陈淏子《花镜》课花一八法，第 44 页。
③《红楼梦》第十七回，第 127 页。
④ ［明］王路《花史左编》，第 1 页。
⑤ 张翊《花经》中一品九命为兰、牡丹、梅、腊梅等，三品七命为芍药、莲、丁香、碧桃、垂丝海棠、千叶桃等。
⑥ "花客"为十二客：牡丹，贵客；梅，清客；菊，寿客；瑞香，佳客；丁香，素客；兰，幽客；莲，静客；荼蘼，雅客；桂，仙客；蔷薇，野客；茉莉，远客；芍药，近客。［明］王路《花史左编》第 2 页。
⑦ "十友"：荼蘼，韵友；茉莉，雅友；瑞香，殊友；荷花，净友；岩桂，仙友；海棠，名友；菊花，佳友；芍药，艳友；梅花，清友；栀子，禅友。［明］王路《花史左编》，第 2 页。

把芍药列在花草类第一品。

第四节　芍药的生活价值

人之直接于外物，所观其形与色，所品其味与香，由此呈现出芍药的欣赏价值。经过了自然韵味的发现，品格特征的探求，药用价值的应用，尤其是宋代高度享受型的生活化社会风潮以及赏花、艺花事业的繁荣，世人对芍药的认识突出在品鉴和欣赏上。元代，芍药茶开始风靡，统治者也加以推崇，是对芍药的药学价值加以生活化的应用。

芍药的药用价值非常重要，早在先唐时期就有发掘，《名医别录》记载："芍药，味酸，平，微寒，有小毒。主通顺血脉缓中，散恶血，逐贼血，去水气，利膀胱，大小肠，消痈肿，时行寒热，中恶腹痛，腰痛。一名白术，一名余容，一名犁食，一名解仓，一名铤。生中岳及丘陵。二月，八月採根，暴干。"[①]《神农本草经》记载："芍药，味苦，平。治邪气腹痛，除血痹，破坚积、寒热、疝瘕，止痛，利小便，益气。生川谷。"[②]指出了芍药多生于中岳川谷、丘陵，气味酸，微寒，有小毒，主治通血脉、邪气腹痛等。芍药有制毒之功用，民间加以推广应用，《尔雅翼》中记载："其根可以和五脏，制食毒，古者有芍药之酱，合之于兰桂五味，以助诸食，因呼五味之和为芍药。……今人食马肝马肠者，犹合芍药而煮之，古之遗法。马肝，食之至毒者，文成以是死。言食之毒，莫甚于马肝，则制食之毒者，宜莫良于芍药，故独得药之名；犹食酱

---

① ［梁］陶弘景著，尚志钧辑校《名医别录》，第42页。
② 尚志钧校《神农本草经校点》，第87页。

掌和膳羞称医之类，而医又因以为名也。……"①芍药可以用于制马肝的毒，所以有"药"之美称。《七发》"芍药之酱"，《子虚赋》"勺药之和，具而后御之"，张衡《南都赋》"黄稻鲜鱼，以为芍药，酸甜滋味，百种千名"，②应贞《释左杂论》"芍药之羹，爽口之食"，③芍药又是一味调剂品，让食物的味道更加鲜美。

《本草纲目》详细地记载了芍药的药学价值："主治邪气腹痛，除血痹，破坚积，寒热血痛，止痛，利小便，益气。本经。通顺血脉，缓中，散恶血，逐贼血，去水气，利膀胱大小肠，消痈肿，时行寒热，中恶腹痛腰痛。"④李时珍认为："白芍药益降脾，能子土中泻木。赤芍药散邪，能行血中之滞。日华子言赤补气，白治血，欠审矣。产后肝血已虚，不可更泻。故禁之。酸寒之药多矣．何独避芍药耶？以此颂曰张仲景冶伤寒多用芍药，以其主寒热、利小便故也。"⑤白芍药补气血，赤芍药理气血。在药理作用方面，李时珍在芍药的《附方》中做了精要论述，如"腹中虚痛"：白芍药三钱，炙甘草一钱，夏月加黄芩五分，恶寒加肉挂一钱，冬月大寒再加挂一钱。水二盏，煎一半，温服。"风毒骨痛在髓中"：芍药二分，虎骨一两，炙为末，夹绢袋盛，酒三升，渍五日。每服三合，日三服。⑥

《大金国志》记载："阿骨打之十四年，时宋政和五年，辽天庆五年，是年，生红芍药花，北方以为瑞。女真多白芍药花，皆野生，绝无红者。

① ［宋］罗愿著，石云孙点校《尔雅翼》，第26—27页。
② ［清］严可均《全上古三代秦汉三国六朝文》，第768页。
③ ［清］严可均《全上古三代秦汉三国六朝文》，第1660页。
④ ［明］李时珍《本草纲目》，第269页。
⑤ ［明］李时珍《本草纲目》，第270页。
⑥ ［明］李时珍《本草纲目》，第270页。

好事之家采其芽为菜，以面煎之，凡待宾斋素则用之。其味脆美，可以久留。金人珍甚，不肯妄设，遇大宾至，缕切数丝置楪中，以为异品。"①洪皓《松漠纪闻》卷二记载："女真多白芍药花，皆野生，绝无红者。好事之家，采其芽为菜，以面煎之，凡待宾斋素则用。其味脆美，可以久留。"②《钦定热河志》记载："元杨允孚滦京杂咏诗曰：'若较内园红芍药，洛阳输却牡丹花。'注云：'内园芍药迷望，亭亭直上数尺，许花大如斗，扬州芍药称第一，不及上京也'。又曰：'时雨初肥芍药苗，脆甘肥压酒肠消。'注云：'草地芍药初生，软美，居人多採食之。'"③以上是芍药作为蔬菜饮食的文化的记载，已经出现了明确的时间，是宋政和五年，1115 年，北方已经出现了以芍药芽为蔬菜的做法。

芍药作为茗饮的源起，在陈旅《琼芽赋序》中有记载："栾阳之野，多芍药，人掇其芽以为蔬茹，雄武邢遵道始治之，以代茗饮，清脮甘芳，能辅气导血，非茗饮所能及也。至治中，有旨命如法以进，天子饮而嘉之，于是乎有琼芽之名。夫芍药之物，以花艳取重于流俗，至用为药饵，为烹脈之滋，皆不足以尽芍药之妙。自著本草以来，至今世始得因遵道以所蕴者见知天子，何其遇之晚也。余惟物之不遇于世者多矣，固有一无所遇而竟己者，而不欲以他伎自炫，至晚始一遇者，亦可悲也。余年四十又一，始为国子助教，天历二年夏，扈从至上京，因过邢生，饮琼芽，而生征余赋"，④陈旅认为是邢遵道开始以芍药芽代茗饮，王颋认为："'芍药'芽的饮食，绝非如前引所云，系元英宗在位时人邢

① ［宋］宇文懋昭著，崔文印校正《大金国志校正》（上），第 13 页。
② ［宋］洪皓《松漠纪闻》，第 378 页。
③ ［清］和珅、梁国志等编《钦定热河志》，《影印文渊阁四库全书》，第 496 册，第 478 页。
④ ［元］陈旅《安雅堂集》，《影印文渊阁四库全书》第 1213 册，第 4—5 页。

遵道的'发明'；事实上，早在元世祖君临或以前，士大夫就已知道了这种植物的品尝。"①该文引证的资料显示是芍药作为蔬菜饮食，而并非作为茗饮，芍药茶的确是邢遵道的"发明"，这种说法的记载时间是至治元年（1321年），有人进贡芍药芽，元英宗饮芍药茶，因此嘉奖芍药芽为"琼芽"。进贡嘉奖之事，《枣林杂俎》记载："滦阳芍药芽代茗饮，曰琼芽。先朝进御见黄溍集中。"②"琼芽"的称号，是有元一代对芍药饮茶价值的开发，也是对芍药药用价值的推崇。栾阳，即滦阳，《中国古今地名大辞典》记载，"滦阳，河北省承德市的别称。因地处滦河之阳，故名。清纪昀著有《滦阳清夏录》"，③另外，元代有滦阳县，在今河北迁西县西北。根据《大元混一方舆胜览》记载，当时称为滦州，属于直隶省部平滦路。滦河："贾耽云：'自蓟州东北一百二十里至盐城守把，又东北度滦河，至卢龙镇。'"④滦河在河北省东北部。流经了内蒙古，中游穿流燕山山地，下游入渤海。滦水地域非常广泛，芍药芽所产区域上应是整个滦河流经区域，盛行于承德一带。

关于邢遵道的史载很少，在王沂《芍药茶》诗中有序记载："余往年试上京，乡贡士于集贤署，邢君遵道惠茶，号滦水琼芽，今俯仰七年，而遵道捐馆久矣，其子克世其业，携茶过寓舍，为赋小诗三首，山阳闻笛之感，同一慨然也。"⑤袁桷《清容居士集》中有《书邢遵道二父家传》："蜚声秀采动时贤，书帙如山酒似泉。已恨人间双璧化，共夸

---

① 王颋《栾野晒芽——元代芍药芽的饮食及相关文化》，《西域南海史地研究四集》。
② ［清］谈迁《枣林杂俎》中集，第 468 页。
③ 《中国古今地名大辞典》，第 3108 页。
④ ［元］刘应李《大元混一方舆胜览》，第 53 页。
⑤ ［元］王沂《伊滨集》，《影印文渊阁四库全书》第 1208 册，第 476 页。

身后一夔传。药囊有底阴功满，诗卷相辉盛事全。会见门楣成晚秀，瀛洲委佩接群仙。"①邢遵道应该是一个行医之人，又不乏有文学功底。陈旅称"雄武邢遵道"，邢遵道是雄武人。

芍药茶在元代的兴起与推广，首先与其在北方地带的生长分布相关，《钦定热河志》引《元一统志》载："大宁路金源县、利州、兴中州、川州，皆土产芍药，又兴中州有芍药河，源自芍药庄，山谷间芍药丛中流出。今热河境内芍药往往不由人力，自生山谷，有红白二色。"②根据《大元混一方舆胜览》记载，大宁路属于故辽阳山北辽东道，据记载，"奚地居上、东、燕三京之中，土肥人旷，西临马盂山六十里，其山南北一千里，东西八百里"，③是今热河辽宁一带，黑土地的肥沃正好适应了芍药的习性，芍药性喜肥沃，土生土长也是自然。

芍药在都城也是胜景之一，上都，又称滦京，是元代有名的历史都城之一，以临滦水得名。虞集《白芍药》："金鼎和芳柔，滦京已麦秋。当阶千本玉，看不到扬州。"④《至正集》卷一二《奏事红禧殿，赋殿前芍药》："滦京朱夏半，红药盛开初。天欲留春律，花应待乘舆。一台香雾湿，千朵锦云舒。立转雕阑影，愚臣有谏书。"杨允孚《咏芍药》："时雨初肥芍药苗，脆肥香压酒肠消。扬州朱帘春风里，曾惜名花第一娇。"注曰："草地芍药初生，软美，居人多采食之。"芍药在滦京也比较广泛。而且，芍药栽培也深受喜欢，程钜夫《题赵子昂画罗司徒家双头牡丹并蒂芍药》："并蒂连枝花乱开，冲和元自主人培。集贤学士

---

① ［元］袁桷《清容居士集》卷一六。
② ［清］和珅、梁国志等《钦定热河志》，《影印文渊阁四库全书》，第496册，第478页。
③ ［元］刘应李《大元混一方舆胜览》，第143—145页。
④ ［元］虞集《道园遗稿》，《影印文渊阁四库全书》第1207册，第781页。

春风笔，更写天香入卷来。"袁桷《同复初工远饮仲章家观芍药分韵得一字》，马祖常《赋王叔能宅芍药》①。世人对芍药茶的喜爱也盛行一时，陈旅写作了《琼芽赋》：

緊神皋之深遘兮，余尝策马而孤征。朱光熇阴雨复旸兮，琼芽怒抽浸满乎郊。坰彼妇子之踵踵兮，持顷筐以取盈。盖淹之以为菹兮，复笔之以为羹。交野茹以杂进兮，至涸辱于腐腥。既不得吐层花以当春兮，又不为雅剂以上下乎。参苓懿邢生之嗜奇兮，颥与世而相违。户腰艾其总总兮，则纫兰而佩之。闵灵苗之纯嫩兮，曾不得邑其所施。乃登广原涉芳滢，披蘙卉撷珍裁，盛以文竹之筥，屑以绿石之硙，沦之以槛泉燥之以，夫遂广延绀霜逊其色，丹丘宝露愧其液，诸柘巴且甘斯埒也，留夷轩于芬斯夺也。乃若溽溜既收，凉吹初作，鸾旗罢猎张，宴广漠舞，鱼龙于钧天，厌牛羊于珠泽，亟命进乎琼芽，俾得联于玉食，当是时也，金沙紫笋，龙安骑火，乳窟仙掌，蒙顶麦颗，皆于邑以无色，甘退列于下佐夫，何一幽人兮，揽孤芳以徘徊，抚年岁之既晏兮，恐繁霜其摧毙。念宠荣之所在兮，竞膏车以先驰，或以近而易与兮，或以远而不见推，或握瑜以来毁兮，或群荐而非瑰，以媚世者之诚可耻兮，则宁抱吾素而委蛇。

单篇作赋，文中说到"金沙紫笋，龙安骑火，乳窟仙掌，蒙顶麦颗"等兴盛之物在芍药茶面前都黯然失色，当是第一等宠儿。

---

① 莺粉分葰艳有光，天工巧制殿春阳。霞缯褽积云千叠，宝盠脂凝蜜半香。并蒂当阶盘绶带，金苞向日剖珠囊。诗人莫咏扬州紫，便与花王可颉颃。

王沂写作了《芍药茶》三首：[1]

瀛洲忆昔较群才，一饮云腴睡眼开。陆羽似闻茶具在，谪仙空载酒船回。

滦水琼芽取次春，仙翁落杵玉为尘。一杯解得相如渴，点笔凌云赋大人。

扬州四月春如海，彩笔曾题第一花。夜直承明清似水，铜瓶催火试新芽。

虞集写作了《謝吴宗师送芍药名酒》：[2]

图26　[清]恽寿平《芍药图》扇页。文人纸扇,逸兴雅致。见《中国绘画全集》，第25卷，天津艺术博物馆藏。

讲臣不常参，寂寞奉朝请。故人得好花，持赠乃兼并。金盘日中出，品目标禁省。一萼重数铢，大与牡丹并。酿香实尊贵，深婉更和静。居然荷慰藉，相对空昼永。起求神农经，

① ［元］王沂《伊滨集》，第476页。
② ［元］虞集《道园遗稿》，第718页。

录在海涯境。天天羡厥草，兽不耀朱景。上京素高寒，夏至冰在井。沙草不满寸，苞叶成枯梗。同生非异土，荣悴何不等。此岂夫容丹，逡巡太阳鼎。灼灼天女嫔，巍巍步摇整。盈盈绡卷肤，况彼南国迥。移置谅不可，孤赏且深领。虽与名酒俱，绝饮畏停冷。颇闻好事者，采撷置充茗。刀圭果三咽，五脏化俄顷。文章丽出日，仪凤同焕炳。言夸众应疑，所贵仙者肯。

这里的记载是用芍药花来酿酒，实用价值又进一步得到发掘。

第五节　芍药的艺术价值

明清时期，盛行起来的是赏花的乐趣，对花的欣赏入微细致，突出表现在明代内阁赏芍药诗，清代丰台赏芍药诗，赏花由宫廷士人普及到民间百姓，芍药的艺术价值进入大众的视野。

明代题咏芍药的 89 首(65 组)作品中，内阁赏花诗有 38 首(13 组)，赋 1 篇[1]，歌行 1 篇[2]，占 44.9%，赏花诗数量的大量增加：

一、与芍药的地位密不可分，夏朝，芍药就种植在后苑，晋代，又植于晖章殿，芍药一直是宫廷园林造景的花卉，经历了扬州芍药的兴盛，大规模的花卉种植已经成为花卉园艺事业的主流，由此，才有了明代时期的张园。

二、"四相簪花"传说的影响。由宋代"四相簪花"的传说衍生出来，

---

① ［明］陆粲《赋内阁芍药》，《陆子余集》，《影印文渊阁四库全书》，第 1274 册，第 694 页。

② ［明］唐顺之《同院僚观阁中芍药作》，《荆川集》，《影印文渊阁四库全书》第 1276 册，第 200 页。

芍药有祥瑞之兆，赏花不但成就了文人持觞作文的雅兴，又符合了士人追求富贵名利的心理。如《空同集》卷三十一记载："仪宾柳子以合欢芍药见赠，予自不识此花，而柳云：'种莳数年，惟今岁数朵。'方愈。"诗作写到："宾卿赠药惊奇异，共蒂分葩号合欢。入手自摩双萼叹，逢人恐当一花看。并头虚漫夸莲蕊，单瓣还应压牡丹。汝报绵疴今幸愈，和中天遣助平安。"①合欢芍药的出现，故人顽疾的痊愈，赋予了芍药吉祥的兆意。

《翰林记》也记载明代赏芍药花唱和之事："赏花唱和，景泰中内阁赏芍药赋黄字韵诗，本院官皆和之，有《玉堂赏花集》盛行于时。成化末，少傅徐溥在内阁赏芍药，赋吟扉二韵，次年又有诗二韵，本院官亦皆和之。正德中，大学士梁储、杨一清赏芍药倡和，则用东冬清青为韵，人各四首云。按宣德八年十一月，本院诸僚，有文渊阁赏雪诗，盖词林纪事，多有题咏，不特赏花而已。"②从《翰林记》的记载来看，赏芍药的唱和之作有三次。

第一次赏花在景泰中是不确切的，《双槐岁钞》记载：

> 文渊阁右植芍药，有台，相传宣庙幸阁时命工砌者。初植一本，居中，淡红者是也。景泰初，增植二本：纯白，居左；深红，居右。旧常有花，自增植后，未尝一开。天顺改元，徐有贞、许彬、薛瑄、李贤同时入为学士，居中一本遂开四花，其一久而不落。既而三人皆去，惟贤独留，人以为兆。明年暮春，忽各萌芽，左二，右三，中则甚多。而彭时、吕原、林文、刘定之、李绍、倪谦、黄谏、钱溥相继同升学士，凡

---

① ［明］李梦阳《空同集》，《影印文渊阁四库全书》第1262册，第271页。
② ［明］王世贞《翰林记》，《丛书集成新编》第30册，第480页。

八人。贤约开时共赏。首夏四日，盛开八花，贤遂设筵以赏之。时贤有玉带之赐，诸学士各赐大红织衣，且赐宴，因名纯白者曰"玉带白"，深红者曰"宫锦红"，澹红者曰"醉仙颜"，惟谏以足疾不赴。明日复开一花，众谓谏足以当之。贤赋诗十章，阁院宫僚咸和，汇成曰《玉堂赏花诗集》，贤序其端，谓："昔韩魏公在广陵时，是花出金带围四枝，公甚喜，乃选客具乐以赏之，盖以人合花之数也。予今会客以赏花，初不取合于花数，盖花自合人之数也。夫人合花数者，系于人；花合人数者，系于天。系于人者，未免有意。系于天者，由乎自然。虽然魏公四人皆至宰相，岂独系于人哉？盖亦合乎天数之自然矣。花歇于前而发于今，且当复辟之初，实气数复盛之兆。所关甚大，又非广陵比也。

然不久，诸学士中有从戎谪官者，事见《水东日记》，而不悉其详，故识之。"[1]倪谦《和内阁李学士赏花诗并序》记载了内阁赏芍药的事由：

文渊阁前花砌旧芍药三本，频年萎不自振，天顺二年首夏五日，敷荣畅貌，开成深红、浅红、淡白三色者八朵，重楼累萼，粲然夺目，阁老冢宰李先生置酒邀院长彭、吕、林、李、刘、钱六先生共赏，予亦幸联席，末会者八人，适合花数，冢宰以为花既异常，名亦不可袭旧，宜制佳号以宠之，乃名浅红者曰醉仙颜，刘先生以为合用玉堂盛世为名，以别凡品，遂名淡白者曰"玉带白"，盖以表冢宰之荣赐也。予窃名深红者曰"宫锦红"，亦用李供奉故事，冢宰乃作诗一章连和九章，以倡筵开献、酬庚咏尽，醉乃散，翌日诸先生和章次第皆就，

---

① ［明］黄瑜著，魏连科点校《双槐岁钞》，第 162—163 页。

予才愧疎拙，勉和十章，敬用录呈教正乃幸。①

关于文渊阁的芍药，是在宣皇时期。宣皇即明宣宗朱瞻基（年号宣德，1425 年即位，1426 年—1435 年），之后是英宗朱祁镇（年号正统，1436 年—1449 年），之后代宗朱祁钰（年号景泰，1450 年—1456年），之后是英宗朱祁镇再次复位（年号天顺，1457 年—1464 年），根据记载，此次赏花的年代应该在天顺二年，也就是 1458 年，芍药开成了三种颜色，并生八朵，以李贤为主导，邀彭时、吕原、林文、刘定之、李绍、倪谦、黄谏、钱溥八人赏花，当日黄谏以行走不便未曾前往，正好八人各赏一花，犹有当年"四相簪花"的遗风，以"黄、觞"为韵，倪谦作诗有十首，众人的创作，形成了《玉堂赏花集》。

第二次赏芍药唱和是在成化中，以少傅徐溥为主导，《东江家藏集》序中写到："时阁老义兴徐公，洛阳刘公，长沙李公，徐刘首倡。长沙及学士篁墩程公以下皆和。"②成化是宪宗朱见深的年号（1465 年—1487 年），也就是时任少傅的徐溥，长沙李东阳，还有学士程敏政，王鏊，罗玘，石瑶，顾清等人，齐聚文渊阁赏花，创作较多，有《内阁芍药二首呈李先生》③《内阁赏芍药奉和少傅徐公韵四首》④《内阁赏芍药次少傅徐先生韵四首》⑤《内阁赏芍药四首》⑥《奉次少傅徐公内阁赏芍

① ［明］倪谦《倪文僖集》，第 302 页。
② ［明］顾清《东江家藏集》，第 340 页。
③ ［明］徐溥《谦斋文录》，第 549 页。
④ ［明］李东阳《怀麓堂集》，第 576 页。
⑤ ［明］程敏政《篁墩文集》，第 741 页。
⑥ ［明］王鏊《震泽集》，第 164 页。

药》①《次内阁赏芍药韵二首》②《奉和内阁芍药诗四首》③《内阁赏芍药次韵二首》④共计23首（8组），以"吟、扉"为韵。

第三次赏花唱和在正德中，武宗朱厚照时期（年号正德，1506年—1521年），以大学士梁储、杨一清以"东冬清青"为韵，创作了八首，梁储《郁洲遗稿》未见此诗作，杨一清《石淙诗稿》有见。此外，明代还有赋2篇，《赋内阁芍药》⑤《同院僚观阁中芍药作》⑥。内阁赏芍药的诗的创作大有热度，而且，文渊阁又是一个特定的政治意义上的场所，他们的创作是颇有意味的。

第一次内阁赏花诗的创作内容最突出的是对"四相簪花"祥瑞之义的衍生，祥瑞吉兆成为士人"润色鸿业"的理想之笔。第一次赏花是在天顺二年，经历了宫廷斗争不断，皇权的争夺闹剧时而上演，在风云变化之中，芍药得以至天顺年间才吐芳斗艳。而且恰恰的，芍药的花开有着特别的巧合，首先是花开八朵，原本九人赏花，因一人未到，八朵花正好应景应事，偶然的是，第二天黄谏到来之时，第九朵花又开放了，而且当时李贤受封了玉带，其他人受封了大红织衣，倪谦《和内阁李学士赏花诗并序》中写到："是月八日东驾文华殿开讲先期三日，诸学士相会习仪,而此花适开故云。"⑦这个故事下,是诸多的巧合编织，

---

① ［明］邵宝《容春堂集》，第56页。
② ［明］罗玘《圭峰集》，第342页。
③ ［明］石珤《熊峰集》，第542—543页。
④ ［明］顾清《东江家藏集》，第340页。
⑤ ［明］陆粲《赋内阁芍药》，《陆子余集》，《影印文渊阁四库全书》，第1274册，第694页。
⑥ ［明］唐顺之《同院僚观阁中芍药作》，《荆川集》，《影印文渊阁四库全书》第1276册，第200页。
⑦ ［明］倪谦《倪文僖集》，第302页。

今天我们无从考证当时的京城是否是芍药花开时节，文学的创作就是真实性与虚构性的统一，李贤人等，借以盛世华章的形式，表达了对当时世风的赞美，也是内心的期许，这种美好的韵味却让人欢欣。在李贤为《玉堂赏花集》写的序中也可见：

> 予今会客以赏花，初不取合于花数，盖花自合人之数也。夫人合花数者，系于人；花合人数者，系于天。系于人者，未免有意。系于天者，由乎自然。虽然魏公四人皆至宰相，岂独系于人哉？盖亦合乎天数之自然矣。花歇于前而发于今，且当复辟之初，实气数复盛之兆。所关甚大，又非广陵比也。①

之花鸟卷，吉林艺术学院藏。

图 27　吴昌硕《芍药图》。图中芍药烂漫开放，色彩动人，很有生气。见《中国传世名画全集》

---

① ［明］黄瑜著，魏连科点校《双槐岁钞》，第 162 页。

天意自然，花朵之数正好应赏花人数，英宗朱祁镇复辟帝位，这种景象正好是复盛的气象，似乎盖过了扬州四相的光彩，要建立起宏伟的历史篇章，有了主导者李贤的序的引导，余人的创作都是沿着对盛世的讴歌创作的，如倪谦《和内阁李学士赏花诗》写到：

其一：青宫出阁正年芳，礼蕝先当习太常。翰学八人期会合，宫花一夜巧铺妆。珍馐旋簇筵前绮，金印初封肘后黄。独乐争如能共众，共将高咏送清觞。"①

其六：四朵金围昔吐芳，八花簇锦胜闲常。梅薰漫说薰香袖，何晏徒劳傅粉妆。地切清华依日月，气钟灵异本玄黄。不须远论韩公事，千载能无慕此觞。②

其八：省药元超百卉芳，几年寥落喜归常。士逢圣主垂情眷，花被天工着意妆。壶谱雅歌鸣鲁薛，诗盟高会及江黄。太平宰辅仙儒辈，自合公余醉玉觞。③

其九：玉液满斟恩露渥，紫微高应德星黄。时和已卜丰年象，后乐何妨各尽觞。④

诗中交代了受封加赏的愉快之事，借以"四相簪花"的故事演绎，表达了对盛世的赞美与期许。

第二次赏花的创作却抛开了诸多巧合的因素，为赏花而创作，这种杂陈感念之中，蕴藉意味，更突出了历史的感喟，如徐溥《内阁赏芍药二首呈李先生》：

禁城迟日晓阴阴，红药翻阶紫阁深。香雨乍沾殊有

① 〔明〕倪谦《倪文僖集》，第302页。
② 〔明〕倪谦《倪文僖集》，第303页。
③ 〔明〕倪谦《倪文僖集》，第303页。
④ 〔明〕倪谦《倪文僖集》，第303页。

态，彩云长护岂无心。玉堂封植何人在，金鼎调和事可寻。幸遇清时多暇日，退朝尝得对花吟。名花独自殿春归，一种人间得见稀。不逐人情夸富贵，故知天意与芳菲。仙姿合种瑶台侧，盛世曾征宝带围。把酒看花成旧识，年年相伴住黄扉。①

第29卷，苏州博物馆藏。

图28 ［清］李鱓《芍药图》轴。图中芍药如幻如真。见《中国绘画全集》，

《双槐岁钞》写到："然不久，诸学士中有从戎谪官者。"②同样的文渊阁，不同的人，赏花心情却是别样的，徐溥感叹的是赏花人的世事无常，岁月变迁。

如此，这一批赏花人在这样的主导下，创作中流露出来的也是对

---

① ［明］徐溥《谦斋文录》，第549页。
② ［明］黄瑜著，魏连科点校《双槐岁钞》，第162页。

芍药自然天质的欣赏和对历史钩沉的评论。

李东阳《内阁赏芍药奉和少傅徐公韵四首》其一写到："禁苑栽培真得地，化工雕刻本何心。"[①]程敏政《内阁赏芍药次少傅徐先生韵四首》其一写到："题品正宜宗匠手，栽培那识化工心。"[②]

石珤《奉和内阁芍药诗四首》其二写到："绝品似曾天上见，灵根欲向鼎中寻。"[③]"化工"，"绝品"，"灵根"，都是对芍药特质写作的回归。同样还有石珤《奉和内阁芍药诗四首》其四，"芍药花钿佩玉归，花容玉韵两依稀。光悬上相笼中品，色借长杨雨后菲。看到天然如欲语，似怜香散自成围。挥毫便写升平象，记得深红傍晓扉。"[④]末尾由"记得"转折，使思考落笔在芍药美质上，这样的感叹无比的宁静，显出一种在欣赏中无欲而明净的气质。

玉堂学士，赏花作诗，挥洒豪情，君臣同乐，好一番太平气象。但经不住岁月的变迁。诗人如鱼饮水，冷暖自知，以历史笔法观取芍药，然而草木何知？此外，在音乐中，有"红芍药"词牌，如王观《红芍药》：

人生百岁，七十稀少。更除十年孩童小。又十年昏老。都来五十载，一半被、睡魔分了。那二十五载之中，宁无些个烦恼。　　仔细思量，好追欢及早。遇酒追朋笑傲。任玉山摧倒。沈醉且沈醉，人生似、露垂芳草。幸新来，有酒如渑，结千秋歌笑。[⑤]

元代，根据陶宗仪《南村辍耕录》的记载，杂剧曲名南吕中有《红

---

① ［明］李东阳《怀麓堂集》，第 576 页。
② ［明］程敏政《篁墩文集》，第 741 页。
③ ［明］石珤《熊峰集》，第 542 页。
④ ［明］石珤《熊峰集》，第 542 页。
⑤ 《全宋词》第 1 册，第 262—263 页。

芍药》，^①《元曲大辞典》载："红芍药，曲牌名，属中吕宫，白仁甫《梧桐雨》第二折，又南吕宫中亦有'红芍药'调，用于剧曲，马致远《陈抟高卧》第二折。"^②可见芍药向艺术性的发展。

同时，寺院也多种植芍药花，如白居易《感芍药花，寄正一上人》："今日阶前红芍药，几花欲老几花新。开时不解比色相。落后始知如幻身。空门此去几多地，欲把残花问上人。"^③芍药缘何与寺庙结缘，可能正如白诗所示，芍药一年一成的生物特性与佛有相通性。

芍药也作为供佛之花，如宋代赏花大会："东武旧俗，每岁四月大会于南禅、资福两寺，以芍药供佛，而今岁最盛，凡七千余朵，皆重跗累萼，繁丽丰硕。"^④供佛之花，如幻如真，给芍药平添了几分仙质之美。

芍药的艺术价值还体现在插花、行酒方面。袁宏道《瓶史》"使令"记录："芍药以罂粟、蜀葵为婢。"^⑤芍药的插花要用罂粟、蜀葵来搭配。《花镜》之课花十八法的养花插瓶法写到："若蜀葵、秋葵、芍药、萱花等类，宜烧枝插，余皆不可候。"芍药需要烧一下根部，这些都是芍药插花艺术的发展。同时，还有芍药的行酒令，"映日烨然，临风嫣然，何以宜之，绮席繁弦。"^⑥坐在席上，听着弦乐，看芍药在日光下是多么光彩熠熠，在微风中是多么婀娜多姿。

---

① ［明］陶宗仪《南村辍耕录》，第 333 页。
② 李修生主编《元曲大辞典》，第 423 页。
③ 《全唐诗》，第 1079 页。
④ 《全宋诗》第 14 册，第 9226 页。
⑤ ［明］袁宏道《陈眉公重订瓶史》，《续修四库全书》第 1116 册，第 628 页。
⑥ ［明］王路《花史左编》，第 3 页。

征引书目

说明：

1. 凡本文征引书籍均在其列。

2. 以书名拼音字母顺序排列。

3. 单篇论文信息详见引处脚注，此处从省。

1.《安雅堂集》，[元]陈旅著，《影印文渊阁四库全书》本。

2.《本草纲目》，[明]李时珍著，明崇祯十三年影印本。

3.《池北偶谈》，[清]王士禛著，中华书局，1982年。

4.《曹州牡丹谱》，[清]余鹏年著，民国《喜咏轩丛书》本。

5.《初学记》，[唐]徐坚著，中华书局，1962年。

6.《大金国志校正》，[宋]宇文懋昭著，崔文印校正，中华书局，1986年。

7.《帝京景物略》，[明]刘侗著，明崇祯刻本影印。

8.《东京梦华录注》，[宋]孟元老著，邓之诚注，中华书局，2008年。

9.《帝京岁时纪胜》，[清]潘荣陛著，乾隆刻本影印。

10.《大元混一方舆胜览》，[元]刘应李编，四川大学出版社，2003年。

11.《东江家藏集》，[明]顾清著，上海古籍出版社，1991年。

12.《道园遗稿》，[元]虞集著，《影印文渊阁四库全书》本。

13.《尔雅翼》，[宋]罗愿著，石云孙点校，黄山书社，1991年。

14.《方舆胜览》，[宋]罗愿著，黄山书社，1991年。

15.《古代花卉》，舒迎澜著，农业出版社，1993年。

16.《圭峰集》，[明]罗玘著，上海古籍出版社，1991年。

17.《古今图书集成》，[清]陈梦雷编，中华书局影印，1985年。

18.《古今注》，[晋]崔豹著，商务印书馆，1956年。

19.《广群芳谱》，[清]汪灏著，上海书店，1985年。

20.《姑苏志》，[明]林世远、王鏊等著，明正德刻嘉靖续修影印本。

21.《归田琐记》，[清]梁章钜著，于亦时校点，中华书局，1981年。

22.《篁墩文集》，[明]程敏政著，上海古籍出版社，1991年。

23.《花卉词典》，余树勋、吴应祥编，农业出版社，1993年。

24.《花经》，黄岳渊著，新纪元出版社，1949年。

25.《花镜》，[清]陈淏子著，农业出版社，1979年。

26.《翰林记》，[明]王世贞著，《丛书集成新编》本。

27.《怀麓堂集》，[明]李东阳著，上海古籍出版社，1991年。

28.《花木荣枯——扬州名花》，高永青著，广陵书社，2006年。

29.《后山谈丛》，[宋]陈师道著，李伟国点校，中华书局，2007年。

30.《花史左编》，[明]王路著，明万历刻本。

31.《韩愈全集》，[唐]韩愈著，钱仲联、马茂元点校，上海古籍出版社，1997年。

32.《花与中国文化》，何小颜著，人民出版社，1999年。

33.《金鳌退食笔记》，[清]高士奇著，北京古籍出版社，1980年。

34.《荆川集》，[明]唐顺之著，《影印文渊阁四库全书》本。

35.《畿辅通志》，[清]田易等纂，《影印文渊阁四库全书》本。

36.《江南通志》，[清]黄之隽等编著，乾隆二年重修本。

37.《句容县志》，[清]曹袭先著，清光绪二十六年重刻本影印本。

38.《晋书》，[唐]房玄龄著，中华书局，1974年。

39.《开元天宝遗事》，[五代]王仁裕著，丁如明辑校，上海古籍出版社，1985年。

40.《历代赋汇》，[清]陈元龙编，凤凰出版社，2004年。

41.《柳宗元集》，[唐]柳宗元著，中华书局，1979年。

42.《陆子余集》，[明]陆粲著，《影印文渊阁四库全书》本。

43.《牡丹芍药题画诗》，马成志著，天津杨柳青画社，2008年。

44.《明宫史》，[明]刘若愚辑著，《丛书集成新编》本。

45.《毛诗》，[汉]毛亨传，郑玄笺，明万历刊本影印本，山东友谊书社，1990年。

46.《梅文化论丛》，程杰著，中华书局，2007年。

47.《梦溪笔谈》，[宋]沈括著，巴蜀书社，1988年。

48.《名医别录》，[梁]陶弘景著，尚志钧辑校，皖南医学院印，1977年。

49.《墨庄漫录》，[宋]张邦基著，中华书局，2002年。

50.南村辍耕录》，[明]陶宗仪著，中华书局，2004年。

51.《能改斋漫录》，[宋]吴曾著，上海古籍出版社，1979年。

52.《倪文僖集》，[明]倪谦著，上海古籍出版社，1991年。

53.《瓶史》，[明]袁宏道著，陈眉公重订，明万历沈氏尚白斋刻本影印本。

54.《埤雅》，[宋]陆佃著，王敏红点校，浙江大学出版社，2008年。

55.《钦定热河志》，[清]和珅、梁国志等著，《影印文渊阁四库全书》

本。

56.《钦定日下旧闻考》，［清］于敏中、英廉编，《影印文渊阁四库全书》本。

57.《全芳备祖》，［宋］陈景沂著，农业出版社，1982年。

58.《全明诗》，章培恒主编，上海古籍出版社，1993年。

59.《清容居士集》，［元］袁桷著，《四部丛刊》本。

60.《全宋词》，唐圭璋编，中华书局，1999年。

61.《全上古三代秦汉三国六朝文》，［清］严可均校辑，中华书局，1987年。

62.《青琐高议》，［宋］刘斧著辑，上海古籍出版社，1983年。

63.《全宋诗》，傅璇琮等主编，中华书局，1999年。

64.《全唐诗》，［清］彭定求等编，中华书局，1960年。

65.《全唐文》，［清］董诰编，中华书局，1983年。

66.《清异录》，［宋］陶谷著，《影印文渊阁四库全书》本。

67.《谦斋文録》，［明］徐溥著，上海古籍出版社，1991年。

68.《容春堂集》，［明］邵宝著，上海古籍出版社，1991年。

69.《宋词题材研究》，许伯卿著，中华书局，2007年。

70.《宋代咏梅文学研究》，程杰著，安徽文艺出版社，2002年。

71.《说郛》，［明］陶宗仪著，中国书店，1986年。

72.《诗歌意象论》，陈植锷著，中国社会科学出版社，1990年。

73.《山海经校译》，袁珂校译，上海古籍出版社，1986年。

74.《双槐岁钞》，［明］黄瑜著，魏连科点校，中华书局，2006年。

75.《诗经今注》，高亨著，上海古籍出版社，1980年。

76.《诗经原始》，［清］方玉润、李先耕点校，中华书局，1986年。

77.《影印文渊阁四库全书总目提要》，[清]纪昀总纂，上海商务印书馆，1933年。

78.《松漠纪闻》，[宋]洪皓著，巴蜀书社，1993年。

79.《神农本草经校点》，尚志钧校，皖南医学院科研处印，1981年。

80.《宋书》，[梁]沈约著，中华书局，1974年。

81.《隋书》，[唐]魏征著，中华书局，1973年。

82.《宋史》，[元]脱脱等著，中华书局，1977年。

83.《宋诗钞》，[清]吴之振等选编，中华书局，1986年。

84.《宋史纪事》，[清]厉鹗著，上海古籍出版社，1993年。

85.《苏轼诗集》，[宋]苏轼著，(清)王文诰辑注，中华书局，1982年。

86.《宋诗选注》，钱钟书选注，人民文学出版社，1989年。

87.《芍药》，杨俊、方红编，中国中医药出版社，2001年。

88.《芍药图谱》，李清道、蒋勤编，中国农业出版社，2004年。

89.《唐才子传》，[元]辛文房著，王大安校，黑龙江人民出版社，1986年。

90.《天府广记》，[清]孙承泽著，北京古籍出版社，1984年。

91.《唐国史补》，[唐]李肇著，上海古籍出版社，1979年。

92.《唐两京城坊考》，[清]徐松著，张穆校补，方严点校，中华书局，1985年。

93.《太平广记》，[宋]李昉等编，人民文学出版社，1959年。

94.《太平御览》，[宋]李昉等编，中华书局，1960年。

95.《唐语林》，[宋]王谠著，上海古籍出版社，1978年。

96.《通志略》，[宋]郑樵著，上海古籍出版社，1990年。

97.《唐摭言》，[唐]王定保著，古典文学出版社，1957年。

98.《晚唐钟声——中国文化的精神原型》，傅道彬著，东方出版社，1996 年。

99.《文心雕龙》，[南朝梁]刘勰著，中国书店，1988 年。

100.《文选》，[南朝梁]萧统编，唐李善注，上海古籍出版社，1986 年。

101.《学圃杂疏》，[宋]王世懋著，宝颜本。

102.《先秦汉魏晋南北朝诗》，逯钦立辑校，中华书局，1983 年。

103.《闲情偶寄》，[清]李渔著，浙江古籍出版社，1991 年。

104.《西域南海史地研究四集》，王颋著，上海古籍出版社，2005 年。

105.《伊滨集》，[元]王沂著，《影印文渊阁四库全书》本。

106.《舆地纪胜》，[宋]王象之著，中华书局，1992 年。

107.《燕京岁时记》，[清]敦礼臣著，光绪丙午仲秋开雕板存琉璃厂文德斋版。

108.《元曲大辞典》，李修生主编，凤凰出版社，2003 年。

109.《阅微草堂笔记》，[清]纪昀著，上海古籍出版社，1980 年。

110.《艺文类聚》，[唐]欧阳洵著，上海古籍出版社，1982 年。

111.《咏物诗选》，[清]俞琰选编，成都古籍书店，1984 年。

112.《云仙散录》，[后唐]冯贽著，张力伟点校，中华书局，2008 年。

113.《酉阳杂俎》，[唐]段成式著，杜聪校点，齐鲁书社，2007 年。

114.《扬州府志》，[明]杨洵、陆君弼等著，明万历刻本。

115.《扬州府志》，[清]阿克当阿、姚文田著，嘉庆重修扬州府志本。

116.《扬州画舫录》，[清]李斗著，汪北平、涂雨公点校，中华书局，1997 年。

117.《御制诗集》，[清]爱新觉罗·弘历著，《影印文渊阁四库全书》本。

118.《扬州芍药谱》,[宋]王观著,《丛书集成新编》本。

119.《扬州图经》,[清]焦循、江藩著,薛飞点校,江苏古籍出版社,1998年。

120.《中国古今地名大辞典》,上海辞书出版社,2005年。

121.《中国牡丹与芍药》,李嘉珏著,中国林业出版社,1999年。

122.《中国梅花审美文化研究》,程杰著,巴蜀书社,2008年。

123.《中国农学书录》,王毓瑚编,中华书局,2006年。

124.《中国芍药》,王建国、张佐双编,中国林业出版社,2005年。

125.《中国园林文化》,曹明纲著,上海古籍出版社,2001年。

126.《浙江通志》,[清]沈翼机等著,乾隆元年重修本。

127.《枣林杂俎》,[清]谈迁著,中华书局,2006年。

128.《遵生八笺》,[明]高濂著,巴蜀书社,1985年。

129.《震泽集》,[明]王鏊著,上海古籍出版社,1991年。

唐宋时期海棠题材文学研究

赵云双 著

目　录

引 言

　　中国是世界上花卉种类最为丰富的国度之一，也是世界花卉栽培的起源地之一。我国劳动人民培育、利用花卉的历史极其悠久。在漫长的历史发展过程中，花卉与人民生活关系密切，被不断地注入人们的思想和感情，不断地融入文化、文学与生活中，从而形成了一种与花卉相关的文学创作现象和以花卉为中心的文学体系，这就是中国的花卉文学。正如《中国花卉诗词》一书中所说："爱花种花是中华民族之高雅习气。喻梅花之高洁为国花，喻牡丹之风仪为国色，喻兰花之清香为国香等等。""花国诗乡，民风温雅，此本是中华精神文明的一种美德。""世称花卉乃天地之至美，诗词乃文艺之至善。""以至善之文，状天地之至美。"[①]在中国的众多名花中，海棠以后来者居上的气势，曾一度受到文人雅士的青睐，产生大量的海棠题材文学作品，现辑缀唐宋海棠题材文学作品进行研究，以充实和丰富花卉题材文学研究。

　　关于海棠的起源问题历来众说纷纭，至今尚无定论，主要有以下两种观点：

　　第一种观点认为起源海外。此说源于后人引用唐代李德裕在《花木记》中所云："凡花木名海者，皆从海外来，如海棠之类是也。"[②]

---

① 以上所引见邓国光、曲奉先编著《中国花卉诗词》，河南人民出版社1997年版，第20页。

② ［明］李时珍著《本草纲目》卷一三，《影印文渊阁四库全书》本。

此说影响深远，很有市场。明代李时珍在《本草纲目》中例举李白诗注："海红乃花名，出新罗国甚多。"并据此判定："则海棠之自海外有据矣。"①叶梦得《卜算子》："一段锦新裁，万里来何远。"②程琳《海棠》："海外移根灼灼奇。"③明代黄姬水《西域海棠诗》："仙观台荒蔓草中，海棠一树太憎红。可怜亦是星槎物，不学葡萄入汉宫。"④《毛诗稽古编》卷二载："甘棠名棠梨，又名杜梨。实兼三种木名矣。后世海棠乃别种，郑樵以为即甘棠，误甚。海棠来自海外。古世无有，风人安得见之哉。"⑤

上述诸家都认为海棠源于海外。此说从唐代起，一直到近代影响都比较深远。中国的唐代对外交流非常活跃，世界上与唐朝交往的国家有七十多个，丝绸之路上和平的使团、商队络绎不绝。唐王朝海上贸易的发展与航海技术的进步，为海上贸易提供了交通上的便利条件，这是此说形成的一个时代背景。

李德裕关于海棠起源的这句话，见宋陈思《海棠谱》引沈立《海棠记》：

　　凡今草木以海为名者，《酉阳杂俎》云："唐赞皇李德裕尝言：'花名中之带海者，悉从海外来。'"⑥

宋祝穆撰《古今事文类聚后集》卷三一，宋曾慥编《类说》卷七，宋潘自牧撰《记纂渊海》卷九二，元末明初的陶宗仪撰《说郛》卷

① ［明］李时珍著《本草纲目》卷一三。
② ［宋］赵师使撰《坦庵词》，《影印文渊阁四库全书》本。
③ 北京大学古文献研究所编《全宋诗》，北京大学出版社1991年版，第3册，第1848页。（以下所引《全宋诗》，均为该版本，版本信息从略。）
④ ［清］姚之骃撰《元明事类钞》卷三三，《影印文渊阁四库全书》本。
⑤ ［清］陈启源撰《毛诗稽古编》卷二，《影印文渊阁四库全书》本。
⑥ ［宋］陈思撰《海棠谱》引沈立《海棠记序》，《影印文渊阁四库全书》第845册。（以下简称《海棠谱》）。

一三○（下）引的《琐碎録》,《御定佩文斋广群芳谱》卷三五都记载了李德裕的这句话。陈思提到的《酉阳杂俎》是唐代笔记小说集,撰者段成式 (803 年－863 年),前集 20 卷共 30 篇,续集 10 卷共 6 篇。所记有仙佛鬼怪、人事以至动物、植物、酒食、寺庙等等。今天中华书局版和上海古籍版的《酉阳杂俎》都不见此条的记载。美国的东方学者劳费尔所著的《中国伊朗编》记载了大量的传入古代中国的外来植物,如苜蓿、葡萄、胡桃、水仙花、指甲花等,也多次提到《酉阳杂俎》里的记载情况,但是却未提及海棠。

无论是李时珍引用还是陈思转载,这句话诸学者都认为是李德裕所云。李德裕 (787 年－850 年) 字文饶,是唐朝宰相、政治家、诗人,爵位为卫公,因此又号李卫公。他是牛李党争中李党的领袖,其父李吉甫也曾官至宰相。南京图书馆收藏的《李卫公别集》卷九《平原山居草木记》也并未有此条的记载,后人笔记都是间接引用李德裕的这句话,不知是根据的哪个版本。海棠是否来自异邦域外,现在难以稽考,终难定论。

海棠梨(西府海棠)

图 01　海棠梨图。将海棠梨误认为西府海棠。

第二种观点认为海棠起源于中国。舒迎澜《古代花卉》、何小颜《花与中国文化》、周武忠《花与中国文化》都明确指出海棠起源于我国。大约 2500 年前的《诗经·卫风·木瓜》载有："投我以木桃，报之以琼瑶。匪报也，永以为好也！"据考证木桃为木瓜海棠或贴梗海棠。《诗经·召南·甘棠》提到："蔽芾甘棠，勿剪勿伐。"《诗经·唐风·杕杜》提到："有杕之杜。"《尔雅》解释：杜是甘棠，开白花的称棠，开红花的称杜。海棠，"海"是修饰语，中心词是"棠"，棠之称甚多，有赤棠、甘棠、白棠、地棠、沙棠、蕙棠、棠梨等称呼。《山海经》中也多次提到"棠"，据后人考证《诗经》《山海经》中提到的"棠"均指梨属的植物，但却未涉及蔷薇科苹果属的植物。[①]《吕氏春秋》曰："果之美者沙棠之实。"[②]沈立《海棠记序》又云："棠实又俗说有地棠、棠梨、沙棠，味如李，无核。较是数说俱非谓海棠也。"[③]后世诗人学者多将甘棠、棠梨、海红、海棠相混淆。像郑樵就是典型的例子，其《通志》记载："梨之类多，《尔雅》曰檖萝，山梨也，又曰梨、山檎、野出之梨，小而酢者又曰杜、甘棠。《诗》所'谓蔽芾甘棠'也，谓之棠梨，其花谓之海棠花，其实谓之海红子。"[④]《尔雅》是长期积累的资料，多有同名异物和异名同物的。甘棠、棠梨、杜梨与海棠都是品种不同的几种树木。但它们的差异很小，所以有人混淆也不足为怪（如图 01 海棠梨[⑤]所示）。

据南京林业大学姜楠南考证"海棠"一词较早出现在唐代中晚

① 参考姜楠南《中国海棠花文化研究》，南京林业大学硕士生论文，第 18 页，2008 年。
② ［战国］吕不韦门客编撰《吕氏春秋》，［汉］高诱注《吕氏春秋》卷一四，《影印文渊阁四库全书》本。
③ ［宋］陈思撰《海棠谱》卷上。
④ ［宋］郑樵撰《通志》卷七六，《影印文渊阁四库全书》本。
⑤ 高明乾编《植物古汉名图考》，第 290 页，大象出版社 2006 年版。

图02　贴梗海棠。又称"皱皮木瓜",落叶灌木,高
达2米,枝条直立开展,花期3~5月。网友提供。

期,[1]从目前掌握的资料来看海棠出现于唐代中晚期的可能性较大。

　　唐朝时出现的"海棠"这一称谓,在明代王象晋的《二如亭群芳谱》
中被冠用于今天的四种植物:西府海棠(Malus micromalus)、垂丝海棠
(Malus halliana)、贴梗海棠(Chaenomeles speciosa)、木瓜海棠(Chaenomeles
cathayensis)。王象晋的这种观点影响深远,至今此四种植物虽不同属:
西府海棠、垂丝海棠属于苹果属,贴梗海棠、木瓜海棠属于木瓜属,
但名字中都带有海棠二字,都属于本课题的研究范围。(如图02—05

---

① 见姜楠南《中国海棠花文化研究》,南京林业大学硕士生论文,第24页,
　2008年。

所示）秋海棠属于草本植物，不属于本课题研究的范围。

图03　西府海棠。小乔木，高达2.5～5米，花期
4～5月。网友提供。

图04　木瓜海棠。落叶灌木至小乔木，高2～6米，
叶片椭圆形，花先叶开放花期3～5月。网友提供。

图05　垂丝海棠。落叶小乔木，高达5米，叶片卵形或椭圆形至长椭卵形，伞房花序，具花4～6朵，花期3～4月。2016年4月，王晓飞摄于上海大团镇。

围绕海棠花，文人墨客观花、赏花，为花开而悦，为花败而悲。仅仅赏花还不足以尽兴，还要相邀海棠花下宴饮、叙说花事、增进交流。只有酒也不足以表达心情，于是或独自吟咏或相互唱和，产生了许多海棠题材的诗词。其中也产生了不少故事和公案。像杨贵妃醉酒的故事，杜甫为何无海棠诗的公案，其他诸如海棠有香还是无香的争论等等，都成为海棠诗词中经常出现的论题，或肯定，或否定，或翻案，或辩论，这些都使海棠文学的内容显得丰富多彩。

现代学术研究要依靠大量的电子版文献进行检索，方便我们数据的收集工作。从对几部咏物类书的文献检索数据的分析，我们大致能窥见海棠在花卉文学中的地位。请看下面一组分析数据：

《文苑英华》花木分类题材，海棠的作品数量共收集了7篇诗歌[1]，在众芳之中排名第 18 名；《全唐诗》诗歌篇名所见海棠的篇数，共 34 篇作品，排名第 19；《全宋词》正文单句所含海棠的句数，共 306 篇，排名第 16 名；《佩文斋咏物诗选》咏植物诗分类统计，海棠作品数量排名第 14 名；《全芳备祖》花木文学作品数量统计共有作品 239 篇，[2]海棠排名第八名。虽然与杨柳、松柏、竹、梅、莲荷、桃、兰蕙、桂、菊等作品数量相比稍逊一些，但是与杏、牡丹、梨、橘、桑、茶、梧桐、芦苇、石榴、樱桃、芍药等相比，其地位是比较靠前的，可研究的空间很大。

　　事实上从诗词的数量上看，造成海棠在群芳之中，中游偏上的地位，是有多方面原因的。首先，海棠品种出现晚于梅花、桃花、梨花、杏花、柳树、松树、竹子等传统花木。其次是海棠花期短暂，且开于三春百花争妍之际，其竞争的对手众多，且高手如云。不像梅花临寒而发，一枝独秀更受人们的追捧。但是海棠以后辈之花，大有后来者居上的气势，一度压过桃李，直逼牡丹与梅花，其在花卉中的地位不可小觑。

---

① 《文苑英华》卷三二二，含王维《左掖海棠咏》将梨花误为海棠。
② 其中包括五古 16 篇，五律 19 篇，五绝 5 篇，七古 11 篇，七律 46 篇，七绝 80 篇，共 177 篇，赋 5 篇（除掉一篇《秋海棠赋》），词 53 篇。

第一章　海棠题材创作的发生和发展

第一节　唐代海棠题材文学创作的萌芽

海棠的四个品种中，垂丝海棠、木瓜海棠、贴梗海棠、西府海棠虽都结果实，但是在海棠文学的创作过程中，并非像梅花、桃花、杏花等诸多"果子花"一样在演变过程中经历由实用到审美的过程。海棠一直是以"色"而闻名的花，其文学内容也多以描摹花色、花姿、花的神韵为主，或者以花寓意，托物比兴，抒发诗人的情感，海棠花承载了诗人丰富的情感。

一、唐代海棠文学作品的创作情况

据笔者检索电子版《全唐诗》海棠条目仅仅有 64 条，其中有 4 条是海棠梨，也就是说，海棠一词在《全唐诗》中共出现 60 次。其中有 17 首是专咏海棠题材的，[1] 这个数量在五万多首的《全唐诗》中，简直就是微乎其微。即使集名花之大成，后来成为众花之首的梅花，在《全唐诗》及《全唐诗补编》中也不过 90 多首。可见花卉题材的文学创作在唐代还只是萌芽阶段，到了宋代才得到全面发展。而"中唐以来诗歌题材多所开拓，趋于多样化、日常化、具体化。……一些名不见经

---

① 其中包括一首毛文锡的《赞成功》词和薛涛的《海棠溪》诗，刘兼的《海棠花》诗，刘兼是从唐五代入宋的。

传的花卉也开始见诸吟咏（如海棠），构成了当时诗歌发展的一道别致的风景。"①

二、唐代海棠文学的创作背景

海棠在唐代主要分布在四川、江浙等地，当时一些地方的海棠已经很闻名了。李德裕（787年—850年）在《平泉山居草木记》中记录了其"二十年间三守吴门"时搜集的江浙一带的"嘉树芳草"，其中"奇者有天台之金松、琪树，稽山之海棠、榧桧……"。②"钱唐县旧治有吴越时罗江东隐手植海棠一本，至宋元祐时犹存。王元之诗云：'江东遗迹在钱唐，手植庭花满县香。若使当年居显位，海棠今日是甘棠。'"③说明在唐末五代江浙一带的海棠已经很普及了。当时在四川已经有以海棠命名的地名和楼名，如薛涛《海棠溪》。《古今记》记载："府治西海棠楼，唐李回建，监司花时燕集吟赏于兹。"④李回是李德裕赏识提拔的，大中元年（847年）才出镇西川，任西川节度使。同时海棠花的图案也出现在唐代的一些做工精美的工艺品中（如图06—07所示）。这在一定程度上也会影响海棠文学的创作。

有案可稽的自中唐到晚唐五代作过海棠题材诗歌的诗人有何希尧、顾非熊、薛涛、李绅、贾岛、温庭筠、薛能、郑谷、吴融、崔涂、韩偓、齐己等诗人。但是还没有出现大量的专门吟咏海棠题材的文学创作。

三、唐代海棠题材文学发展缓慢的几点原因

首先，海棠花这种物种在中唐以后才出现，所以在李白、杜甫等

① 程杰著《宋代咏梅文学研究》，安徽文艺出版社2002年版，第11页。
② ［唐］李德裕撰《李卫公别集》卷九，《影印文渊阁四库全书》本。
③ ［宋］王禹偁撰《小畜集》卷七，《影印文渊阁四库全书》本。
④ 明］曹学佺撰《蜀中广记》，卷六二，第592册，第52页，《影印文渊阁四库全书》本。

大诗人的诗作中根本就不会看到它的影子，进入文人的视野已是中晚唐时期。

图06　唐代头饰梳妆用具。梳背玉质薄片，双面刻海棠花束。长12.3厘米，宽4.6厘米。藏于中国国家博物馆。

图07　唐越窑青釉海棠式碗。高10.8cm，口径纵32.2cm，横23.3cm，足径11.4cm。藏于上海博物馆。

其次，海棠花的栽培范围小，主要以蜀地为中心，江浙也有零星栽培，这一客观原因就制约了其形象的传播。

再次，唐代咏物诗并未全盛，强盛的大唐王国的诗人们在意象选择上更偏重鹰、雁、牡丹这些阔大美好的意象，或者是燕、黄鹂、莺这些常见的意象。海棠花并未引起诗人们的广泛注意。

关于花的诗歌在《全唐诗》中也不过90多首，只占0.16％，[①]中唐以后海棠才渐渐走进诗人的视野，成为唐诗国度中一朵瑰丽的奇葩。

四、唐代文学中的海棠意象与题材分析

在唐诗中海棠意象内容比较单一。多记述生活小场景、小镜头，如："溪边人浣纱，楼下海棠花。"[②]"海棠花下秋千畔。"[③]或者是抒发花落伤感的人之常情，如"海棠花在否，侧卧卷帘看"。[④]李绅的《海棠》是较早的专咏海棠题材的诗歌。

李绅　　海棠

海边佳树生奇彩，知是仙山取得栽。

琼蕊籍中闻阆苑，紫芝图上见蓬莱。

浅深芳萼通宵换，委积红英报晓开。

寄语春园百花道，莫争颜色泛金杯。[⑤]

在这首诗中，诗人展开了想象的翅膀，使全诗充满了神奇的色彩。李绅做过浙东观察使，浙江与杭州湾相接，而他的这首《海棠》正是

---

① 程杰著《宋代咏梅文学研究》，第17页。
② 薛能《锦楼》，［清］曹寅、彭定求等编《全唐诗》卷五六〇（25册本），中华书局1960年版。（以下所引《全唐诗》，均为该版本，版本信息从略。）
③ 韩偓《后魏时相州人作李波小妹歌疑其未备因补之》，《全唐诗》卷六八三。
④ 韩偓《闺情》，《全唐诗》卷六八三。
⑤ 《全唐诗》卷四八一。

在浙江写的。开头四句，用海上仙山的神话传说来形容海棠花的不凡。"阆苑"指仙人所居之处，"紫芝图"是书画名，传说为道家记载奇花异草的图书。在李绅之前的一位宰相贾耽著的《百花谱》中称海棠为"花中神仙"。此诗描写了超凡脱俗来历不凡的神仙之品。接下来描写海棠的花色，由未开之时的深红色，逐渐到开放后的淡红，写出了其渐开过程的变化。最后两句用拟人，作者直接站出来寄语百花，充分表露了诗人喜爱海棠花的情感。

这是早期海棠诗歌题材创作的佳品。这一时期海棠题材创作主要是对娇艳的海棠花的客观物色的欣赏，表达对海棠的喜爱之情。如何希尧的《海棠》："着雨胭脂点点消，半开时节最妖娆。谁家更有黄金屋，深锁东风贮阿娇。"[1]整首诗"节奏琅然，水清璧润。"[2]

五、吟咏蜀地海棠诗作初露端倪

值得注意的是，海棠以蜀地海棠闻名于世，《三柳轩杂识》称海棠为"蜀客"。《益都方物略》云："蜀之海棠，诚为天下奇绝。"[3]蜀地从汉末，刘备据益称帝，国号汉，史称蜀汉（221 年 － 263 年）起，到后来的五代时王建据东西二川，在成都称帝，国号蜀，为后唐所灭，史称前蜀（907 年 － 925 年）。后唐孟知祥在蜀，封蜀王，自称帝，国号蜀，史称后蜀（934 年 － 965 年）。唐人所称蜀地指今天四川省大部分地区。

唐代蜀海棠诗作已经开始流传。这些诗人多数是到蜀地做过官，或者漫游过巴蜀，与蜀地结下不解之缘，与蜀地的海棠也有着千丝万缕的联系。

---

[1]《全唐诗》卷五五〇。
[2] ［清］嵇曾筠修《浙江通志》，卷一八二，《影印文渊阁四库全书》本。
[3] ［明］曹学佺撰《蜀中广记》卷六二。

女诗人薛涛(768年—832年),幼年随父入蜀,晚年居浣花溪,作《海棠溪》。这是迄今为止最早的以海棠为地名作为诗歌题目出现的作品。

薛能（817年？—880年？）字太拙,汾州人,登会昌六年进士第。曾"福徙西蜀,奏以自副。咸通中,摄嘉州刺史"。嘉州即今天四川乐山市。他在《海棠》并序中言道："蜀海棠有闻，而诗无闻。"[1]他是继郑谷后又一个提出此疑问的诗人。从此之后蜀海棠更加闻名天下。他的另一首《海棠》开篇就言："四海应无蜀海棠，一时开处一城香。"[2]可见蜀地海棠在唐代还未分布开来，诗人们多以一种新奇的眼光来看待它。

郑谷（848年—911年）字守愚,唐末著名诗人。黄巢入长安,谷奔西蜀六年多。光启三年（887年）登进士第,复有西蜀之游。《擢第后入蜀经罗村,路见海棠盛开偶有题咏》即此时所作。他的另外两首《蜀中赏海棠》、《海棠》都是咏蜀地海棠中的名篇。

吴融,字子华,唐山阴人。龙纪元年（889年）中进士。当时韦昭度受命为西川节度使,表为掌书记,作《海棠》二首。

由五代入宋的刘兼作过《海棠花》。他曾任容州(今四川荣县)刺史。崔涂（854年—？）,字礼山,终生飘泊,曾穷途羁旅,遍游巴蜀。其《题海棠花图》是其见海棠图,而思忆在巴蜀的三年生活。高骈诗歌中多次提到海棠意象,他也曾任剑南西川节度观察使。

唐代仅存的十几首海棠题材的诗歌中,有半数是写蜀地海棠的。蜀海棠意象更是频繁。从薛涛起的唐代诗人就拉开了后世吟咏蜀海棠的风潮。唐人对蜀地海棠文学的贡献,首先就是发现了海棠的诸多物

---

[1] 《全唐诗》卷五六〇。
[2] 《全唐诗》卷六七五。

色之美，引领了后世吟咏蜀海棠的风尚。

唐代海棠题材诗歌创作，虽然绝对数量相对较少，但是对后世海棠题材文学创作却有开创之功，且佳作颇多，如何希尧的《海棠》："着雨胭脂点点消，半开时节最妖娆。谁家更有黄金屋，深锁东风贮阿娇。"[①]是较早抓住了海棠欲开未开之时景致描写的诗，是较早使用"黄金屋"典故的诗作。郑谷的《蜀中赏海棠》《海棠》在艺术特色上都具有很高的审美价值，是咏海棠诗中的名篇。崔德符的《海棠》将海棠比拟成杨妃出浴，此典在后世海棠文学创作中屡见不鲜。唐人用善于发现美的眼睛发现了海棠的诸多之美，为后世海棠题材创作提供了借鉴。

第二节　宋代海棠题材文学创作的兴盛

宋代园林技艺飞速发展，诗词歌赋中出现了大量的花木意象，咏物诗词也随之发展到高峰，在这种大背景下，海棠作为欣赏性很强的花木，也必然会进入文人的视野，成为他们吟咏的对象。

一、繁荣的表现

（一）作品数量渐渐增多，直至臻于鼎盛

在中国传统的诸花卉中，海棠相对于桃花、芍药、兰蕙、梅花、荷花、杏花等要算是后辈，但是海棠以后来者的身份，超越好多前辈。在《全宋诗》中收录大约二百首海棠题材之作；根据徐伯卿《宋词题材研究》[②]可知，《全宋词》咏花词共2208首，所咏之花57种，咏海棠的数量为136首，占6.16％，仅次于梅花、桂花、荷花；而文仅

① 《全唐诗》卷五五〇。
② 许伯卿《宋词题材研究》，南京师范大学博士学位论文，2001年。

保留张耒的一首海棠赋。这组数据与传统花木梅、柳、竹、荷题材横向相比绝对数量偏少，但是在其发展轨迹中，已是臻于鼎盛，海棠进入文人视野，并大量地作为描写歌咏的对象是在宋代。

（二）文人以海棠为题材相互酬唱之风盛行

宋代以后唱和风气盛行，大量的诗词是在歌延酒席之间创作的，诗人们在传杯行令活动中拈题赋物创作咏物诗，有的作品本身就具有酒令性质。

唱和分两种：

一是诗人词客间的笔墨酬应、此唱彼和[1]。如刘筠《奉和真宗御制后苑海棠》，石延年《和枢密侍郎因看海棠忆禁苑此花最盛》，郭稹的《和枢密侍郎因看海棠忆禁苑此花最盛》，文同《和何靖山人海棠》，范纯仁《和阎五秀才折海棠见赠》《和吴仲庶龙图西园海棠》，李定《和石扬休海棠》，吕陶《和赏申氏园海棠》《和姚提举赏海棠》，丰稷《和运司亭海棠轩》。词中此种情况也很普遍，刘辰翁的《谒金门》三首，方岳的《水龙吟·和朱行父海棠》都是文人学士以海棠为题材彼此唱和之作。

二是和往贤佳作[2]。梅尧臣《刑部厅海棠见赠依韵答永叔》，京镗《醉落魄·观碧鸡坊王园海棠次范石湖韵》《洞仙歌·次王漕邀赏海棠韵》，魏了翁《鹧鸪天·次韵史少弼政赋李参政壁西园海棠》，张榘《浪淘沙·次韵孙霁窗制参雨中海棠》。其中有一部分作品在当时是比较流行的作品。如苏轼的《寓居定慧院之东杂花满山有海棠一株，土人不知贵也》后人就有很多追和之作。如赵令畤《和东坡定慧院海棠》《和东坡海棠》。

---

[1] 程杰著《宋代咏梅文学研究》，第 19 页。
[2] 程杰著《宋代咏梅文学研究》，第 20 页。

事实上宋代整个政治体系都是重文抑武，文人士大夫的生活非常清闲，观赏宋代的绘画就会发现有很多是描画群臣宴饮的情形。这也是宋代诗词唱和形成风气的一个大的政治和文化背景。

（三）小型组诗和长篇排律的创作

宋代出现许多大型的组诗①，海棠作为当时常见的风物，虽没有像梅花那样形成百咏之作，但是也出现了小规模的组诗创作和多达上百字的五七言排律创作。

沈立(1007年—1078年)字立之，历阳(今安徽和县)人。仁宗天圣间进士，签书益州判官，提举商胡埽。"庆历中为县洪雅，春多暇日，地富海棠，幸得为东道主。惜其繁艳，为一隅之滞卉，为作《海棠记》，叙其大概，及编次诸公诗句于右。复率芜拙，作五言百韵诗一章，四韵诗一章，附于卷末。好事者幸无诮焉。"②沈立的《海棠记》今已不复存在，而《海棠百咏》还存在着，这首五言百韵律诗洋洋洒洒一千言。这也是一首写蜀海棠的佳篇，全诗用大量比喻、夸张、对比等艺术手法，从规模、花色、花蕊、花形、花香等多方面着墨。文笔风流，辞藻华丽，也不乏评点前人海棠诗的佳句，如"薛能夸丽句，郑谷赏佳篇"。《海棠百咏》是现存海棠题材诗歌字数最多的"鸿篇巨制"。其中的"金钗人十二，珠履客三千""忽认梁园妓，深疑阆苑仙"让我们不能不联想到曹雪芹《红楼梦》中的"金陵十二钗"和"阆苑仙葩"，曹氏创作红楼未尝没受到此诗的启发。

比沈立小将近二十岁的徐积与沈立是同一朝代。徐积(1028年—1103年)，字仲车，楚州山阳(今江苏淮安)人。仁宗治平四年(1067年)

---

① 程杰著《宋代咏梅文学研究》，第21页。
② ［宋］陈思撰《海棠谱》引沈立《海棠记》序。

进士，因耳聋而不能仕，一直在家闲居。徐积《双树海棠》二首并序，第一首是五言排律，是描写秦中双树海棠的的佳作。序言交代秦中海棠"姿艳柔婉丰富""不类江淮所产，修然在众花之上"，即使李杜在世也会"置酒于两花之间，半酣而赋之"。全诗共 380 字，写了海棠的花姿、花貌，辞藻华丽，极具铺排。第二首是一首七言排律，全诗共 238 字，赋予海棠超凡世俗的神仙之姿。徐积的另外一组《海棠花》，值得一提的是其序言"海棠花盛于蜀中，而秦中者次之。盖其株翛然，如出尘高步，俯视众芳，有超群绝类之势。而其花甚丰，其叶甚茂，其枝甚柔，望之绰约如处女，婉娩如纯妇人，非若他花冶容不正，有可犯之色，盖花之美者海棠也。视其色如浅绛，而外英数点如深胭脂，此诗家所以为难状也"，[1]是描写海棠花姿态的经典语言，后世常引用之。

　　其中组诗中较为出名的是陆游的《花时遍游诸家园》十首，将陆游对海棠的痴爱淋漓地表达出来，如"为爱名花抵死狂，只愁风日损红芳"，是流传后世的名句。南宋后期成就最高的辛派词人刘克庄也有一组十绝诗《再和熊主簿梅花十绝诗至梅花已过因观海棠》。刘克庄本是想写梅花的，他作过"由十绝应酬反复迭唱，递积而成"[2]的梅花百咏诗。只因为梅花花开时节已经过去，而此时正是海棠盛开之际，所以海棠侥幸得诗人吟咏。此组诗在咏海棠诗中也较负盛名。韩维的《展江亭海棠》四首，陈与义的《海棠》四首，吴芾的《和陈子良海棠》四首，范成大的《赏海棠三绝》也都是著名的海棠组诗。

　　重点说一下韩维及其几首海棠诗。南宋叶梦得《石林诗话》记载：

---

① 徐积《双树海棠》二首并序，《全宋诗》第 11 册，第 7565 页。
② 程杰著《宋代咏梅文学研究》，第 21 页。

"韩持国虽刚果特立,风节凛然,而情致风流,绝出流辈。许昌崔象之侍郎旧第,今为杜君章家所有,厅后小亭仅丈余,旧有海棠两株。持国每花开时,辄载酒日饮其下,竟谢而去,岁以为常,至今故老犹能言之。"①韩维爱海棠像陶渊明爱菊,林逋爱梅,周敦颐爱莲一样,他爱海棠这种爱好从少时就形成了,那时他跟父亲居蜀,锦江岸边"濯锦江头千万枝"的景象,既为"绝艳牵心",又为"当年未解"而抱撼。诗人爱海棠的心情越来越强烈深化。他的这几首海棠诗都不追求状物的逼真传神,而是着意于传达诗人的爱花之心和审美感受,十分空灵,颇具情韵和魅力。

二、宋代咏海棠发展阶段:北宋前期"海棠足与牡丹抗衡而可独步于西州矣"。北宋中后期咏海棠渐兴,数量渐渐增多,大家吟咏之多,名篇佳作趋多。南宋后出现杨万里、范成大、陆游等咏海棠的大家。

仁宗朝的沈立《海棠记》序云:"海棠虽盛称于蜀,而蜀人不甚重,今京师江淮尤竞植之,每一本价不下数十金,胜地名园目为佳致。"②可见,北宋初期在当时的政治、文化中心的汴京和洛阳地区,海棠栽培还是比较罕见的。物以稀为贵,所以才会卖到千金之价。当时就连梅花也不为世人经意,只有雍容华贵的牡丹栽培盛行一时,这一客观原因就限制了海棠题材诗歌的创作数量。由五代入宋的刘兼作过一首蜀地海棠的《海棠诗》拉开了宋朝诗人咏海棠的序幕。

宋代共有三位皇帝先后创作过海棠题材的诗歌。北宋初期的太宗(939年—997年)名赵炅是北宋的第二个皇帝,作过一首海棠诗。宋真宗(968年—1022年)名赵恒,原名赵德昌,太宗第三子,是北宋

---

① [宋]叶梦得撰《石林诗话》,《影印文渊阁四库全书》本。
② [宋]陈思撰《海棠谱》卷上。

第三代帝王，在位二十五年，作过两首海棠诗。宋光宗赵敦 (1147 年—1200 年)，南宋第三位皇帝也作过两首海棠诗歌。其中尤以真宗时为盛，宋沈立《海棠记序》："尝闻真宗皇帝御制后苑杂花十题，以海棠为首章赐近臣唱和，则知海棠足与牡丹抗衡而可独步于西州矣。"① "皇帝、朝廷如此，自然是上行下效，仕宦之家及民间赏花活动常举宴设席，不过是辇下风气蔓延的结果。"② 刘筠、晏殊等人都有奉和之作。这一时期主要是唱和之作。语言多华丽，失去自然天真。主要着笔于海棠的物色描写。海棠虽然在宋初并未普遍栽培，但是当时帝王的知遇，朝野的推重，令海棠身价扶摇直上。

北宋中期后，吟咏增多，其中宋祁、王安石、梅尧臣、欧阳修、苏轼等大家纷纷着笔，佳篇渐渐增多。也出现了沈立的《海棠百咏》和徐积的《双树海棠》这样的长篇排律。宋祁的诗作是咏蜀地海棠中的名篇。"宋子京知成都，带《唐书》于本任刊修。每宴罢盥漱毕，开寝门，垂一帘，燃二椽烛，媵婢夹侍，和墨伸纸。远近观者，皆知尚书修《唐书》，望之若神仙焉。景文作诗纤丽，号西昆体。而成都文类有咏海棠，排律更佳。"③

这一阶段的咏海棠作品，不仅仅只注重书写海棠的物色，海棠花往往被赋予了诗人的情感。由宋初的客观物色描写，转向主观的情感抒发。如梅尧臣的《刑部厅海棠见赠依韵答永叔》结尾两句"人生若朝菌，不饮奈老何"。④ 抒发了人生苦短、借酒消愁的消极思想。欧阳修的《折刑部海棠戏赠圣上俞》第一首："摇摇墙头花，笑笑弄颜色……不见宛

---

① ［宋］陈思撰《海棠谱》卷上。
② 何小颜著《花与中国文化》，人民出版社 1999 年版，第 283 页。
③ ［明］曹学佺撰《蜀中广记》，卷一三〇。
④ ［宋］梅尧臣撰《宛陵集》，卷五二，《影印文渊阁四库全书》本。

陵翁，作诗头已白。"①第二首的"物理固如此，古来知奈何。达人但饮酒，壮士徒悲歌。"②都是针对梅尧臣的诗句所答赠的。通过描写海棠花开时颜色娇艳可人，花落时狼藉满地，抒发美景不长、青春易逝的情感。

苏轼的《寓居定慧院之东杂花满山有海棠一株，土人不知贵也》是一首典型的借名花幽独抒发自己被贬谪后人生遭遇的诗歌，此首诗具有很高的价值。当时人喜欢，后世人也很喜欢，被东坡认为是自己集中最得意之作。他的另一首《海棠》："东风袅袅泛崇光，香雾菲菲月转廊。只恐夜深花睡去，高烧银烛照红妆。"③这首诗混合了视觉的朦胧、肤觉的湿润、嗅觉的芬芳等多重美感，极具美学价值。张冕的七言排律《海棠》也很有特色，"十亩园林浑似火，数方池面悉如丹"，④是描写成片海棠盛开如火如荼的罕见之景。

宋代出现了第一篇以海棠为题材的赋体——《问双棠赋》。作者是"苏门四学士"之一的张耒。《问双棠赋》作者通过与两株海棠的问答抒发被贬后抑郁的心情，真挚感人。

生活于南渡前后的女词人李清照，其词以南渡为界，分为前后两期。她在南渡前期的词主要描写伤春怨别和闺阁生活的题材，表现了女词人多情善感的个性。如描写海棠的名作《如梦令》，尺幅短章而具波澜变化。作者把感情作为一种发展流动的过程来表现和抒发，将时间与情感相联系，在这种环境中怜花就是惜人，这首小令是中国文学史上脍炙人口的名作。

---

① 《全宋诗》第 6 册，第 3640 页。
② 《全宋诗》第 6 册，第 3640 页。
③ 《全宋诗》第 14 册，第 9333 页。
④ 《全宋诗》第 14 册，第 9737 页。

南宋由北方的开封迁到江南的临安后，这一地区正是海棠栽培较为普及的地区。又加之文化的全面繁荣，所以海棠题材的文学数量明显增多。中兴四大诗人的杨万里、范成大、陆游都是咏海棠的名家。其中较为出名的是范成大的一首《醉落魄》词："马蹄尘扑。春风得意笙歌逐，款门不问谁家竹。只拣红妆，高处烧银烛。碧鸡坊里花如屋。燕王宫下花成谷。不须悔唱关山曲。只为海棠，也合来西蜀。"①刘振翁的词作多达十余首，辛弃疾也留下一首《贺新郎·赋海棠》，刘克庄的词作也较为出名。

宋理宗开庆元年（1259 年）书商陈思编辑《海棠谱》一书，上卷录用关于海棠的故事，中下二卷则收录唐宋诸家咏海棠的作品。《海棠谱》是后世研究关于海棠文学的重要参考文献。

南宋末年，宋室凋零，诗人们咏海棠作品多贵有寄托。如王沂孙《水龙吟·咏海棠》云："叹黄州一梦，燕宫绝笔，无人解，看花意。"②《白雨斋词话》卷二评其为："感寓中出以骚雅之笔，入人自深。"③

宋代确立了咏海棠文学的基本样式。宋代人们对海棠的审美特征的挖掘取得长足的发展，"含苞""半开""全开""雨中""风中""月下""烛下""水边""墙头"等等不同环境中的海棠都有所体现。同时海棠胭脂喻已成模式；杜甫未咏海棠之典频频使用；海棠与杨妃的关系如影随行；海棠与梅花、杏花、桃花的联咏也渐渐增多。

宋代的文人士大夫们不再满足于唐人紧扣自然景物抒发"偏惊物

---

① 唐圭璋编《全宋词》，中华书局 1999 年版，第 3 册，第 1623 页。（以下所引《全宋词》，均为该版本，版本信息从略。

② ［宋］王沂孙撰，杨海明校点《花外集》，上海古籍出版社 1989 年版，第 9 页。

③ ［清］陈廷焯著，杜维沫校点《白雨斋词话》卷二，人民文学出版社 1983 年版，第 43 页。

候新"的感慨，也不仅仅着笔于海棠的色、香、姿等自然特征，更多的挖掘其神韵，从其神韵中发掘其精神内涵。宋代的咏海棠作品甚多，有的纯为物色描摹，有的具有人格化象征意义。

这一时期以海棠为题材的花鸟画也渐渐繁荣起来。如徽宗皇帝御题画三十一轴《海棠通花凤》，并御书诗云："锦棠天与丽，映日特妖娆。五色绚仪凤，真堪上翠翘。"①诗画合一，还有南宋林椿的海棠图写生画，饱满，真实（如图08所示）。

图08　［宋］林椿《写生海棠图》。绢本设色，23.4×24厘米，台北故宫博物院藏。

---

① ［清］张豫章等选编《御选宋诗》卷一，《影印文渊阁四库全书》本。

三、咏海棠文学繁荣的原因

陈寅恪先生说过："华夏民族之文化，历数千年之演变，造极于赵宋之世。"①宋代经济、文化的全面繁荣，文人士大夫地位的空前高涨，为海棠文学的全面发展奠定了坚实的基础。

（一）园林经济的发展

唐宋以来，不少文人、画家由于怀才不遇，遁世隐居，以期从复杂的"红尘"生涯和繁琐的事务中解脱出来。正如陶渊明所说："久在樊笼里，复得返自然。"他们把自己起居的屋、堂、斋、馆等，放在一个自然山水的环境里，寄情山水，形成一个"悦亲戚之情话，乐琴书以消忧"的美好生活环境。故促进了当时园林经济的发展。花木则是构成文人写意山水园林景观必不可少的要素，赋园林以视觉、嗅觉与听觉等诸多方面的美感。

宋代皇家园林比较兴盛。其中以宋徽宗时的艮岳最为出名。艮岳从全国各地采集名贵花木果树，形成了许多以观赏植物为主的景点，如梅岭、杏岫、海棠川、椒崖、龙柏坡、斑竹麓等。其中以海棠造景的部分内容，"又于洲上植芳木，以海棠冠之，曰:海棠川"。②周密《武林旧事》卷二《赏花》篇记载了武林（即今浙江省临安市）赏花的去处，"起自梅堂赏梅，芳春堂赏杏花，桃源观桃，粲锦堂金林檎，照妆亭海棠，兰亭修禊，至于钟美堂赏大花为极盛"。③卷一记载后宫赏玩至"浣溪亭看小春海棠"，卷一〇记录了周密认为的赏心乐事，"三月季春，宜雨亭的千叶海棠，艳香馆的林檎花"都是极佳的景致④。明李濂撰《汴

---

① 陈寅恪著《金明馆丛稿二编》，三联书店 2001 年版，第 245 页。
② ［明］李濂撰《汴京遗迹志》卷四，《影印文渊阁四库全书》本。
③ ［宋］周密《武林旧事》卷二，《影印文渊阁四库全书》本。
④ ［宋］周密《武林旧事》卷一〇。

京遗迹志》卷四记载："撷芳苑堤外筑叠卫之濒水，莳绛桃、海棠、芙蓉、垂杨略无隙地。"①可见，海棠在宋代的皇家园林中是常见观赏点缀的花木之一。

除了皇家园林之外，城市中还散落着许多私家园苑。据学者考证，宋代开封有名可举的园苑就至少80处以上，除皇家园林之外，大多为各级官吏所拥有。这些私家园苑本是士大夫用以修心养性之所，故山水之间点缀的多为异花异木。园圃之中最多的是观赏植物，如宋周密《癸辛杂识》前集记载，湖州（今浙江省湖州市）也有私家宅园30多处。其中莲花庄："四面皆水，荷花盛开时，锦云百顷。"赵氏苏弯园"景物殊胜"赵氏菊坡园"植菊至百种"；赵氏兰泽园"牡丹特盛"；赵氏小隐园"梅竹殊胜"；章氏水竹坞有"水竹之胜"②等等。在这种大的自然背景下，海棠自然也随之受到人们更多的关注机会。

（二）帝王的知重，朝野的推崇

宋代皇帝召见大臣赏花饮酒赋诗是常见的事。《续资治通鉴》就多处记载了太宗召宰相、近臣在皇家庭苑，赏花饮酒赋诗的雅事。"己丑召宰相近臣赏花于后苑，上曰：'春气暄和，万物畅茂，四方无事，朕以天下之乐为乐，宜令侍从词臣各赋诗赏花。'赏花赋诗自此始。"③"是日召宰相参知政事，枢密三司使，翰林枢密直学士，尚书省四品，两省五品以上，三馆学士，宴于后苑；赏花钓鱼，张乐赐饮，命群臣赋诗习射，自是每岁皆然。赏花钓鱼曲始于是也。"④"宴饮最好有时花

---

① ［明］李濂撰《汴京遗迹志》卷四。
② ［宋］周密撰《癸辛杂识》前集，《影印文渊阁四库全书》本。
③ ［宋］李焘撰，［清］黄以周等辑补《续资治通鉴长编》，上海古籍出版社1986年版，第217页。
④ ［宋］李焘撰，［清］黄以周等辑补《续资治通鉴长编》，上海古籍出版社1986年版，第227页。

助兴，反过来，时花也需宴饮捧场，这是古代长期风行的观点。"①于是花间美酒吟诗唱和就成了司空见惯的事情了。

真宗皇帝以海棠为题《御制后苑杂花十题》，群臣奉和成风，抬高了海棠的身价。陈思《海棠谱》所谓："本朝列圣品题云章奎画，炫耀千古，此花始得显闻于时，盛传于世矣。"②帝王的知重，朝野的推崇，令海棠的身价扶摇直上，海棠题材文学创作也水涨船高。

（三）宋代花市繁荣

宋代花市繁荣是推动宋代咏花文学发展的重要客观原因之一。宋吴自牧撰《梦粱录》卷二记载："是月春光将暮，百花尽开，如牡丹、芍药、棣棠、木香、酴醾、蔷薇、金纱、玉绣球、小牡丹、海棠、锦李、徘徊、月季、粉团、杜鹃、宝相、千叶桃、绯桃、香梅、紫笑、长春、紫荆、金雀儿、笑靥、香兰、海棠、映山红等花种奇绝，卖花者以马头竹篮盛之，歌叫于市，买者纷然。当此之时雕梁燕语，绮槛莺啼，静院明轩，溶溶泄泄，对景行乐，未易以一言尽也。"③这是宋代典型的繁华热闹的花市交易场景。

吴芾的《见市上有卖海棠者怅然有感》："连年踪迹滞江乡，长忆吾庐万海棠。想得春来增绝丽，无因归去赏芬芳。偶然担上逢人卖，犹记尊前为尔狂。何日故园修旧好，剩烧银烛照红妆。"④也记录了当时叫卖海棠花的场景，抒发了对故园的思念。

（四）海棠花的自然物理特性

海棠对地理环境的适应性强，在宋代种植较为普及，从宫廷、名

① 何小颜著《花与中国文化》，第 284 页。
② ［宋］陈思《海棠谱·原序》。
③ ［宋］吴自牧撰《梦粱录》卷二，《影印文渊阁四库全书》本。
④ ［宋］吴芾撰《湖山集》卷七，《影印文渊阁四库全书》本。

苑到山谷、路边，从都会到乡邑都有其身影。海棠娇媚却不娇气，植于庭前、路边、池畔、盆中皆可。因此，帝王、大臣可赏，一般的文人墨客也可宴集游兴，就连乡村野夫也会津津乐道，可谓是雅俗共赏。

海棠品种丰富多样。西府海棠是海棠中的名品，而紫棉又是西府海棠中的名品，其主要的特点是花色深且花瓣多，即所谓的重叶海棠。宋祁《益部方物略·重叶海棠赞》记载："海棠大抵数种，又时小异。惟其盛者则重葩迭蔓可喜，非有定种也。始浓，稍浅烂若锦章。北方所植率枝强花瘠，殊不可玩。故蜀之海棠诚为天下奇艳云。赞曰：'修柯柔蔓，浓浅繁总，盛则重花，不常厥种。'"①杨万里《乙末春日山居杂兴十二解》其五云："海棠重叶更妖斜。"②重瓣的海棠，使海棠的审美属性更加丰富，被诗人们大量关注。

同时海棠花开三春之际，气候湿润，冷暖适宜。此时人们从阴冷的房间中纷纷走出来，春光明媚，春风荡漾，海棠花娇艳欲滴。人们置酒花间此唱彼和产生了大量的海棠诗词作品。

宋人追求清雅、悠闲的生活格调。桃花、杏花、海棠花，花期基本是同一时期。且都以花色之艳见称，且桃花、杏花都有仙隐的寓意，而到了宋代，二花的品位明显下降，一被贬为"妖客"一被贬为"艳客"，而海棠的审美地位与情趣却在上升，是众芳之中的"后起之花"。

宋代经济、园艺的全面繁荣也带来文学创作的繁盛期。如果说唐代诗人发现了海棠的美，那么宋代诗人将这种美深入地发掘出来，并赋予更多内涵，文学模式已趋成熟。

① ［宋］宋祁撰《景文集》卷四七，《影印文渊阁四库全书》本。
② 《全宋诗》第 42 册，第 26598 页。

第二章　海棠的审美特征及其比兴意义

第一节　海棠的自然特征及其美感

一、海棠的物色之美

海棠,又名花尊贵、花命妇、花戚里、蜀客、花贵妃、花中神仙……海棠为蔷薇科落叶乔木,高可达 6～7 米,老枝紫褐色,叶片椭圆形至长椭圆形,花序近伞形,花团锦簇,楚楚有致,与梅花相比素净不足,丰满有余;不及桃花娇艳,却比它淡雅。具有"姿艳柔婉丰富之美"。[1]

(一)花色

花是大自然的宠儿,是美的化身。"在花卉的诸多审美要素中,花色是最直接、强烈和丰富的内容。"[2]花的颜色不同带给人们的审美感受也不同。文人雅士大多喜欢清逸如梅,淡雅如菊的素色之美,但总的来说绝大多数人们还是喜欢光泽鲜艳、绚丽多姿的花色。海棠即是一种"以色而艳"闻名的花木。前人就有"盖色之美惟海棠"的高度评价。沈立《海棠记》序对海棠从其根到其蕊都有精妙、细致的描述,状其花:"花红五出,初极红,如胭脂点点,然及开则渐成缬晕,至落

---

① 徐积《双树海棠》二首并序,《全宋诗》第 11 册,第 7565 页。
② 周武忠著《中国花卉文化》,花城出版社 1992 年版,第 6 页。

158

则若淡妆宿粉矣。"①

由于海棠的种类、品种不同，诗人个人的色彩感觉也不完全一样，所以诗人笔下对海棠色泽的描摹，取喻也有略微差异。海棠有红者贴梗，粉红者垂丝，紫绵色最正，木瓜海棠多为白色。海棠以红色系为主，粉红色较多，白色、黄色也有，但极少。

"色"是海棠花外在自然美的核心。花朵的开放是渐变的过程，由含苞待放到花之将谢，其花的颜色也随之变化，细心、敏感的作家们抓住其中的一瞬间，用自己的妙笔记录海棠的不同色泽之美。其实很多花卉在开放时都经历此过程。杏花与海棠有众多共同之处，其花色也以红色为主，有着姣容三遍的颜色。海棠花色的变化没有杏花开放前后过程差异那么明显，而是渐变的过程。

文人墨客多以"绛绡""绛蕤""绛缬""绛雪""绛节""绛唇"种种想象来形容之，"绛"即深红色。这正是海棠花色的主流特征。其中以胭脂为最多，成为一种模式。如"点点胭脂匀未歇"，②"胭脂色欲滴"，③"深浅胭脂一重重"，④"数点胭脂画未匀"；⑤"犹及见，胭脂半透"；⑥"胭脂染出春风锦"；⑦诗人们用"染""匀""透""半透""吐"等词来形容海棠由未开之时的"胭脂点点"到至落时的淡妆素裹，不

① ［宋］陈思撰《海棠谱》卷上。
② 《郡圃无海棠买数根植之》，［宋］王十朋撰《梅溪后集》卷一四，《影印文渊阁四库全书》本。
③ 《看暗恶海棠颇见太守风味因为诗以送行》，［宋］梅尧臣撰《宛陵集》卷一六，《影印文渊阁四库全书》本。
④ ［宋］范成大撰《石湖诗集》卷三三，《影印文渊阁四库全书》本。
⑤ 《海棠》，［宋］曹彦约撰《昌谷集》卷三，《影印文渊阁四库全书》本。
⑥ 张扩《殢人娇》，《全宋词》第 2 册，第 789 页。
⑦ ［宋］高观国撰《竹屋痴语》，《影印文渊阁四库全书》本。

同阶段颜色的渐变过程。

　　盛开的海棠色泽红艳，诗人发挥想象，将美艳的繁花，竟比喻成鲜红的猩猩血，动人心魄，如"鲜葩猩荐血，紫萼蜡融脂"。①"枝枝似染猩猩血"。②"猩血""霞""锦""蜡融"都是色泽鲜艳光彩照人的意象，与海棠花在视觉上有着相似性，形容海棠的色泽十分贴切。其中张冕的："十亩园林浑似火，数方池面悉如丹。"③诗人运用夸张的艺术手法，描写大规模的海棠园林盛开的景象，具有强烈的色彩感。让我们仿佛看到海棠花如火如荼，花开热烈、奔放的图景。

　　海棠花开烂漫，似锦如霞，光彩照人，在三春的百花丛中是最抢眼和夺目的，称其为"花中神仙"当之无愧。

（二）花苞

　　海棠花苞，形如珍珠，此是海棠花的另一特点。所以，许多吟咏海棠的诗文都以珍珠为喻。海棠花绽放之初，花朵浓密，花苞的数量很多，诗人常用"排""簇""密"来形容花苞之多、之繁、之密。如"红蜡随英滴，明玑着颗穿"。④"前日海棠犹未破，点点胭脂，染就珍珠颗"。⑤"骊珠千万颗，撒向嫩桑枝"。⑥"海棠珠缀一重重"。⑦"珠琲密封条"。⑧这些都第一感官地勾勒出了深藏于新绿丛中，万点红润的海棠花蕾，含苞待

---

① 郭震《海棠》，《全宋诗》第 10 册，第 7064 页。

② ［宋］陆游撰《剑南诗稿》卷七五，《影印文渊阁四库全书》本。（以下所引陆游的诗，均为该版本，版本信息从略。）

③ ［宋］陈思撰《海棠谱》，卷中。

④ 沈立《海棠百咏》，《全宋诗》第 6 册，第 3817 页。

⑤ 张材甫《蝶恋花》，《全宋词》第 3 册，第 1409 页。

⑥ 《琼荸亭》，［宋］张镃撰《南湖集》卷七。

⑦ 苏轼《诉衷情》，《全宋词》第 1 册，第 309 页。

⑧ 晏殊《奉和真宗御制后苑海棠》，《全宋诗》第 3 册，第 1947 页。

放之际玉润珠圆的形状特征。

图09　形如珍珠的海棠花苞。网友提供。

海棠花苞在形状上不但是颗颗玉润珠圆，而且色香上也是晶莹剔透，香苞照地，惹人喜爱（如图09所示）。如"露欲收珠色转深，香玉万颗藏春阴"。[1] "真珠几颗最深红，点缀偏方造化功"。[2] "不应一朵翻阶艳，博得龙宫八十珠"。[3] "猩血染珠玑"。[4] "苞嫩相思密，红深琥珀光"。[5]除了形似外还更多了一层色泽的光鲜亮丽，花苞明暗、深浅的变化，即视觉上的相通。诗人们抓住其形状、色泽、数量、动态变化等，

---

① 周弼《海棠》，[宋]周弼撰《端平诗隽》卷一，《影印文渊阁四库全书》本。
② 方信孺《咏西山海棠》，《全宋诗》第 55 册，第 34762 页。
③ 杨万里《和益公见谢红都胜芍药之句》，《全宋诗》第 42 册，第 26600 页。
④ 杜敏求《运司亭海棠轩》，《全宋诗》第 15 册，第 10166 页。
⑤ 程敦厚《和冬曦海棠》，《全宋诗》第 35 册，第 22082 页。

运笔为墨表现逼真。沈立："赤玉碎雕镌，瑟瑟光输莹。"①视觉上极其明媚。张冕还有诗句："初疑红豆争头缀，忽觉胭脂众手丸。"②"红豆"、"胭脂丸"都是与海棠花苞形象相似的事物，且一"争"字写出了海棠花苞竞相开放的场景，极具动态美感和审美价值。

（三）花香

"香味不同于人的视觉、听觉内容那样明确，它是一种实在的刺激，带给人的感官愉悦难以言传。与色彩视觉相比，气味嗅觉总是几分玄妙的意味"。③正因为如此，所以花香是最难摹状的，也是最具有创作个体主观感受色彩的内容。

海棠是否有香，历来备受争议。海棠无香的论调，出自北宋《冷斋夜话》，此论一出，海棠有香无香的话题就此展开，同时一些人也借此来贬损海棠在群芳中的地位。具体说来海棠香否，与品种、花期有关，如复瓣的垂丝海棠较香，而单瓣的香味略淡；花初开时期较香，经风雨或花期末期香味较淡。

海棠的香虽没有"国香"兰花幽远芳香，也没有桂花"清芬沤郁"，但却有诗人用"麝香"一类来比拟，突出海棠香味的浓烈。如"东风吹绽海棠开，香麝满楼台"。④"海棠花发麝香眠"。⑤海棠不但香，在作者的感受中还香飘四溢，可见香气之浓郁。诗人们还要透过一层来写，让衣衫绣物也沾染上香，这才能突出其香之浓。如"自有生香人不识，

① 沈立《海棠百咏》，《全宋诗》第 6 册，第 3817 页。
② 《全宋诗》第 14 册，第 9737 页。
③ 程杰著《宋代咏梅文学研究》，第 65 页。
④ 无名氏《虞美人》，张剑注释《敦煌曲子词百首译注》，敦煌文艺出版社1991 年版，第 92 页。
⑤ 秦观《春日五首》其一，［宋］秦观撰《淮海集》卷一〇，《影印文渊阁四库全书》本。

绣衾全覆锦薰笼"。①事实上，嗅觉上特别浓烈的海棠花香，除了古书上记载的嘉州海棠外，其他地方罕有特别香烈的。我想诗人们这样写，多数上是带有作者个人感情色彩。正如王禹偁《商山海棠》："香里无勍敌，花中是至尊。"②是对海棠花香的最高评价，主要是出于诗人对海棠的偏爱。

沈立《海棠记》："其香清酷，不兰不麝。"③笔者认为恰切的形容了海棠的花香。"艳繁惟共笑，香近试堪夸。"④"香少传何计，妍多画半遗。"⑤从嗅觉上，都体现了其香的清酷，不似兰的幽香，也不似麝的浓香。"坐余自有香芬馥，不许凡人取次知。"⑥"矜香弃麝煤。"⑦麝煤是作墨的原料，有香味。唐韩偓《横塘》诗："蜀纸麝煤添笔媚，越瓯犀液发茶香。"⑧海棠之香是一种矜持的香，一种若有若无的香，"隐跃之间"的香，独具魅力的香，会让蜂儿追逐，蝴蝶宿枝的香。虽然海棠的艳丽掩盖了花香，但是丝毫没有减少海棠在诗人们心中的地位，反而因香"轻"或无香而备受怜爱。

（四）花姿

人有百态，花有千姿，花姿美是整棵植株的美。在视觉上更直接、更形象的一种整体感受。梅花是花先于叶而发，海棠与桃花都是花叶同发，所以整棵植株不似梅花那样单薄，更加丰满明艳。尤其是垂丝

---

① 方信孺《咏西山海棠》，《全宋诗》第 55 册，第 34762 页。
② 《全宋诗》第 2 册，第 718 页。
③ ［宋］陈思撰《海棠谱》卷上。
④ 顾非熊《斜谷邮亭玩海棠花》，《全唐诗》卷五九〇。
⑤ 薛能《海棠》，《全唐诗》卷五六〇。
⑥ ［宋］吴芾撰《湖山集》卷一〇。
⑦ 徐积《双树海棠》二首其一，《全宋诗》第 11 册，第 7565 页。
⑧ 《全唐诗》卷六八三。

海棠，嫩枝嫩叶多呈紫红色，丝丝下垂，粉红向下。正如王象晋所言："海棠其株翛然出尘俯视众芳，有超群绝类之势，而其花甚丰，其叶甚茂，其枝甚柔。望之绰约如处女，非若他花冶容不正者比，盖色之美惟海棠。"[①]海棠是早春期间最美丽的花之一，极具观赏性。

海棠虽然也结果实，但是一直不以果名，而是以花闻名的。不像梅、桃、杏、李、梨这些"果子花"，人们首先重视的是其果实、木材的实用价值。反映在文学描写中，一般而言，首先涉及的也是果实和木材。陈思《海棠谱》序中云："梅花占于春前，牡丹殿于春后，骚人墨客特注意焉。独海棠一种风姿艳质，固不在二花下。"[②]后世的诸多花卉也只有海棠能有实力与集名花之大成，号称为"花魁"的梅花和雍容华贵的"花王"牡丹相抗衡，几乎形成鼎足而三的阵势。

海棠的姿态美，在不同的环境中展现出的丰姿艳质是不尽相同的。植物的花期主要经历结蕾、开放、凋零几个过程。在不同的阶段，花的颜色是不同的，整棵植株的姿态也不尽相同，给人的审美感受，也就有所差异。

同是赏花，许多诗人都喜欢结蕾待放的花朵，如刘克庄的审美感受与郑谷无独有偶，他说："海棠妙处有谁知，全在胭脂乍染时。"[③]王十朋《二郎神》："正满槛、海棠开欲半。仍朵朵、红深红浅。"[④]"妖娆全在半开时，人试单衣后。"[⑤]"到得离批无意绪，精神全在半开中。"[⑥]张

① ［清］汪灏《广群芳谱》卷三六，上海书店 1985 年。
② ［宋］陈思《海棠谱·原序》。
③ 刘克庄《黄田人家别墅缭山种海棠为赋二绝》，《全宋诗》第 58 册，第 36235 页。
④ 《全宋词》第 2 册，第 1350 页。
⑤ 翁元龙《烛影摇红》，《全宋词》第 4 册，第 2942 页。
⑥ 刘克庄《再和熊主簿梅花十绝诗至梅花已过因观海棠》，［宋］刘克庄撰《后村集》卷八，《影印文渊阁四库全书》本。

镃《念奴娇·宜雨亭咏千叶海棠》："紫腻红娇扶不起，好是未开时候。"①
吴潜《海棠春》："最好处、欲开未吐。"②欲开未吐的海棠花，似乎已
经成为人们欣赏海棠时形成的共同审美视角，（如图10所示）。又加之
清明节春雨的浸润，此时的海棠更加具有审美趣韵。

图10　含苞待放的海棠。2016年4月，王晓飞摄于上海
大团镇。

　　清沈德潜说过："花取半开，留余韵也。"③这是对前人艺术经验
的概括总结，也蕴含着美学中的一种含蓄美。在描写桃花的作品中也
有诗人关注未开桃花的美，但是仅是少数作品，且语言疏于直陋，不
似海棠有风韵。杏花多关注的是杏花开放的全景图，半开的杏花之作

①《全宋词》第3册，第2134页。
②《全宋词》第4册，第2760页。
③［清］沈德潜编《清诗别裁集》（上册），岳麓书社1998年，第465页。

也较罕见。描写海棠"芳心未吐"之时的那一种姿态，自有一段神情和风采，让人流连难忘。

花之怒放，使人一目了然，从而对美的感受流于浅直；只有"胭脂乍染""半开时节"时正是海棠短暂一生中最富有生气和韵致的时期，就像人间少女的二八年华，具有更多的纯洁天真和未染尘垢的潜在魅力，蕴含着未尽的含蓄美，给人的审美感受也是曲尽的。

二、海棠的神韵美

"风韵美是花卉各种自然属性美的凝聚和升华，它体现了花卉的风格、神态和气质，比起花卉纯自然的美，更具美学意义。"[①]同样是三春之花的桃李，在宋代后，却常用"妖""俗""艳"形容之，审美地位明显下降。海棠虽略欠香气，但花美韵胜为其他花所不及。海棠因其花姿窈窕、虽艳不俗而深得世人的青睐。海棠的神韵主要体现在以下几个方面：

（一）繁艳

海棠花期因地域的不同，而有所差异，较早是从二月份开始，一般是3～5月间开花，花有单瓣、半重瓣和重瓣之分，花由4～7朵组成一簇。花朵分布较密集。唐顾非熊《斜谷邮亭玩海棠花》"艳繁惟共笑"。[②]宋真宗对海棠花姿的描绘是"润比攒温玉，繁如簇绛绡"。[③]宋人石扬休《海棠》诗咏道"艳凝绛缬深深染，树认红绡密密连"。[④]宋王禹偁《商山海棠》"锦里名虽盛，商山艳更繁"。[⑤]宋祁《海棠》"愁

---

① 周武忠著《花与中国文化》，广州花城出版社1992年，第47页。
② 《全唐诗》卷五九〇。
③ 《全宋诗》第2册，第1181页。
④ 《全宋诗》第3册，第2043页。
⑤ 《全宋诗》第2册，第718页。

心随落处，醉眼着繁边。的的夸妆靓，番番恃笑嫣。"①

以上诗人们均抓住海棠花开成簇，开放繁密的姿态来着笔。吴芾的《得三七舍侄书云二月二十五日同族人至湖山赏海棠花枝繁丽宛如神仙窟宅感而有作》从题目中就能看出海棠的"繁"是有目共睹的。梅尧臣"海棠繁锦条"。②宋祁"繁多仅自持"。欧阳修"朝见开尚少，暮看繁已多"。③海棠花开给人的整体感受就是花苞多，绽放之时更是绚烂多姿，花团锦簇。海棠本是花叶同发的，但是在花开之际，往往是花盖过叶，所以总体感觉是花团锦簇，繁茂异常。

陈思《海棠谱·原序》："世之花卉，种类不一，或以色而艳，或以香而妍，是皆钟天地之秀，为人所钦羡也。梅花占于春前，牡丹殿于春后，骚人墨客特注意焉。独海棠一种，风姿艳质故不在二花之下。"④张潮《幽梦影》："梅令人高，兰令人幽，菊令人野，莲令人洁，春海棠令人艳，牡丹令人豪，蕉与竹令人韵，秋海棠令人媚，松令人逸，桐令人清，柳令人感。"⑤海棠的"艳"在众芳之中是出了名的，可以与堪称"国艳"的牡丹相提并论。"除却牡丹了，海棠当亚元。"⑥"艳"是对海棠神韵美的写照。

一种花卉所产生的美感都是基于其自然特性。海棠开于三春百花姹紫嫣红之际，且花色以鲜艳的红色为主，红色最刺人眼目，加之花朵又繁密，所以人们多用"艳"来形容其整体的姿态神韵。与桃花、

① 《全宋诗》第 4 册，第 2529 页。
② 《全宋诗》第 5 册，第 2993 页。
③ 《全宋诗》第 6 册，第 3640 页。
④ ［宋］陈思《海棠谱·原序》。
⑤ ［清］王永彬、张潮、赵机著，其宗编选《围炉夜话》，宗教文化出版社 2002 年，第 225 页。
⑥ 杨万里《二月十四日，晓起看海棠八首》之八，《全宋诗》第 42 册，第 26650 页。

杏花相比，海棠"虽艳无俗姿"。海棠花开在桃杏之后梨花之前，在诗人们眼中海棠就是三春之中最亮丽的一道风景。海棠往往是"艳妆一出更无春"，"竞艳争娇最是他"①，如石扬休《海棠》："艳凝绛缬深深染，树认红绡密密连。"②花色的明丽造就了海棠的"明艳"，如"海棠初破萼，红艳欲无春"③像要燃烧的火焰一样明艳动人。"妖艳谁怜向日临"，④"艳足非他誉"，⑤"昔年曾到蜀江头，绝艳牵心几十秋"。⑥都

图11 繁艳的海棠花。2014年4月，网友摄于南京莫愁湖。

---

① 《全宋诗》第42册，第26494页。
② 《全宋诗》第3册，第2043页。
③ 姜特立《赏海棠》，《全宋诗》第38册，第24163页。
④ 赵光义（宋太宗）《海棠》，《海棠谱》，卷中。
⑤ 宋祁《海棠》，《全宋诗》第4册，第2529页。
⑥ 韩维《展江亭海棠四首》，《全宋诗》第8册，第5281页。

是对艳丽海棠的极高赞誉。海棠花绽放总是给人惊艳的感觉，眼光一亮，耳目为之新，并不是凡俗之艳。虽然宋代的社会取美风尚是以素为美，有些诗句是贬低艳色的，但是海棠留给人们的印象大多是高贵之姿，即虽艳不俗的美（如图11、图12所示）。

（二）妖娆

　　妖娆，《现代汉语词典》里的一种解释是："娇艳美好的。"海棠具有妖娆之姿，"锦里花中色最奇，妖娆天赋本来稀。"[1]"娇娆情自富，萧散艳非穷。"[2]海棠与群花不同，其红艳的花朵，翠绿浓密的叶子，给人妖浓之感。吴芾《寄朝宗》："海棠已试十分妆，细看妖娆更异常。不得与君同胜赏，空烧银烛照红光。"[3]

图12　盛开海棠。2015年4月，摄于南京莫愁湖。

---

① 高巍《海棠次韵》，《全宋诗》第3册，第1835页。
② 石延年《和枢密侍郎因看海棠忆禁苑此花最盛》，《全宋诗》第3册，第2005页。
③ ［宋］吴芾撰《湖山集》卷九。

"妖娆"还有另外一个解释：具有"诱惑感的，引起性欲的。"海棠像怀春的少女，妖娆妩媚。王安石《海棠》："绿娇隐约眉轻扫，红嫩妖娆脸薄妆。"①将海棠比喻成妆扮妖娆的女子，极具妩媚。吴芾的另外一组诗《和陈子良海棠》四首其二"花开春色丽晴空，恼我狂来只绕丛。试问妖娆谁与比，一株胜却万株红"。②海棠的妖娆是很多花无法可比的，连作者都被她的姿态所迷倒，狂走西东，物色实在撩人。

　　海棠在半开状态之际，最具妖娆之姿。"秾丽最宜新着雨，娇娆全在欲开时"。③这也是前面所述的为什么半开之际的海棠最得花姿。海棠春醉慵懒的形象是宋词中常见的意象，如"春似酒杯浓，醉得海棠无力"。④海棠像醉酒的姑娘很妩媚、动人。"海棠未肯醉妖娆"。⑤"桃羞艳冶愁回首，柳妒妖娆只皱眉"。⑥海棠的妖娆之姿，让桃李羞愧，让柳树嫉妒，让群芳失色。

　　海棠在春天开放，花朵较小，但一树千花，粉红骇绿，风致绰约，婀娜含娇。与妖娆相近的还有一个词娇娆。娇：是柔嫩，美丽，惹人怜爱之意。《花月令·二月》中写到："是月也，桃夭，棣棠奋，蔷薇登架，海棠娇，梨花融，木兰竞秀。"⑦"红滴海棠娇半吐。"⑧"绿深杨柳重，

①　[宋]李壁撰《王荆公诗注》卷四六，《影印文渊阁四库全书》本。
②　[宋]李壁撰《王荆公诗注》卷四六，《影印文渊阁四库全书》本。
③　《全唐诗》卷六七五。
④　周紫芝《好事近·海棠》，[宋]周紫芝撰《竹坡词》卷三，《影印文渊阁四库全书》本。
⑤　高观国《浣溪沙》，[宋]高观国撰《竹屋痴语》，《影印文渊阁四库全书》本。
⑥　朱淑真《海棠》，《全宋诗》第 28 册，第 17959 页。
⑦　[清]汪灏著《广群芳谱》，卷二，上海书店 1985 年版。
⑧　张镃《蝶恋花》，《全宋词》第 3 册，第 2132 页。

红透海棠娇。"①"娇怯和风，摇曳一成春困。"②宋光宗赵惇《会僚属赏海棠偶有题咏》："娇娆不减旧时态，谁与丹青为发扬。"③朱淑真《海棠》："天与娇娆缀作花，更于枝上散余霞。"④海棠花枝柔软，花质柔弱，给人娇不胜羞的感觉。在百花园中海棠的妖娆、娇媚之韵深得诗人之心。其繁艳之中又多出一份娇羞之美。

（三）韵高

"韵"是由其色艳质殊而天然生出的一种韵致，一种与众不同的气质。海棠虽然无香却是有"韵"。清陈淏子《花镜》："海棠韵娇，宜雕墙峻宇，障以碧纱，烧以银蜡，或凭栏，或剞枕其中。"⑤

宋人林倅说："诗有格，有韵，故自不同……格高似梅花，韵胜似海棠花。"⑥这样一种比喻，将海棠的"韵"提高到与梅花的"格"同一个层次。大大地提升了海棠的审美地位。卢炳《柳梢青》："兰蕙心情，海棠韵度，杨柳腰肢。步稳金莲。手纤春笋，肤似凝脂。歌声舞态都宜。拼着个、坚心共伊。无奈相思，带围宽尽，说与教知。"⑦这是典型的以花喻美女。心情像兰蕙，腰肢像杨柳，而其丰韵像海棠。

再如无名氏《柳梢青》："海棠标韵，飞燕轻盈。"⑧曹勋《蜀溪春·黄海棠》："枝上标韵别，浑不染、铅粉红妆。"⑨海棠的韵度就像飞燕轻

---

① 《全宋诗》第 54 册，第 33501 页。

② 王之道《宴山亭·海棠》，《全宋词》第 2 册，第 1138 页。

③ 《全宋诗》第 50 册，第 31079 页。

④ 《全宋诗》第 28 册，第 17992 页。

⑤ ［清］陈灏子辑《花镜》卷二，农业出版社 1979 年版。

⑥ ［宋］陈善著《扪虱诗话》卷八，上海书店 1999 年版。

⑦ 《全宋词》第 3 册，第 2160 页。

⑧ 《全宋词》第 5 册，第 3742 页。

⑨ 《全宋词》第 2 册，第 1217 页。

盈起舞一样，纤尘不染。后世也有用海棠的神韵来形容美女舞姿的。《隋唐演义》第七十九回《西江月》词："紫燕轻盈弱质，海棠标韵娇容。罗衣长袖慢交横，络绎回翔稳重。"[①]翩翩起舞的梅妃像燕一样轻盈，像海棠一样风韵娇娆。

　　海棠不但色美，而且韵高，以"韵"来标注海棠的丰姿，更显其韵度不同普通的凡花浪蕊，在众芳之中尤显高贵。尤其是白海棠，其花姿绝不亚于牡丹，梅花，白色花瓣，似雪花晶莹剔透，气质高贵，不似梅花冷艳，也不似牡丹雍容，不偏不倚，韵度高雅（如图13所示）。

图13 ［清］邹一桂《白海棠图》。白花团簇，娇态盈盈，富有韵致。绢本设色，31.7×51.8厘米。现藏上海博物馆。

---

① ［清］褚人获著，陆清标点《隋唐演义》，岳麓书社1997年版，第779页。

第二节 不同环境中的海棠

一、雨中、雨后海棠

各地海棠花开,大约在 2～5 月,正是清明前后,多是春雨纷纷时节,海棠与雨之关系, 主要是海棠的生物学特性所决定的。雨是这个季节的常客, 它塑造的或明或暗亦隐亦显的烟雨迷蒙之境也深得诗人们的喜爱。雨后海棠最是妖娆、娇艳。"积雨初晴偏楚楚"①"偏宜雨后看颜色"②很多诗人都抓住了雨中海棠的最佳欣赏时机,如"应是化工知胜处, 海棠宜向雨中看"。③

雨中的海棠或含苞待放、或半吐芬芳、或一树全放,很多诗人表达的是雨润物阜的喜悦之情。如吴潜《海棠春·己未清明对海棠有赋》:"嫩晴还更宜轻雨, 最好处、欲开未吐。"④张冕《西园海棠》:"濯雨正疑宫锦烂,媚晴先夺晓霞红。"⑤经过雨水的滋润海棠更加丰腴、澄净。如:"雨后花头顿觉肥。"⑥"海棠初雨后,似露粉妆成,肉红团就。"⑦"烟滋绰约明双脸,雨借妖娆入四肢。"⑧"过雨夕阳楼上看, 千花容有此

---

① 杨万里《万花川谷海棠盛开, 进退格》,《全宋诗》第 42 册, 第 26574 页。
② 赵光义(宋太宗)《海棠》,《海棠谱》卷中。
③ 曹勋《小雨看海棠》,[宋]曹勋撰《松隐集》卷二〇,《影印文渊阁四库全书》本。
④ 《全宋词》第 4 册, 第 2760 页。
⑤ 程敦厚《雨中海棠》,《全宋诗》第 14 册, 第 9737 页。
⑥ 吴芾《和陈子良海棠四首》,[宋]吴芾撰《湖山集》卷一〇。
⑦ 方千里《玉烛新·海棠》,《全宋词》第 4 册, 第 2502 页。
⑧ 李定《和石著作海棠》,《全宋诗》第 11 册, 第 7541 页。

肤腴。"①；"雨洗海棠如雪，又是清明时节。"②这些都是描写雨水对海棠的催发（如图 14 所示）。

以观察细致入微著称的诗人杨万里笔下的雨后海棠花更具美感。《已未春日山居杂兴十二解》之三："海棠雨后不胜佳，仔细看来不是花。西子织成新样锦，清晨濯出锦江霞。"③在诗人眼里雨后的海棠是最美丽，最鲜艳的，像西施织出的锦缎一样，在清晨的晨曦中如江上的红霞一样明媚。

图14　经雨海棠。网友提供。

还有一种常见的情形是雨打花落，残红凋零一片狼藉之景，表达

---

① 张轼《所思亭海棠初开折赠两使者二首》，《全宋诗》第 45 册，第 27933 页。
② 方岳《如梦令》，《全宋词》第 4 册，第 2839 页。
③ 《全宋诗》第 42 册，第 26598 页。

了诗人怜花惜玉之情。这与雨势、花朵开放的程度、赏花人的心绪不无关系。如："繁于桃李盛于梅，寒食旬前社后开。半月暄和留艳态，两时风雨免伤催。"[1]"天意无情，更教微雨，香泪流丹脸。"[2]"玉脆红轻不耐寒，无端风雨若相干。晓来试卷珠帘看，簌簌飞香满画阑。"[3]"晓来雨过，正海棠枝上，胭脂如滴。"[4]"怕明朝小雨蒙蒙，便化作燕支泪。"[5]正是风雨无情人有情。

无论是描写雨水对海棠的催发，还是抒发雨打花落的伤感，雨中和雨后的海棠总是备受诗人关注，承载着诗人的喜与乐、忧与愁。还有一部分诗人赋予雨中海棠以人格。最典型的是陈与义的："海棠脉脉要诗催，日暮紫绵无数开。欲识此花奇绝处，明朝有雨试重来。"[6]海棠被诗人赋予了坚强的人格，与风雨对抗，即使被风雨摧残、浸润也毫不顾惜，依然以自己艳丽的姿态挺拔于风雨中。其中"海棠不惜胭脂色，独立蒙蒙细雨中"[7]"燕子不禁连夜雨，海棠犹待老夫诗"[8]刻画出雨中海棠灼灼之英姿，孤高之神态。写出了海棠不怕雨淋、孤高绝俗的可贵精神，事实上正是诗人清高孤傲性格的写照。

二、月光与烛光下的海棠——"烛""月"模式

中国文人有很深的"月亮"情结，中国文学属于"阴"性文学。

---

[1] 齐己《海棠花》，《全唐诗》卷八四四。

[2] 程珌《念奴娇》，《全宋词》第 4 册，第 2297 页。

[3] 《全宋诗》第 35 册，第 22082 页。

[4] 王炎《念奴娇》，《全宋词》第 3 册，第 1856 页。

[5] 王沂孙《水龙吟·海棠》，《全宋词》第 5 册，第 3354 页。

[6] 陈与义《窦园醉中前后五绝句》其二，[宋]陈与义撰《简斋集》卷一三，《影印文渊阁四库全书》本。

[7] 陈与义《春寒》，《简斋集》卷一四。

[8] 陈与义《雨中对酒庭下海棠经雨不谢》，《简斋集》卷一一。

西方文人有很深的"太阳"情结，西方文学属于"阳"性文学。正如朱光潜先生分析的："西方诗人所爱好的自然是大海，是狂风暴雨，是峭崖，是日景；中国诗人所爱好的自然是明溪疏柳，是微风细雨，是湖光山色，是月景。"①中国文人对于月的偏爱，从古老的诗三百就开始了："月出皎兮，佼人僚兮。"自古以来，人们就把月光作为美好愿望的象征，无数次地赞美它，讴歌它，并给她编造了许多美好的神话故事，花婵娟，月婵娟，都是人们对所爱景物的美称。

海棠与杏花的花期大体都是清明前后，正是春暖融融之际，诗人们白日赏花意犹未尽，还要花前月下秉烛夜游。在宋代出现了以"月下海棠"、"月上海棠"为名的词牌名。请看下面这两首词：

曹勋 月上海棠慢·咏题

东风扬暖，渐是春半，海棠丽烟径。似蜀锦晴展，翠红交映。嫩梢万点胭脂，移西溪、浣花真景。蒙蒙雨，黄鹂飞上，数声宜听。风定。　朱阑夜悄，蟾华如水，初照清影。喜浓芳满地，暗香难并。悄如彩云光中，留翔鸾、静临芳镜。携酒去、何妨花边露冷。②

姜夔 月上海棠

红妆艳色，照浣花溪影，绝代姝丽。弄轻风、摇荡满林罗绮。自然富贵天姿，都不比、等闲桃李。帘栊静悄，月上正贪春睡。　长记初开日，逞妖丽、如与人面争媚。过韶光一瞬，便成流水。对此日叹浮华，惜芳菲、易成憔悴。留

---

① 朱光潜著《诗论》，三联书店 1984 年版，第 74 页。
② 《全宋词》第 2 册，第 1214 页。

无计。惟有花边尽醉。①

这两首词都是描写月下海棠的朦胧美，营造了一种飘渺幽约的心境。海棠与月之间本没有生态习性上的必然联系，而主要属于审美感觉上的相通。清辉冷照、月色柔和，光与影斑驳地落在花与枝叶间，动静相宜。难怪唐人刘兼说"良宵更有多情处，月下芬芳伴醉吟"。②

对朦胧美的追求是我们民族传统的审美观。早在《老子》一书中就有："妙在恍惚"的说法。"恍惚"，是指不清楚，不真切、不能一览无余；也就是美在朦胧、婉约、若即若离、忽隐忽现。朦胧微茫的月光，营造的飘渺虚无的境界，给读者留下足够的想象余地。如宋程敦厚"长忆去年今月夜，海棠花影到窗纱"。③

在海棠文学的创作过程中，还有一个重要的模式也是提升海棠审美的重要因素。到了宋代海棠与月、烛相携并出。烛的燃烧必然要产生轻烟，月色、烛光、轻烟都具有朦胧的"恍惚"。事实上秉烛夜游赏花的兴致自古就有，蜡烛在唐宋时期还是一种比较奢侈的物品，只有富贵之家才能用得起。蜡烛经常出现在描写集体化夜宴行乐生活的场面中。海棠花期短暂，花开繁艳，开时天气冷暖适宜，是非常适合夜间宴饮欣赏的花木，也是种及时行乐的表现。

清陈淏子《花镜》："海棠韵娇，宜雕墙峻宇，障以碧纱，烧以银蜡，或凭栏，或剖枕其中。"④这是陈氏赏海棠心得。烛燃烧产生的袅袅轻烟，也是其重要的审美要素。宋代张镃在《梅品》中谈论赏梅心得时，总结了四项五十八条，其中"花宜称凡二十六条"记载："为澹云，

---

① 《全宋词》第 3 册，第 2188 页。
② 刘兼《海棠花》，《全唐诗》卷七六六。
③ 程敦厚《惜海棠晚开》，《全宋诗》第 35 册，第 22082 页。
④ ［清］陈灏子辑《花镜》卷二，农业出版社，1979 年版。

为晓日，为薄寒，为细雨，为轻烟，为佳月，为夕阳，为微雪，为晚霞……"①如果说集月色、烛光、薄烟诸多审美要素合在一起的佳作那么首推苏轼的《海棠》，这首诗开创了月下秉烛赏海棠的经典情景："东风袅袅泛崇光，香雾空蒙月转廊。只恐夜深花睡去，故烧高烛照红妆。"②诗中出现了"风""光""雾""花""月""烛"等意象。读者与诗人共同调动视觉、听觉、嗅觉、触觉等感官形态将这些客观物象转化为审美意象，形成一种审美感受和审美心理。深夜爱花的诗人唯恐海棠花睡去，于是不知疲倦秉烛赏花。即谓"海棠不守春秋法，高烛偏宜照睡时"。③可见诗人对海棠喜爱之深。由此引起了后世文人秉烛赏海棠的雅兴，如刘克庄的"张画烛，频频惜，凭素手，轻轻摘"④；宋人陈傅良有《海棠》绝句："淡月看花似雾中，遽呼灯烛倚花丛。夜来月色明如画，却向庭芜数落红。"⑤范成大的《赏海棠三首》"烛光花影两相宜，占断风光二月时"⑥。另一首《浣花溪·烛下海棠》："倾坐东风百媚生。万红无语笑逢迎。照妆醒睡蜡烟轻。采蝀横斜春不夜，绛霞浓淡月微明。梦中重到锦官城。"⑦杨万里《海棠》："树间露坐看摇影，酒底花光并入唇。银烛不烧渠不睡，梢头恰恰挂冰轮。"⑧直到后世夜宴海棠花下,列烛赏花的风气浓烈。如明宋濂《春日看海棠花诗序》

---

① ［清］汪灏著《广群芳谱》卷二二，上海书店 1985 年版。
② 苏轼《海棠》，《全宋诗》第 14 册，第 9333 页。
③ ［宋］王洋撰《东牟集》卷六，《影印文渊阁四库全书》本。
④ 《满江红·夜饮海棠花下》，［宋］刘克庄撰《后村集》卷二〇，《影印文渊阁四库全书》本。
⑤ 《全宋诗》第 47 册，第 29262 页。
⑥ 《全宋诗》第 41 册，第 26013 页。
⑦ 《全宋词》第 3 册，第 1612 页。
⑧ 《全宋诗》第 42 册，第 26494 页。

就记载了这一情景："春气和煦，海棠名花竞放，浦阳郑太常仲开宴觞客于众芳园，时日已西没，乃列烛花枝上。花既娟好而烛光映之愈致其妍。于是众咸悦衔杯咏诗，亹亹不自休，酒半酣……"[①]

如果说"月、雪、梅造就了一个不染尘埃的世界"。[②]那么月、烛、海棠就营造一个朦胧、恍惚的境界，更多出一分虚幻的迷离之美。此境界虽然不能像前一境界更净化人的灵魂，但是足以让人们在春暖花开之际沉浸在良辰美景的佳境之中，更多的是一种身心上的愉悦享受。总体而言，文人月下秉烛赏海棠追逐的是一种朦胧美，借助月色或烛光赋予海棠或明或暗的光影变化，在这里月或烛都是产生朦胧美、距离感的道具。

意象结合，构成百态千姿的复合意象或意象群，组成特定主题中丰富多彩的意境，产生难以尽言的审美和文化效应，故而某种程度上来说，"烛"在此处是作为一个为了更好地构成"月"意象的辅助意象而存在的，从而塑造月下海棠的美丽景像。

朱光潜曾说："换一种情感就是换一种意象，换一种意象就是换一种境界"。[③]"烛光"和"月光"在颜色上的相通主要是烛光的色泽朦胧而柔和与月之清辉冷照之间的相联。故而将二者合二为一的时候，这组意象的整体迎合了中华民族的那种偏于阴柔美、含蓄美的传统审美特性；整体上提升了赏海棠的审美境界。

三、水边海棠

水池、溪沼、湖畔是公私园林和自然界中最常见的景致。水中的

---

① ［宋］宋濂撰《文宪集》卷六，《影印文渊阁四库全书》本。
② 萧翠霞著《南宋四大家咏花诗研究》，文津出版社1994年版，第72页。
③ 郝铭鉴编《朱光潜美学全集》卷一，上海文艺出版社1982年版，第509页。

早霞、秋月、岚光、塔影，给人以美的享受，欣赏倒影也是文人观赏的重要内容。为使景色更臻完美，多在水边种植花木。如在岸边种植碧桃、梅花、梨花、杏花、玉兰、海棠、夹竹桃、山竹、松树、垂柳、枫杨、榔榆、朴树、鸡爪槭等花木，使枝条伸向水面，形成柔条拂水、低枝写镜的画面（如图15所示）。

图15　湖畔海棠盛开。2015年4月，网友摄于南京莫愁湖。

王安石写花木，多取于临水之景，形成花影相互映衬的画面。其著名的《北陂杏花》"一陂春水绕花身，花影妖娆各占春"。[1]其写《菩

----

① 《全宋诗》第10册，第6693页。

萨蛮》："海棠乱发皆临水。"①临水海棠不足为怪，奇就奇在诗人接下来写到"凉月白纷纷，香风隔岸闻"，②隔着水岸，诗人似乎已经嗅到了海棠的花香，这是一种超越空间的想象。海棠花香，不像桂花香飘很远，所以诗人写水边海棠，似乎塑造一种超然的水边香客的形象。沈立《海棠百咏》："灼灼龟城外，亭亭锦水边。"③曾纡的《念奴娇·海棠括东坡诗》有："正海棠临水，嫣然幽独。"④临水海棠幽静独处。宋刘子翠《海棠花》："初种直教围野水，半开长是近清明。"⑤大多花木的造景都临水而植，花、枝、水、影，含蓄飘渺的花香，审美内容极其丰富，诱发人的想象。给人一种"疏影横斜"的意境美。西府海棠在海棠花类中树态峭立，似亭亭少女。花红，叶绿，果美，不论孤植、列植、丛植均极美观。最宜植于水滨及小庭一隅。郭积海棠诗中"朱栏明媚照黄塘，芳树交加枕短墙"就是最生动形象的写照。尤袤的一首《瑞鹧鸪》词："两行芳蕊傍溪阴。一笑嫣然抵万金。火齐照林光灼灼，彤霞射水影沉沉。晓妆无力胭脂重，春醉方酣酒晕深。定自格高难着句，不应工部总无心。"⑥池边的两株海棠，嫣然一笑万金难赎，诗人用火光、彤霞、酒晕三个意象来形容海棠的红艳照人。林上花朵灼灼，像火红的火焰一样照亮林间，映衬在池水中的花儿，就像是红彤彤的霞光一样，近看就像是刚上完晓妆的女子，胭脂太过浓重，又像是喝醉酒的佳人娇羞可人。这样两株生长在静谧水边的海棠，不要喧闹，也不慕繁华，

① 王兆鹏、黄崇浩编选，《王安石集》，凤凰出版社 2006 年版，第 152 页。
② 王兆鹏、黄崇浩编选，《王安石集》，第 152 页。
③ 沈立《海棠百咏》，《全宋诗》第 6 册，第 3817 页。
④ 《全宋词》第 2 册，第 732 页。
⑤ 《全宋诗》第 34 册，第 21399 页。
⑥ 《全宋词》第 3 册，第 1632 页。

对其高贵品格的刻画，老杜也力不从心。

但是事实上大多数海棠品种性喜阳光，较耐旱，不甚耐寒，喜温暖湿润的气候，故宜栽于背风向阳之处。对土壤的适应性较强，但忌水涝，受涝则易烂根。所以海棠诗词中描写水边的海棠并不是像梅、柳一样多。这主要是海棠的这一生物习性决定的。

第三节　海棠所蕴含的情感和人格比兴寄托

"一花一世界，一叶一如来"。小小海棠花承载着诗人们的苦乐酸甜，展现着诗人们内心深处丰富而敏感的神经。

一、蕴含的情感特征

（一）占春颜色最风流

《瓶史月表》称："二月花盟主：西府海棠、玉兰、菲桃。"[1]海棠从二月开放，是典型的春天芳物。诗人艺术家面对大自然时多"偏惊物候新"，如谢灵运的"池塘生春草，园柳变鸣禽"。

首先，海棠是作为一种春天的意象进入诗人的视野。表达诗人"喜柔条于芳春"的情感。"垄月正当寒食夜，春阴初过海棠时。"[2]"海棠初发去春枝"[3]海棠作为典型的春天使者，妆点着春容、春貌。吴融"雪绽霞铺锦水头，占春颜色最风流"。[4]海棠花窈窕春风前，成为春天的象征，表达了诗人对春日风情浓厚郁勃的喜爱。

---

① ［明］屠本畯《瓶史月表》，转引陈植著，《观赏树木学》，永祥印书馆 1955
　　年版，第 471 页。
② 薛能《春日书怀》，《全唐诗》，卷五五九。
③ 高骈《对花呈幕中》，《全唐诗》，卷五九八。
④ 吴融《海棠二首》其一，《全唐诗》卷六八六。

海棠花发之际正是春游最佳时机,花蕊夫人《宫词》其八十六:"海棠花发盛春天,游赏无时引御筵,绕岸结成红锦帐,暖枝犹拂画楼船。"[1]描画了海棠花发,宫人游春的盛大场景。海棠花是典型的春天芳物,给出玩的人们以愉悦之感。

(二)伤春时节海棠落

春花绽放带来大自然繁艳的色彩,春花凋谢造成美景难驻的万千感慨,花开花谢正是春天牵惹词人心绪之所在。"伤春"就是在春天中咏叹伤感之情思,这在唐宋词中是一个普遍的现象。多愁善感的词人认为花落之后是最伤心的时刻,如李清照《好事近·风定落花深》:"长记海棠开后,正是伤春时节"[2]春天来时,"千树万树梨花开",给人们赏心悦目之感;春天去时,"东风无力百花残",让人叹息感伤。杨万里《垂丝海棠半落》:"落阶一寸轻红雪,卷地风来政恼人"[3]诗人看见落在台阶上一寸深的像红雪一样的海棠花瓣,这时吹来的风儿也会觉得恼人心烦了。

诗人都拥有着众多敏感而多情的神经,花的凋零,象征着美好事物的逝去,诗人多表达一种感伤的情绪。值得一提的是苏检与其妻的两首诗歌。苏检武功(今江苏武功)人,字圣用,唐昭宗乾宁元年(894年)甲寅科状元及第。苏检在回家的途中止于澄城县楼上,梦其妻取红笺剪数寸题诗,检也裁蜀笺赋之,等梦醒发现席下果有其诗,看箧中红笺也有被剪的痕迹。归家妻已死,下葬完毕。问其死日,竟是澄城所梦之日,去拜谒其茔,四面多是海棠花也。检妻作《与夫同咏诗》:

---

[1] 《全唐诗》卷七九八。
[2] 《全宋词》第2册,第929页。
[3] [宋]杨万里撰《诚斋集》卷九,《影印文渊阁四库全书》本。

"楚水平如镜，周回百鸟飞。金陵几多地，一去不知归。"①苏检在梦中也作了一首诗："还吴东去过澄城，楼上清风酒半醒。想得到家春以暮，海棠千树已凋零。"②苏检归家已是暮春时节，妻子坟茔上的海棠花四处飘零，场景非常凄清。花的凋零也暗寓着斯人已逝，此情此景，情何以堪。待到功成名就时，伊人已做花下魂。这是唐诗海棠意象中最为动情和凄楚之作了。

再看宋代曾做过南京教官李元膺的一首词《茶瓶儿》：

　　去年相逢深院宇，海棠下，曾歌《金缕》。歌罢花如雨。翠罗衫上，点点红无数。　　今岁重寻携手处，空物是人非春暮。回首青门路。乱红飞絮，相逐东风去。③

这首词虽为悼亡词，但含蓄不露，不加点破，更见风致。讲了一个类似于"人面桃花"的故事。词的上片写去年此时，深幽清寂的庭院中，词人遇到了一位女子。正值春深似海，海棠花开，姿影绰约。那位女子花下，浅吟低唱，其风韵体态，与海棠花融为一体，艳丽非凡。上片意境，静中见动，寥寥数语，勾勒出一个娴静妩媚而善歌的女性形象。

下片写今日此时重寻去年踪迹，同是那庭院深处，海棠花下，飞花片片，然而那位脉脉含情，风姿飘逸的佳人却已"人面不知何处去"了。"携手处"即是去年相会的地方，如今物是人非，美妙的春光只能使词人感到无限怅惘。红英乱落，飞絮满天，像是要追逐着骀荡的东风远去。而且，那"乱红飞絮"，也令人联想一去不返的青春岁月，连同那梦一般温馨的回忆，都随着春光远去了。

---

① 《全唐诗》卷八六六。
② 《全唐诗》卷八六六。
③ 《全宋词》第 1 册，第 447 页。

关于这首词的主旨，历来众说纷纭。《冷斋夜话》说："李元膺丧妻，作长短句云……，元膺寻亦卒。"①盖谓词人虚构了一个传奇般的"人面桃花"式的故事，寄寓了对亡妻的悼念与人去楼空的哀怨。这类传奇虽未必确有其事，但词人真挚深婉之情却是词中真味。

李好古《菩萨蛮·垂丝海棠零落》："东风一夜都吹损。昼长春殢佳人困。满地委香钿。人情谁肯怜。诗人犹爱惜，故故频收拾。云彩缕丝丝，娇娆忆旧时。"②一夜东风就会将满树的海棠花吹落，这主要是因为海棠花期短暂，花质柔弱，加之自然界风雨的侵袭就更容易零落成泥。姚勉以《海棠一夜为风吹尽》为题，作了三首诗歌，都表达了诗人的怜惜之情。

图 16　吴冠南《海棠依旧图》。拓纸，36×48.5
厘米，2014 年已拍卖。

① ［宋］释惠洪撰《冷斋夜话》卷三，中华书局 1988 年版，第 29 页。
② 《全宋词》第 4 册，第 2703 页。

伤春怜花最出名的是李清照的《如梦令》："昨夜雨疏风骤，浓睡不消残酒。试问卷帘人，却道海棠依旧。知否？知否？应是绿肥红瘦。"[1]这首小令描写了多愁善感的女词人惜春怜花的感情。"绿肥红瘦"很形象和新颖地描绘了风雨侵蚀下海棠花的形象。"海棠依旧"在后世也不断被引用，如绘画题材，（如图16所示），影视题材等

钱时《悯海棠》："海棠前日满枝红，一夜飘飘卷地空。多少荣华驹过隙，莫教容易负东风。"[2]诗人借助海棠花期的短暂易逝，说明了时间的瞬息万变，表达了不要辜负大好光阴，珍惜美好时光的情感。再如林和靖《春日斋中》："落尽海棠人卧病，春风时复动柴扉。"[3]诗人身体正处于病中阶段，看见海棠花落，更增加了诗人的愁苦与烦恼。总之在海棠花败落之际，诗人的感伤情愫全都牵动出来了。

二、人格寄托——"风姿高秀，海棠自喻"

"人格寄托于花格，花格依附于人格。"[4]海棠是美好和理想的象征，与丑陋现实作鲜明对比。作者在现实生活中的感受，内心有所郁结，如骨鲠在喉，不吐不快，于是有所凭借，如唐代吴融的《海棠》：

> 云绽霞铺锦水头，占春颜色最风流。
>
> 若教更近天街种，马上多逢醉五侯。[5]

前两句写海棠花的盛开景象，其形如"云绽"，其色若"霞铺"，在春天的众花之中最风流。后两句笔锋一转，说这么好的海棠花，如果种植到京城去，就会受到达官贵人的欣赏。

---

① 《全宋词》第2册，第927页。
② 《全宋诗》第55册，第34335页。
③ ［宋］林逋撰《林和靖集》卷四，《影印文渊阁四库全书》本。
④ 何小颜著《花与中国文化》，第5页。
⑤ 吴融《海棠二首》，《全唐诗》卷六八六。

言下之意，海棠花的境遇没有现在这样凄凉寂寞。诗人对海棠花的凄凉寂寞表示同情。实际上暗寓自己郁郁不得志的心情。这首诗的显著特点是运用对比，今与昔对比；繁茂与冷落对比。带有强烈的主观色彩。在早期的海棠诗中富有特色。后人的同类诗句"京华一朵千金价，肯信空山委路尘。"[①]"不是诗人赏幽独，雨中深院有谁看。"[②]等，从诗的用语、立意方面都深受其影响。

　　从屈原"善香鸟以配忠贞"到孔子以兰自喻，中国文人对道德的高标，往往要通过花花草草来展现，尤其是宋代理学勃兴，道德意识普遍高涨，宋人往往将自己的风节、道德、品格、情操、投注于花草，形成于篇章。

　　除了客观物色描写之外，也有个别的带有作者强烈的主观色彩。是作者抒发感受的媒介，即所谓借物抒怀。

　　苏轼（1037年—1101年），字子瞻，眉州眉山（今四川眉山）人。他在被贬黄州第三年的寒食节作了一首诗："自我来黄州，已过三寒食，年年欲惜春，春去不容惜。今年又苦雨，两月秋萧瑟，卧闻海棠花，泥污燕支雪，暗中偷负去，夜半真有力。何殊病少年，病起头已白。"[③]（如图17所示）"燕支雪"其实就是胭脂雪。在苏东坡眼里，海棠花就像雪上搽了胭脂那样美丽，即使在谪居的日子凄苦并伴有病痛的折磨，但仍然能惦记着海棠花，可见东坡对海棠花的热爱。

---

① 杨慎《兴教寺海棠》，[明]杨慎撰《升庵集》卷三五，《影印文渊阁四库全书》本。
② 高启《西斋堂前海棠》，[明]高启撰《大全集》卷一七，《影印文渊阁四库全书》本。
③ 《寒食雨二首》其一，[宋]苏轼《苏文忠公全集》，东坡集卷十二，明成化本。

图 17 ［宋］苏轼《黄州寒食帖》。行书十七行，129 字，
墨迹素笺本，34.2×18.9 厘米，现藏台湾故宫博物院。

苏轼的咏海棠花词中还有些是借花自喻，通过写花为自己画像，写
自己的脾气秉性和理想的人格。其中最出名的是下面这首被贬谪黄州
期间所作的海棠诗。

寓居定惠院之东杂花满山有海棠一株土人不知贵也①

江城地瘴蕃草木，只有名花苦幽独。嫣然一笑竹篱间，
桃李满山总粗俗。也知造物有深意，故遣佳人在空谷。自然
富贵出天姿，不待金盘荐华屋。朱唇得酒晕生脸，翠袖卷纱
红映肉。林深雾暗晓光迟，日暖风轻春睡足。雨中有泪亦凄怆，
月下无人更清淑。先生食饱无一事，散步逍遥自扪腹。不问
人家与僧舍，拄杖敲门看修竹。忽逢绝艳照衰朽，叹息无言
揩病目。陋邦何处得此花，无乃好事移西蜀。寸根千里不易到，
衔子飞来定鸿鹄。天涯流落俱可念，为饮一樽歌此曲。明朝
酒醒还独来，雪落纷纷那忍触。

这首诗是元丰三年 (1080 年) 苏轼到黄州不久寓居定惠院时所作。
苏轼在《记游定惠院》一文说："黄州定惠院东小山上，有海棠一株，

①《全宋诗》第 14 册，第 9301 页。

特繁茂。每岁盛开，必携客置酒，已五醉其下矣。"①本篇即咏这株海棠。当时，东坡刚遭"乌台诗案"文字狱而被贬于此，一代才士竟被朝廷弃之如敝屣，惹得诗人自怨自艾而又孤芳自赏，故他把自己比做屋后满山杂花中的一株名贵的海棠花。诗以拟人化的手法，海棠花诗作的前半部反复刻画海棠的幽独、高雅、娇艳、多情，其中既深深地寓含着诗人自己的影子，又是在多角度地写花，两者若即若离，亦花亦人，耐人寻味。"先生"以下笔锋一转，写自己贬中与花相逢，不禁感慨叹息，后面紧接着把自己和花合在一起，大有"同是天涯沦落人"的感叹。全篇描写幽艳，兴寄深微，使人读后恍惚迷离，在构思、造语及结构布局上独具一格，不蹈袭前人故辙，受到后人盛赞。黄彻《碧溪诗话》："不若东坡柯邱海棠长篇冠古绝今。"②纪晓岚："风姿高秀，兴象深微，后半尤烟波跌荡。此种真非东坡不能；东坡非一时兴到亦不能。"③据说苏轼自己也颇感得意，每每写以赠人，阮阅《诗化总龟》前集卷二九"书事门"于上引苏轼长诗"平生喜为人写，盖人间刊石者自有五六本，云：'吾平生最得意诗也'"。④事实上这株空谷海棠正是诗人幽独、孤芳自赏的内心写照。海棠与诗人此时、此地、此景合二为一，正如王国维所谓"不知何者为我，何者为物。"物我融合的一种境界。

南宋后期，诗人的咏物诗多有寄托，与家国情怀有关。"陈与义也

---

① ［明］王仪修《湖广通志》卷七七，《影印文渊阁四库全书》本。
② 黄彻《碧溪诗话》，转引自［宋］阮阅撰，周本淳校点《诗话总龟》后集卷九，人民文学出版社 1998 年版。
③ ［宋］苏轼著《苏轼诗集》卷二〇，中华书局 1982 年版。
④ ［宋］黄彻《碧溪诗话》，转引自［宋］阮阅撰，周本淳校点《诗话总龟》卷二九。

是咏物名家，他的咏花诗的确不单纯是一种审美活动，而是有其曲衷，是带有功利目的的。他主要是由于处在险恶的政治环境之中，积蓄了一腔抑郁、愤激，不得已而借饮酒、赏花、流连山水来排遣、发泄。"①他的《海棠》："海棠点点要诗催，日暮紫绵无数开。欲识此花奇绝处，明朝有雨试重来。"②歌颂海棠不怕风雨侵袭的的精神气质和傲骨的精神。这似乎恰恰与当时偏安江左，苟延残喘的南宋王朝形成鲜明对比。也是诗人自身忠贞爱国人格的写照。

---

① 邓魁英《辛稼轩的咏花词》，《文学遗产》1996 年第 3 期，第 62 页。
② ［宋］陈与义撰《简斋集》卷一三。

第三章　海棠题材文学的艺术表现手法及其效果

第一节　对海棠花的正面描写和侧面烘托

表现手法，"不外乎虚实偏正两大类：一是正面描写，所谓着物'密附'，比短较长，以期'巧言切状，如印之印泥'；一是侧面描写，彼物比况，或借景映带，言用不言体，言意不言名，所谓离形得似，虚处传神。"①

有一大部分海棠诗词是运用正面描写手法来表现海棠的客观形象。正面描写也称直接描写，通过正面描写，让读者对海棠的花色、花香、花态有了直观、亲切的美感。其中最典型的是刘子翚的《海棠花》："幽姿淑态弄春晴，梅借风流柳借轻，初种直教围野水，半开长是近清明。几经夜雨香犹在，染尽胭脂画不成。诗老无心为题拂，至今惆怅似含情。"②

首句写海棠的体态和性格。海棠的形象犹如娴静的淑女，站在春天明媚的阳光下，越显出安静温柔的幽姿淑态，海棠花集梅花的风流和柳枝的轻柔于一身。妩媚袅娜，楚楚动人。还有陆游的一首《海棠》诗："碧鸡海棠天下绝，枝枝似染猩猩血。蜀姬艳妆肯让人，花前顿觉无颜

---

① 程杰著《中国梅花审美文化研究》，巴蜀书社，2008年版，第290页。
② 《全宋诗》第34册，第21399页。

色。"①这四句都是对海棠正面具体的描写,"碧鸡坊"在今天成都市西部,与成都燕王宫都是海棠名园。《清波别志》记载巴蜀碧鸡坊王氏亭馆海棠"袤延如三两间屋……覆冒锦绣,为一城春游之冠"。②"枝枝似染猩猩血"是比喻亦是夸张,形象地绘出了碧鸡坊海棠的红艳欲滴的形色。后两句用"艳妆"的蜀姬与海棠对比,贬低蜀姬褒扬海棠。碧鸡坊的海棠天下奇绝名不虚传。

但是很多题材的创作并不是单纯、直接、正面的描述,而是从侧面去烘托,运用对比与夸张等表现手法。利用一些现成的因素来表现不同层面海棠的不同风貌。主要有下列一些元素:

一、天气与环境的因素

海棠作为天地之间的钟秀之物,汲取大自然的精华,必然要受到自然界风、雨、露水、雾等天气因素的影响。

首先是春风对海棠的沐浴与润泽。如郑谷《海棠》:"春风用意匀颜色,销得携觞与赋诗。"③是说春光明媚的阳和天气,海棠花适时开放,好像是春风刻意调和而成的美丽鲜艳的色彩,让人陶醉。用春风的暖意洋洋来渲染海棠盛开的那种和谐适宜的气氛。"东风吹绽海棠开",④"东风吹雨过溪门,白白朱朱乱远村。"⑤邵雍《游海棠西山示赵彦成》:"海棠娇甚成羞涩,凭仗东风催晓妆。"⑥都是说海棠在东风的吹拂中迅速生长,借东风来突出海棠成长的一个阶段。

---

① 《剑南诗稿》卷七五。
② [宋]周辉撰《清波别志》卷一,《影印文渊阁四库全书》本。
③ 《全唐诗》卷六七五。
④ 无名氏《虞美人》,张剑注释《敦煌曲子词百首译注》,敦煌文艺出版社1991年版,第92页。
⑤ 《全宋诗》第7册,第4699页。
⑥ [宋]陈造撰《江湖长翁集》卷一九,《影印文渊阁四库全书》本。

夕阳、月明、灯光、帘幕、薄烟、轻雾、风雨，都是助成美实现的有力因素。"林深雾暗晓光迟，日暖风轻春睡足。雨中有泪亦凄怆，月下无人更清淑。"①林深雾暗，晨光来迟，恰好可使春风吹拂下的海棠在梦中多停留片刻。而雨中月下的海棠更是凄艳绝伦。正如宗白华所说的："风风雨雨也是造成间隔的好条件，一片烟水迷离的景象是诗境、是画意。"②春雨将胭脂一样的花瓣点点消融，烘托出雨中海棠的凄艳美。

关于雨与海棠之关系，前面第二章第二节已经述说了，在此补充一下，雨是海棠成长不可缺少的一个必备的外在条件。诗人们因为海棠花开阶段的不同和当时所处的不同心境，赋予了雨中海棠不同的形象特征。有焕然一新的、凄艳绝伦的、高傲坚强的、也有凋零败落的。但是这些形象的塑造都离不开"雨"这一特定的场景。

二、蜂儿、蝴蝶、莺燕等构成鸟语花香图

蜂儿、蝴蝶、莺燕与花卉组合是构成鸟语花香图中最常见的生物意象。用蜜蜂、飞燕的繁忙来营造一个春花烂漫的祥和天气，衬托海棠花开的锦簇、绚烂。如"一枝低带流莺睡，数片狂和舞蝶飞"。③"深院无人春日长，游蜂来往燕飞忙"。④"家人扶上锦城头，蜂蝶团中烂漫游"。⑤"游蜂戏蝶空自忙，岂知美人在西厢"。⑥"低傍绣帘人易折，

---

① 《全宋诗》第 14 册，第 9301 页。
② 宗白华著《美学散步》，上海人民出版社 1981 年版，第 21 页。
③ 郑谷《擢第后入蜀经罗利路见海棠盛开偶题》，《全唐诗》卷六七五。
④ 湛道山《海棠》，《全宋诗》第 72 册，第 45258 页。
⑤ 范成大《闻石湖海棠盛开亟携家过之》，《全宋诗》第 41 册，第 26055 页。
⑥ 陆游《驿舍海棠已过有感》，《剑南诗稿》卷三。

密藏香蕊蝶难寻"。① "浩露晴方溢，游蜂暖更暄"。② "难胜蜂不定，易入蝶能通"。③ "曾约小桃新燕，有蜂媒蝶使，为传芳信"。④ "来禽海棠相续开，轻狂蛱蝶去还来。"⑤ (如图 18 所示) 都是用鸟、蜂、蝶烘托春日融融，百花盛开的一派盎然生机之景。

图 18　[宋]佚名《海棠蛱蝶图》。无款，绢本设色，

25×24.5 厘米，北京故宫博物院藏。

---

① 刘兼《海棠花》，《全唐诗》卷七六六。
② 晏殊《海棠》，《全宋诗》第 3 册，第 1947 页。
③ 石延年《和枢密侍郎因看海棠忆禁苑此花最盛》，《全宋诗》第 3 册，第 2006 页。
④ 《宴山亭·海棠》，[宋]王之道撰《相山集》卷一八，《影印文渊阁四库全书》本。
⑤ 陆游《见蜂采桧花偶作》，《剑南诗稿》卷五六。

无名氏的《虞美人》："金钗钗上缀芳菲，海棠花一枝。刚被蝴蝶绕人飞，拂下深深红蕊落，污奴衣。"①这首词非常生动风趣，美人将海棠花刚刚插在头上，就马上招引来蝴蝶的垂青，结果这些蝶儿却将海棠花搞落下来，鲜红的花瓣染红了美人的衣服。通过人的活动，蝴蝶的飞舞来烘托海棠花娇艳欲滴的形象。蜂蝶多是被花香所吸引的，海棠是否有香虽然有争议，但是诗词中描写海棠花香招引蜂蝶还是比较常见的。如"戏蝶栖轻蕊,游蜂逐远香"②"蝶魂迷密迳,莺语近新条"③从而烘托出海棠之香清远溢。

　　"朝醉暮吟看不足，羡他蝴蝶宿深枝。"④爱花之切，"朝醉暮吟"仍然看不够海棠花，到是羡慕起蝴蝶、蜜蜂可以在上面停留很久，与花有那么亲近的接触，反倒是人不如蝴蝶了，从而烘托出诗人对海棠花的爱恋之情。李石《南乡子·十月海棠》："坐待晓莺迁，织女机头蜀锦鲜。枝上绿毛幺凤子，飞仙。乞取双双作被眠。"⑤诗人题目是十月海棠但是从晓莺写起，并未提到海棠，鸟的到来打破了冬日的宁静，使人们感受到春天的气息，而飞鸟似乎在向海棠乞求那一片美丽的蜀锦，用以作衾被烘托出十月海棠的不怕寒冷临寒而绽的美丽形象（如图19所示）。

　　也有将燕子、雨、等多个元素并用起到烘托渲染作用的，描写海棠的生活环境，如朱淑真的《海棠》："燕子欲归寒食近，黄昏庭院雨

① 无名氏《虞美人》，张剑注释《敦煌曲子词百首译注》。
② 赵恒（宋真宗）《海棠》，《全宋诗》第 2 册，第 1181 页。
③ 刘筠《奉知真宗后苑杂花海棠》，《全宋诗》第 2 册，第 1286 页。
④ 郑谷《海棠》，《全唐诗》卷六七五。
⑤ ［宋］李石撰《方舟集》卷六，《影印文渊阁四库全书》本。

丝丝。"①寒食临近，丝雨菲菲，燕子欲归，海棠将败。而这样一种环境的渲染大多是诗人心境的一种反应。

馆藏。

图19　[清]华浚《海棠鹦鹉图》轴。绢本设色，127×43厘米，天一阁博物

三、从人的感受烘托花之美

还有一种是从人的不同感受来烘托海棠形象的，如"莫上南岗看春色，海棠花下却销魂"②就是诗人的一种感受，春天到了很多人要去南岗上看春色，"满园春色关不住"，海棠花开正好，诗人建议不妨去海棠底下坐坐，欣赏海棠的风采。诗人运用想象和夸张，来渲染海棠让人魂销的无穷魅力。还有调动视觉、嗅觉、味觉等器官来写海棠花的花色，花香的。见之美、嗅之香、味之鲜。

四、比较方法的大量运用

梅花孤傲冷峻；荷花高

---

① 《全宋诗》第 28 册，第 17959 页。
② 邵雍《游海棠西山示赵彦成》，《全宋诗》第 7 册，第 4699 页。

图20 ［清］华嵒《海棠白头图》。营造了一幅祥和的，春意盎然景象。绢本设色，50×35.4厘米，天津博物馆藏。

洁清雅；牡丹雍容华贵；桂花伶俐纤巧；杜鹃热烈绚烂；海棠娇媚妖娆。

　　花卉各自不同的特点往往是通过与同类或者相似事物的比较过程中强化凸显出来的。如图 20 所示海棠白头图，营造了春意盎然的景象。

　　海棠在与其他花木比较时主要用对方的短处来凸显自己的长处。如用桃花的风流、柳树的轻薄、杏花的粗俗来反衬海棠的端庄、高贵；用梅花的单薄、素淡来突出海棠的丰腴、艳丽；用海棠的无香来突出其格调之高。"无香"本来对于欣赏花卉来说是一大憾事，也有诗人发表这样的感慨，但这丝毫并未减损诗人们热爱海棠的热情。有时恰恰觉得这样更能突出海棠高贵的花格、风韵。如黎廷瑞《秦楼月》："海棠只是，无香堪恨。香无却有仙风韵。"[1]宋代很多文人雅士追求素淡雅洁清幽之美，海棠的花朵艳丽是很难入高人雅士们法眼的，但是海棠之"艳"与桃李之艳的待遇可谓千差万别，很多人是褒扬这种艳格的，海棠在宋代确实成为了"花中新贵"。

第二节　海棠与女子的类比关系

　　在海棠题材文学创作过程中，以物拟花是常见的，如"偶泛因沈砚，闲飘欲乱棋"[2]用"沈砚""乱棋"比喻海棠花飘零之态。而多数是以色喻色，重点描状海棠的色泽，主要用的比喻意象是猩血、霞、蜡融、碎锦、绛雪、丹砂等。（前文以详细叙述，在此不复赘述。）海棠花色的胭脂喻已经成为模式，屡见不鲜。

　　以人喻花，化实为虚。很多比喻妙在不言中，美女喻主要是抓住

---

① 《全宋词》第 5 册，第 3390 页。
② 薛能《海棠》，《全唐诗》卷五六〇。

198

美女特定的部位，如脸颊、肌肤、嘴唇等红润光泽的部位，寻找相似点，比喻恰切传神。还有一类模式比拟，如玉环、仙姝等的比喻。遗貌取神，将海棠人格化。

夸张的手法运用也较为常见，一是突出海棠的"香"。二是突出海棠的"艳"，"十亩园林红似火"，写出了大片的海棠林如火如荼之景。三是突出海棠的整体气韵，是画家难裁剪的。如"尽堪图画取，名笔在僧繇"①"诗客早惭矜缕管，画工谁敢炫霜纨"②这些夸张手法的运用，侧面烘托了海棠的美。

托物寓意的也较多，但是远逊于梅花、菊花、荷花等象征性很强的花卉。多是表达海棠的花色引起的喜悦之感。

海棠，又名"花尊贵""花命妇""花戚里""蜀客""花贵妃""花中神仙"……这些别名、称号具有浓厚的女性意味，花色与女子之间有着极其古老的联想与比拟关系，海棠与女子之间的类比关系主要有以下三种模式：

一、"细看素脸原无玉，初点胭脂驻靓妆"——海棠泛性女子喻

海棠的花色艳丽，花姿窈窕，与女子有诸多共同之处，诗人们在将其与女性相比拟时，有一部分是泛泛的美女喻。如刘兼的《海棠花》："烟轻虢国鬟歌黛，露重长门敛泪矜。"③将海棠比喻成历史上著名的两个美人，杨玉环之姊虢国夫人和汉武帝皇后陈阿娇。

而许多题材在取喻过程中更多的是将海棠红艳艳的色泽比喻成女子的肌肤、面影等特定部位，尤其是女子的醉酡容颜。如"酒晕红娇

① 赵恒（宋真宗）《海棠》，《全宋诗》第 2 册，第 1181 页。
② 沈立《海棠百咏》，《全宋诗》第 6 册，第 3817 页。
③ 《全唐诗》卷六七五。

气欲昏"①"醉痕深晕潮红"②"红嫩妖娆脸薄妆"③女子醉酡容颜与海棠之花色有视觉上的相似性,即"红",其中红的程度又略微不同,有微红,有深红。其中比喻最为恰切传神的是苏轼的"朱唇得酒晕生脸,翠袖卷纱红映肉"。④诗人以美人喻名花,而且又选择了美人的朱唇和脸颊这些色泽最为红润的部位为描状重点,比之用名花喻美人又有所不同,堪称形似与神似的佳作。

而李泰伯《海棠》:"戢戢虽聚头,脉脉俱俯地。既言是姊妹,人却相妒忌。面痕赤未没,尽是伤爪指。不然睡未醒,被人沃井水。"⑤这首诗纯用比体,将海棠比喻成相互忌妒的姊妹,忌妒到大动干戈,指爪相抓,乃至抓痕历历,不然就是没有睡醒,被人用冰凉的井水冲洗而两腮通红。比喻很形象、生动,颇有创意。通过这么生动的比拟,我们就会想象到几株长势茂盛,迎风招展,浅红深红的海棠花,朵朵都似乎在争相竞美。

胭脂是古代女子常用来润泽唇彩和肌肤的化妆品。效果就是使得肌肤与嘴唇更加红润、有光泽。诗人们多抓住海棠花与胭脂在色泽上的形似,或者海棠花由深红逐渐变成浅红的过程与女子妆容变淡的微妙变化极其相似这一特征着墨。"胭脂为脸玉为肌,未赴春风二月期"⑥"谁染玉肌丰脸,做胭脂颜色。"⑦

① 陈与义《海棠》,《全宋诗》第 61 册,第 38600 页。
② 吴文英《乌夜啼》,《梦窗丙稿》卷三,《影印文渊阁四库全书》本。
③ 王安石《海棠》,《全宋诗》第 10 册,第 6722 页。
④ 《全宋诗》第 14 册,第 9301 页。
⑤ 《全宋诗》第 7 册,第 4357 页。
⑥ 朱淑真《海棠》,《全宋诗》第 28 册,第 17959 页。
⑦ 周紫芝《好事近·海棠》,[宋]周紫芝撰《竹坡词》卷三,《影印文渊阁四库全书》本。

还有一种常见的情形是将雨水冲刷过的海棠花的色彩变化，比喻成女子妆容被泪水洗面的情景，极其生动和贴切。如"露凝啼脸失胭脂"[①]"露滴燕脂洗面初"。[②]

诗人抓住女子醉酡容颜，施妆之容，泪湿红妆，这些瞬间来刻画海棠花色的变化。梅尧臣《海棠》："醉生燕玉颊，瘦聚楚宫腰。"[③]是其中典型和恰切的比喻，主要集中了女子的醉酡容颜来作比。其中多数比喻还是以女色拟花色，虽然描摹出了海棠的外在形态美，但仍然未脱以色拟色的模式。

二、殊姿艳艳杂花里，端觉神仙在流俗——海棠神仙喻

文学创作中花卉与神仙互相比喻的例子数不胜数。如荷花、水仙都是水生之花卉，此类题材创作中常见的是与水有关的神仙意象，如凌波仙子、湘水女神、汉水女神等，甚至有屈原、琴高这样的男神意象。梅花有月宫嫦娥、瑶池仙姝、姑射神女等仙女喻意。花卉与神仙的关系源远流长，海棠因其超凡脱俗的气质也常常被人们想象成为仙境的仙姝。唐代贾元靖（贾耽）是将海棠比喻成神仙的第一人。他著《百花谱》称海棠为"花中神仙"，后世以神仙称海棠的屡见不鲜。请看下面一组诗句：

> 不忝神仙品，何辜造化恩。[④]
>
> 谱为仙子终须美，实作寒梅况不酸。[⑤]

---

① 石扬休《海棠》，《全宋诗》第 3 册，第 2043 页。
② 杨万里《晓登万花川谷看海棠》二首其一，《全宋诗》第 42 册，第 26584 页。
③ 《全宋诗》第 5 册，第 2993 页。
④ 王禹偁《商山海棠》，《全宋诗》，第 2 册 718 页。
⑤ 张冕《海棠》，《全宋诗》第 14 册，第 9737 页。

殊姿艳艳杂花里，端觉神仙在流俗。①

须知贾相风流甚，曾许神仙品格奇。②

汉宫娇半额，雅淡称花仙。天与温柔态，妆成取次妍。③

艳翠春铺骨，妖红醉入肌。花仙别无诀，一味服燕支。④

海棠自是百花仙，霞袂霓裳下九天。昨夜诏归红玉阙，但留翠幄锁晴烟。⑤

忽识梁园妓，深疑阆苑仙。⑥

　　诗人们展开想象的翅膀，海棠像天上的百花仙子，穿着彩霞、云霓一样的衣裳来到人间，这在视觉上与海棠花色的粉红明艳，花朵的千团万簇极其神似。而且大多仙姝都是冰姿玉质，内外兼美的，如吕陶《和赏申氏园海棠》："自是多花宜少叶，肯教仙格有凡香。"⑦徐积《双树海棠》："童妆两株色，花格一仙才。"⑧神仙比喻大大提升了海棠在众芳之中的审美品位。正如石延年所云："君看海棠格，群花品讵同。"⑨海棠自有高格，可谓是仙姿与仙品的兼美。再如张芸叟（张舜民）的这首《移岳州去房陵道中见海棠》："马息山头见海棠，群仙会处锦屏张。天寒日晚行人绝，自落自开还自香。"⑩作者旅途中见到的这株海

---

① 赵令畤《和东坡定慧院海棠》，《海棠谱》卷下。
② 石扬休《海棠》二首，《全宋诗》第 3 册，第 2043 页。
③ 洪适《黄海棠》，宋洪适撰《盘洲文集》卷九，《影印文渊阁四库全书》本。
④ 杨万里《海棠》，《全宋诗》第 12 册，第 26474 页。
⑤ 《海棠一夜为风吹尽》三首其三，[宋]姚勉《雪坡集》卷一一，《影印文渊阁四库全书》本。
⑥ 沈立《海棠百咏》，《全宋诗》第 6 册，第 3817 页。
⑦ 《全宋诗》第 12 册，第 7798 页。
⑧ 《全宋诗》第 12 册，第 7565 页。
⑨ 《和枢密侍郎因看海棠忆禁苑此花最盛》，《全宋诗》第 3 册，第 2006 页。
⑩ 《全宋诗》第 14 册，第 9706 页。

棠，虽然自落自开，但是却像隐居的、不为世事烦扰的隐士神仙一样，有一种超出凡尘之感。而后来海棠到了《红楼梦》林黛玉的诗词中就已经定型为放怀于天上人间的"月窟仙人"和孤清寂寞的"秋闺怨女"了。其《咏白海棠》："月窟仙人逢缟袂，秋闺怨女拭啼痕。"[①]咏物寓情，写尽黛玉自身的高洁执着与孤独悲伤。

三、"江水夜韶乐，海棠花贵妃"——海棠妃子喻

在众多流传的海棠题材作品中，有许多关于玉环的典故，这些典故或借妃子喻花，或纯为故事。杨妃玉环似乎已成为海棠的形象代言。主要体现在以下几个方面：

一是贵妃沐浴，即将海棠比喻成沐浴后的贵妃。唐代诗人崔德符的《海棠》是现存最早的将海棠比喻成杨贵妃出浴的作品，原诗为：

浑是华清出浴初，碧绡斜掩见红肤。

便叫桃李能言语，要比娇妍比得无。[②]

这首诗通篇用比体，将海棠花之美比拟为出浴的美人。透过薄薄的"碧绡"隐约间可见似粉如白的娇嫩肌肤，海棠的花质亦如妃子的肌肤，是桃李那些俗物所不能比的。1982 年 4 月，在位于西安东约 30 公里的临潼骊山脚下发现唐御汤华清池遗址，在发掘区内，清理出唐玄宗沐浴的池形如石莲花的"莲花汤"、杨贵妃沐浴的池形如海棠的"海棠汤"（如图 21 所示）。据史载，天宝年间，也就是公元 742 年至 756 年的 14 年间，唐玄宗携杨贵妃驾临华清宫达 43 次之多，"春寒赐浴华清池，温泉水滑洗凝脂。"关于杨玉环沐浴的浴池，《临潼县志》卷

---

① 王梦阮、沈瓶庵著《红楼梦索隐（第四版）》（五），中华书局 1916 年版，第 22 页。

② ［宋］陈思撰《海棠谱》卷下。

七十二有这样的记载：

　　芙蓉汤一名海棠汤，在莲花汤西，沉埋已久，人无知者。
近修筑始出，石砌如海棠花，俗呼为杨妃赐浴汤，岂以"海
棠睡未足"一言而为之乎。①

图21　华清宫海棠汤。在今西安市临潼区骊山北麓。

　　海棠文学创作中多有用妃子沐浴后的娇颜来比喻海棠花开之姿色。
如"西子颦收初雨后，太真浴罢微暄里"②"红妆翠袖一番新，人向园
林作好春。却笑华清夸睡足，只今罗袜久无尘"③"曾比温泉妃子睡，
不吟西蜀杜陵诗"。④在宋代释惠洪的《冷斋夜话》中有这样的一段记载：

①　《陕西通志》卷七二，［清］刘於义修，《影印文渊阁四库全书》本。
②　吴潜《满江红》，《全宋词》第 4 册，第 2754 页。
③　陈与义《海棠》，《全宋诗》第 31 册，第 19584 页。
④　朱淑真《海棠》，《全宋诗》第 28 册，第 17959 页。

"前辈作花诗，多用美女比其状。如曰：'若教解语应倾国，任是无情也动人。'诚然哉。山谷作《酴醾》诗曰：'露湿何郎试汤饼，日烘荀令炷炉香。'乃用美丈夫比之，特若出类。而吾叔渊材作《海棠》诗又不然，曰：'雨过温泉浴妃子，露浓汤饼试何郎。'意尤工也。"①"何郎"指的是三国魏何晏，他面白皙，美姿仪，在当时就有傅粉何郎之称。"荀令"指三国魏荀彧，他去别人家作客，坐处香气萦绕，时有留香之说，诗人用两男子的洁白和香气来比喻酴醾花的花姿与花香。而渊材的诗句前句以杨贵妃形容海棠花的娇艳，后句以何晏比喻海棠花的白润。刘渊材迂腐好阔，虽然此句诗写出了海棠的几分韵味，仍未脱前人的窠臼。模拟有余，创新不足。但是足见将海棠比拟成贵妃出浴这一手法，在咏海棠题材文学中模式已经成熟。

　　二是海棠春睡，即将海棠比喻成醉酒欲睡中的贵妃。主要来源于宋释惠洪《冷斋夜话》记载的《太真外传》："上皇登沈香亭，诏太真妃子。妃子时卯醉未醒，命力士从侍儿扶掖而至。妃子醉颜残妆，鬓乱钗横，不能再拜。上皇笑曰：'岂是妃子醉，真海棠睡未足耳。'"②这株明皇眼里的"解语花"，因为酒晕此时睡眼迷离，钗环参差，但是在唐明皇的眼里却是无比的娇媚动人，就像一株未睡足的海棠，两腮红晕，香气隐约。此后的咏海棠的诗词中经常引用这一典故来描摹海棠的美好姿态。

　　其中最为出名的是苏轼的《海棠》诗："只恐夜深花睡去，故烧高烛照红妆。"③明皇将美人喻花，苏轼翻案创新，将名花喻美人。进一

---

① ［宋］释惠洪撰《冷斋夜话》卷一。
② ［宋］释惠洪撰《冷斋夜话》卷一。
③ 《全宋诗》第 14 册，第 9333 页。

步把"海棠春睡"人格化了。此典故一直流传开去。如李彭老《清平乐》："合欢扇子。扑蝶花阴里。半醉海棠扶不起。"①周少隐留春词帖："春似酒杯浓，醉得海棠无力。"②李石《扇子诗》："锦缎海棠欲睡，絮浓杨柳初眠。"③陈三屿《海棠》："移根千里入名园，酒晕红娇气欲昏。待得太真春睡醒，风光以不似开元。"④海棠春睡，或者醉酒昏昏，似乎也成为一些诗人嘲笑的话柄。如刘克庄《汉宫春》："应冷笑，海棠醉睡，牡丹未免丰肌。"⑤刘才邵《映日梅》："应笑海棠无道骨，睡红怯翠不禁春。"⑥

三是情色之韵。只要提到海棠就让人联想到美人洗澡或者睡觉，不知道是否具有情色意味。后人流行的一首诗歌传说是苏东坡嘲笑张先在八十岁时娶十八岁女子为妻，贺了一首调侃诗："十八新娘八十郎，苍苍白发对红妆。鸳鸯被里成双夜，一树梨花压海棠。"梨花海棠之妙，乃在探隐而扬私，且昭其异也。情色之味益浓。但是这只是传说而已，苏轼是否作过这样的诗值得商榷。其中两句诗最早出自明代范凤翼《赠李处士八十一岁纳妾》："二八娇娥九九郎，萧萧白髪伴红妆。扶鸠笑入鸳鸯帐，一树梨花压海棠。"⑦都是说某人老牛吃嫩草的意思，但是在无形之中却给海棠加上了暧昧的符号。

明代的"风流才子"唐伯虎根据"海棠春睡"典故，丰富想象，画了一幅《海棠美人图》。《六如居士全集》卷三有《题海棠美人》诗云：

① 《全宋词》第 4 册，第 2971 页。
② 周紫芝《好事近》，《全宋词》第 2 册，第 889 页。
③ ［宋］李石撰《方舟集》卷六，《影印文渊阁四库全书》本。
④ 《全宋诗》第 61 册，第 38600 页。
⑤ 《全宋词》第 4 册，第 2600 页。
⑥ ［宋］刘才邵撰《檆溪居士集》卷三，《影印文渊阁四库全书》本。
⑦ ［明］范凤翼撰《范勋卿诗文集》卷十八，明崇祯刻本。

"褪尽东风满面妆，可怜蝶粉与蜂狂。自今意思谁能说，一片春心付海棠。"①后来到了曹雪芹的《红楼梦》中就将此画安排到秦可卿的卧房里了，情色之意昭然。明万民英撰《三命通会》卷七言："男如崔子寻花柳，女似杨妃睡海棠。"②更是露骨地写出了杨妃海棠的情色之意。

事实上大多花卉与女子有各种类比关系，而女子既有良家少女也有市井娼妓，由于身份的不同，所以很多的花卉或多或少都会沾上情色或艳情的意味。如桃花从魏晋六朝就成为男女欢爱场所不可缺少的景物，在宋代以桃花为"倚门市娼"的形象一度固定下来，其情欲象征和风月景观意味明显。杨柳也一度成为风尘之隐喻，"水性杨花"之薄名。杏花在宋代其审美价值一路走低，成为娼妇的代表。杨玉环作为中国古代的四大美女，具有倾国倾城之貌。纵观中国历史上的美女们，多数都遭遇很多非议，或多或少与情色有点关系。东坡的一句调侃和杨妃的风流韵事似乎给海棠蒙上了一层艳情的色彩，但是这并未流传开去，也丝毫并未贬损海棠的审美品位，恰恰增添了其神秘、妖娆的魅力。

四是形色、风韵相通。海棠与杨妃在外形风韵上相类似。海棠花姿丰盈，艳丽异常，以"艳"而闻名诸芳。杨妃也是以丰腴艳美著称，陈鸿《长恨歌传》称她"鬓发腻理，纤秾中度。"③乐史的《杨太真外传》说："妃微有肌。"④且海棠与贵妃都是蜀地名物、名人。杨妃原籍系弘农华阴（在今陕西），而她却是蜀人，是其父杨玄琰任蜀州司户时生于蜀地的。同乡的关系更拉近了海棠与贵妃的关系。

---

① ［明］唐寅撰，唐仲冕编《六如居士全集》卷三，上海广义书局 1929 年版。
② ［明］万民英撰《三命通会》卷七，《影印文渊阁四库全书》本。
③ 《全唐诗》卷四三五。
④ ［宋］乐史撰《杨太真外传》，转引自［明］陶宗仪撰《说郛》卷一一〇。

二者不但形似，神也相似，海棠一向被誉为"花中神仙"。杨妃死后也盛传其成为仙子。正因为二者的众多相似之处，我们才会见此物而想到彼物。玉环也是诠释海棠姿态韵致最恰切的人选。综上可知，海棠与女子之间的各种类比关系，大大丰富了海棠的审美意蕴和审美地位。

第三节　海棠与其他花木的联咏与比较

同类事物的联咏是诗歌创造中惯用的手法。通过同类或相似事物之间的类聚、拟似、比较就会进一步突出该事物的特征与意蕴。花木中的联咏搭配更是不胜枚举。

下文主要从以下两个方面进行分析。一是海棠与梅花的联咏情况；二是海棠与桃李、杏梨等花卉联咏比较情况。

一、海棠与梅花

牡丹一度是唐代诗人的新宠，宋代梅花从内外形貌、神态上一度从"美人"上升到"高士"。①梅花以其高雅超俗的姿态和凌寒而发的高洁品质，成为文人雅士追求高标道德人格的典范。在梅花题材作品中，梅花与其他花木的联咏比较比比皆是。即使是在其它花木题材的创作过程中，诗人们也总要将其向梅花靠拢，沾一下梅花的人气。

海棠与梅花都是春天的芳物，只是一个早春而发，一个正值三春而放。花期的不同时，注定二者在花色、花姿的现实比较上较少见。且二者，海棠以丰腴艳丽见称，梅花以清素淡雅闻名。这主要是从形

---

① 参考程杰著《宋代咏梅文学研究》，第 296—317 页。

体上的差异相比较。"柳边莺语如何说，莫笑梅花太瘦生。"①在春天的一个阳和天气，柳边上的莺莺燕燕在唠着家常，你看那边的梅花可真是清瘦啊！"莫笑"是说不要笑，而此刻的莺莺燕燕正是笑的意思。这两句词波峭风趣、情致深婉。体现了宋人的幽默与智慧。梅花与海棠相比过于清瘦到是有目共睹。当然在咏梅诗中也有讥笑海棠贪睡，花朵太过于柔弱，没有了道骨的，如刘才邵《映日梅》："应笑海棠无道骨，睡红怯翠不禁春。"②"溪梅枯槁堕岩谷……。"③在大诗人陆游眼里一度钟爱的梅花与海棠相比，也形容枯萎、暗淡无光了。

在宋代最流行的关于海棠与梅花的故事，莫过于梅聘海棠之说了。此说源于后唐冯贽《云仙散录》卷三载《金城记》云："黎举常云：'欲令梅聘海棠，橙子臣樱桃及以芥嫁笋，但恨时不同耳。'然牡丹、酴醾、杨梅、枇杷，幸为挚友。"④宋陈郁认为"此说者如或有用，吾知其必善铨量人物也"⑤可见黎举常是善于观察和权衡人物的。所以才会得出如此让人信服的结论。陈郁又说："洪盘洲《海棠诗》云：'雨濯吴妆腻，风催蜀锦裁。自嫌生较晚，不得聘寒梅。'正用前语。"⑥看来同意此说大有人在。

梅花格调之高，一度从"美人"上升到"高士"，直到"君子"比德意象的形成，以"品行"称道与世；海棠丰腴艳丽，以色貌闻名众芳。如果将二者比之男女，那么我们更愿意接受梅花是男子，海棠是女子，

---

① 陈允平《思佳客·和俞菊坡海棠韵》，《全宋词》第 5 册，第 3108 页。
② ［宋］刘才邵撰《樵溪居士集》卷三，《影印文渊阁四库全书》本。
③ 陆游《二十六日赏海棠》，《剑南诗稿》卷九。
④ ［宋］冯贽撰《云仙杂录》卷三，中华书局 2009 年版。
⑤ ［宋］陈郁撰《藏一话腴》外编卷下，《影印文渊阁四库全书》本。
⑥ ［宋］陈郁撰《藏一话腴》外编卷下，《影印文渊阁四库全书》本。

根据中国传统婚姻男才女貌之说，那么梅花聘娶海棠为妻妾是理所当然的。恨就恨在二者不是一个时间开放的，可惜了一段好姻缘。此说无疑是将花卉比拟成人间男女，赋予花木以社会人伦关系。

关于聘请之说现辑缀如下诗句：

花孤冷。海棠聘与花应肯。花应肯。海棠只是，无香堪恨。香无却有仙风韵。能争几日芳期近。芳期近。东风何事，不留花等。[1]

真个好，一般标格，聘梅奴李。[2]

一点聘梅心，千心凭谁语。[3]

真可婿芍药，未妨妃海棠。[4]

此故事在后人的使用中就变成海棠聘梅花，但是无论海棠嫁梅花还是梅聘海棠。都直接或者间接地提高了海棠在众芳之中的地位。因为，能作"花魁"梅花的妻妾，对于海棠来说是一大幸事。

但是在推崇梅花之美的宋人及后世偏爱梅花的一些学者眼里，认为海棠虽然差可相配梅花，怎奈海棠不耐冬令祁寒，还是配不上这位超凡入圣的花中之魁的。如刘克庄《梅花》九叠其九："和靖终身欠孟光，只留一鹤伴山房。唐人未识花高致，苦欲为渠聘海棠。"[5]梅花嫁娶海棠是门不当户不对，甚至是辱没了梅花高洁的品格。清代的文学家张潮在《幽梦影》卷下载："予谓物各有偶，拟必于伦。今之嫁娶，殊觉未当。如梅之为物，品最清高；棠之为物，姿极妖艳。即使同时，亦

---

① 黎廷瑞《秦楼月》，《全宋词》第 5 册，第 3390 页。
② 吴潜《满江红》，《全宋词》第 4 册，第 2754 页。
③ 吴潜《海棠春》，《全宋词》第 4 册，第 2760 页。
④ 刘克庄《梅花》，《全宋诗》第 58 册，第 36453 页。
⑤ 刘克庄《梅花》九叠其九，《全宋诗》第 58 册，第 36367 页。

不可为夫妇。不若梅聘梨花，海棠嫁杏，橼臣佛手，荔枝臣樱桃，秋海棠嫁雁来红庶几相称耳。至若以芥嫁笋，笋如有知，必受河东狮子之累矣。"①张潮认为海棠妖冶，与梅花相距甚远，梅花娶梨，海棠嫁给更艳丽的杏花还差不多，贬斥海棠之意明显。现代研究梅花文学与文化专家程杰教授认为"夫妻之义要在匹配，如此界定梅与海棠的关系，有失梅花尊严。只有'君臣''主奴'关系，才能充分地突出梅花凌轹众花、居尊俯视的优雅品格与崇高地位。"②这些言辞太过"溺爱"梅花，评说有失公允。海棠并非如此差劲，只是文人学者个中品位取好不同罢了。

之所以会出现这样的情况我们将二者简单比较一下不难得出结论。海棠与梅花在花色上相较，一素雅，一艳丽；在花姿上相较，一以瘦为美，一典型的"丰姿艳质"；在花期上，一凌寒而放，一恰逢春光鼎盛之际盛开。宋代是一个崇尚素色之美和物态高洁的社会，梅花以格取胜，具有众花难以逾越的花德，海棠虽然格调也较高，但是并未形成共同的花德，二者在形貌、品德上存在着差异，出现这样的言论就不足为怪了。

但是笔者认为，有比较才有鉴评，梅花达到了凌轹众花之上，无花堪比，高不可攀之居位，那么它也是孤独的，只能孤芳自赏。所以有海棠这样的殊姿艳质与其匹配，并未见得贬低梅花的尊严，恰恰增光添色不少，增加了许多人情味，花之拟喻更近似人之常情。

二、海棠与桃、李、杏等比较

在宋人眼里，海棠的地位一直是后来居上，直逼牡丹和梅花，那

---

① ［清］张潮著，王庆云评点《新评幽梦影》，六和书斋2001年版，第76页。
② 程杰著《中国梅花审美文化研究》，第306页。

么桃李、杏梨之流必然是那些歌咏、追赞海棠的诗人们拿来比较的对象，以突出海棠的审美特征和地位。

第一种情况是诗人运用比拟的手法，将花木比拟成人，赋予情感，众芳与海棠相较，桃过于夭，李过于俗，老杏过于寒酸，野梨过于粗糙，柳絮过于癫狂……如李流谦《于飞乐》："笑溪桃，并坞杏，忒煞寻常。"①"笑繁杏夭桃争烂漫。"②这些都是从海棠的主观角度着笔的。还有诗人从自身角度品评其优劣。如宋代冯山："老杏酸寒夸锦绣，野梨干强学瑶琼。"③"尤物终动人，要非桃李俦。"④"桃花轻薄柳花狂。"⑤苏轼的一句"嫣然一笑竹篱间，桃李漫山总粗俗"。⑥海棠的这种大方、自信、谦逊的风采，一下子就将桃李比下去了，桃李也未必逊色，只是自古至今，凡物，以稀为贵，满山遍野的桃李自是不入诗人的法眼，而这仅有的一株海棠恰恰是诗人的最爱，正符合诗人此时此地此情此景的心境。

另外一种情况是桃杏之流自叹不如，羞于比肩。如"便教桃李能言语，要比娇妍比得无。"⑦桃李即使能讲话，善言语，其姿容与海棠的娇娆也是无法相提并论的。"桃羞艳冶愁回首，柳妒妖娆只皱眉。"⑧女诗人运用"羞"与"嫉妒"这样富于情感和内心变化的词汇来状物写情，活用拟人手法，意趣无穷。极其形象生动，从而突出了海棠的"艳"与"妖

① 《全宋词》第 3 册，第 1487 页。
② 王十朋《二郎神》，《全宋词》第 2 册，第 1350 页。
③ 《和赏海棠》，《全宋诗》第 13 册，第 8678 页。
④ 《剑南诗稿》卷一四。
⑤ 《剑南诗稿》卷四二。
⑥ 《全宋诗》第 14 册，第 9301 页。
⑦ ［宋］陈思撰《海棠谱》卷下。
⑧ 朱淑真《海棠》，《全宋诗》第 28 册，第 17959 页。

娆"。"桂须辞月窟，桃合避仙源。"①在三春百花怒放的花圃中，海棠像一株天上的仙葩遗落人间，而桂树和桃树是典型的仙境之物，它们也要躲避起来羞与海棠比并。诗人运用拟人手法，将海棠、桃、李、杏、柳拟写成人，赋予情感，生动活泼。

从各地的花信期看，一般情况是杏花、李花、海棠、梨花这样次第而开，有时前三花也会同时绽放。海棠大多数开于清明前后，不争春光，也不来迟。如石扬休有这样的诗句"开尽夭桃落尽梨，浅荂深萼照华池"。②郭应祥《卜算子》："春事到清明，过了三之二。秾李夭桃委路尘，太半成泥滓。只有海棠花，恰似杨妃醉。"③这首诗运用对比手法，并非拿颜色、形态相比，而是选取了花期来对比，可谓颇多新意。海棠盛开在清明前后，此时桃李花都已经衰败了，而这时农事也已经过了大半，人们才有空闲来赏花。在花期上海棠抢占了很好的时机。

垂丝海棠与柳组合时较多，因二者在生物属性上相类似。都是枝条柔软，迎风招展。如杨万里的《垂丝海棠》："无波可照底须窥，与柳争娇也学垂。破晓骤晴天有意，生红新晒一钩丝。"④再如刘字翠《海棠花》："幽姿淑态弄春晴，梅借风流柳借轻。"⑤柳枝初发，淡绿鹅黄，轻轻摇摆，清丽柔嫩；梅花清灵明秀，雅洁幽淡，风流蕴藉。海棠集中了梅花的风韵与柳树的柔姿。

以上多是从花卉的物理特性方面来类比。那么与其他花木一样也有

---

① 王禹偁《商山海棠》，《全宋诗》第 2 册，第 718 页。
② 《全宋诗》第 3 册，第 2043 页。
③ 《全宋词》第 4 册，第 2228 页。
④ 《全宋诗》第 42 册，第 26184 页。
⑤ 《全宋诗》第 34 册，第 21399 页。

许多人伦尊卑等级的比拟。关于海棠与桃李等的优劣尊卑问题，我们可以从一些诗句中总结出海棠之美是桃李不敢承当的美。此说最早源于与苏轼同时的一些人认为林逋的咏梅名句"疏影横斜水清浅"，"疏影"一联"咏杏与桃李皆可用"，苏轼反驳这一说法，并明确指出"疏影"联"决非桃李诗"，"杏李花不敢承当"。①"敢不敢承当，就不知是个似不似的问题，而是高低尊卑的评价。"②"高低尊卑"是人们强加给花木世界的一个地位等级高下的问题。带有很大的个人喜好和时代审美因素的影响。杨万里也同意此说，并作诗云"举似老夫新句子，看渠桃李敢承当"。③宋代程敦厚"精神不比篱边菊，莫把寻常醉眼看"。④

其他一些不出名的花草及桃李一度更是从"不敢承当"直到沦为当奴做婢。袁宏道的《瓶史》将花木按照等级尊卑分类："海棠以苹婆、林檎、丁香为婢。"⑤沈立《海棠百咏》："侍儿罗白芷，婢子列芳荃。"⑥陆游《二十六日赏海棠》："山杏轻浮真妾媵。"⑦其另一首《海棠歌》："扁舟东下八千里，桃李真成奴仆尔。若使海棠根可移，扬州芍药应羞死。"⑧

总之在爱海棠的诗人们眼中，海棠就是高出众花一等的，在春风之中呈现着自信的风采，笑傲群芳。

① 见《王方直诗话》，《宋诗话辑佚》上册第 13 页，《影印文渊阁四库全书》本。
② 程杰著《宋代咏梅文学研究》，第 88 页。
③ 《全宋诗》第 42 册，第 26407 页。
④ 《全宋诗》第 35 册，第 22082 页。
⑤ ［明］袁宏道著《瓶史》，转引自［清］汪灏著，《广群芳谱》卷三五，上海书店 1985 年版。
⑥ 《全宋诗》第 6 册，第 3817 页。
⑦ 《剑南诗稿》卷九。
⑧ 《剑南诗稿》卷九。

第四节　海棠的重要典故及其艺术

典故作为一种艺术符号，其传承的过程就是一种文化艺术不断积淀、凝聚的过程。这些关于海棠典故的产生、发展、成长的过程就是海棠文化及其审美经验不断丰富、发展的过程。海棠的典故虽没有梅花、桃花、杏花的典故丰富，内容较为单一，且受名人、名句影响颇深。但是却自有其特色和审美品位。主要有以下常见典故：

一、海棠春睡（醉）

东坡作海棠诗曰："只恐夜深花睡去，高烧银烛照红妆。"[1]事见《太真外传》曰："上皇登沈香亭，诏太真妃子。妃子时卯醉未醒，命力士从侍儿扶掖而至。妃子醉颜残妆，鬓乱钗横，不能再拜。上皇笑曰：'岂是妃子醉，真海棠睡未足耳。'"[2]如杨万里"不关残醉未惺忪，不为春愁懒散中。自是新晴生睡思，起来无力对东风。"[3]

到了清代曹雪芹的《红楼梦》中，多次出现"海棠春睡"的典故。如第十八回宝玉《怡红快绿》一诗中，有句曰"红妆夜未眠"[4]；第六十三回湘云诗签曰"只恐夜深花睡去"[5]，以及第六十二回关于湘云醉眠芍药荫的整段描写，使人联想到玉环醉酒的美人娇羞慵懒之态。

现代川籍国画大师张大千临终前居于台湾，创作最具代表性的小

---

[1]　苏轼《海棠》，《全宋诗》第 14 册，第 9333 页。
[2]　［宋］释惠洪撰《冷斋夜话》卷一。
[3]　《垂丝海棠》，《全宋诗》第 42 册，第 26184 页。
[4]　［清］曹雪芹著《红楼梦》，华夏出版社，第 151 页。
[5]　［清］曹雪芹著《红楼梦》，华夏出版社，第 544 页。

品画作《海棠春睡图》，辗转赠给老友张采芹，画上的折枝海棠设色艳丽形态娇媚，题诗表现了当时身居台北的张大千对于四川老家和老朋友们的思念之情。图上的题款写道："七十一年壬戌四月写呈采芹道兄赐留，老病缠身，眼昏手掣，不足辱教，聊以为念耳。大千弟爰，八十有四岁，台北外双溪摩耶精舍。"海棠春睡也有其它深义了。

二、贵妃沐浴

最早见于唐代诗人崔德符（崔鸥）的《海棠》原诗为："浑是华清出浴初，碧绡斜掩见红肤。便叫桃李能言语，要比娇妍比得无。"①也是以色拟色。如曾觌《柳梢青·咏海棠》："温泉倦浴，妃子妆迟。"②

三、贮黄金屋

《王禹偁诗话》里记载晋代石崇，曾对盛开的海棠叹曰："汝若能香，当以金屋贮汝。"③宋代人在写咏海棠的诗词中常引用金屋贮海棠的典故，如"分明消得黄金屋，却堕荒蹊野径间"④"谁家更有黄金屋，深锁东屋贮阿娇"。⑤这一典故主要表达了对海棠无香的一种遗憾，如果海棠有香，那么就像汉武帝当初宠爱阿娇一样，铸金屋藏娇了。

四、子美无诗

最早在诗歌中提到杜甫未咏海棠的是唐代诗人郑谷的一首绝句："浓淡芳春满蜀乡，半随风雨断莺肠。浣花溪上堪惆怅，子美无心为发

---

① ［宋］陈思撰《海棠谱》卷下。
② 《全宋词》第 3 册，第 1325 页。
③ 《王禹偁诗话》，转引自［清］汪颢著，《广群芳谱》，卷三五。
④ 刘克庄《熊主簿示梅花十绝诗至梅花已过因观海棠辄次其韵》，《全宋诗》第 8 册，第 36246 页。
⑤ 何希尧《海棠》，《全唐诗》卷五五〇。

216

扬。"①并自注："杜工部居西蜀，诗集中无海棠之题。"②此后成为咏海棠题材文学中广为流传的典故之一。如女诗人朱淑真《海棠》："少陵漫道多诗兴，不得当时一句夸"。③

五、梅聘海棠

后唐冯贽《云仙散录》载《金城记》："黎举长云：'欲令梅聘海棠，橙子臣樱桃及以芥嫁笋，但恨时不同耳。'燃牡丹、酹酴醾、杨梅、枇杷尽为挚友。"④如吴潜《海棠春》："一点聘梅心，干心凭谁语。"⑤

六、花中神仙

记载于宋代书商陈思《海棠谱》："贾元靖耽著《百花谱》以海棠为'花中神仙'，诚不虚美耳。"⑥贾耽的这部作品已经不复存在。但是对于海棠的高度评价，却流传于众芳之中，后人引用甚多。如石扬休《海棠》："须知贾相风流甚，曾许神仙品格奇。"⑦

七、渊材五恨

《墨客挥犀》载："刘渊材谓人曰：'平生死无恨，所恨者五事耳，第一恨鲥鱼多骨；二恨金橘太酸；三恨莼菜性冷；四恨海棠无香；五恨曾子固不能诗。'"⑧"李丹大夫客都下，一年无差遣，乃授昌州。议者以去家远，乃改授鄂州倅。渊材闻之，乃吐饭大步往谒李，曰：'谁为大夫谋？昌，佳郡也，奈何弃之。'李惊曰：'供给丰乎？'曰：'非也。'

---

① 《全唐诗》卷九一。
② 《全唐诗》卷六十五。
③ 《全宋诗》第 28 册，第 17992 页。
④ ［后唐］冯挚著《云仙散录》卷三，中华书局 2009 年版。
⑤ 吴潜《海棠春》，《全宋词》第 4 册，第 2760 页。
⑥ ［宋］陈思撰《海棠谱》卷上。
⑦ 石扬休《海棠》二首，《全宋诗》第 3 册，第 2043 页。
⑧ 《冷斋夜话》卷九。

民讼简乎？'曰：'非也。'曰：'然则何以知其佳？'渊材曰：'海棠无香，昌州海棠独香，非佳郡乎。'闻者传以为笑。"①渊材对有香海棠的痴爱，说明当时有香海棠很罕见。杨万里认为海棠的香在有无之间，作诗讥笑渊材"渊才无鼻孔，信口道无香"。②

八、花中名友

曾端伯《十友调笑令》取友于十花，"芳友兰也；清友梅也；奇友腊梅也；殊友瑞香也；净友莲也；禅友蒼卜也；佳友菊也；仙友岩桂也；名友海棠也……"③王十朋《郁师赠海棠酬以前韵》："珍重高人赠海棠，殷勤封植弊庐旁。固宜花里称名友，已向园中压众芳。"④其另一首"诗里称名友，花中占上游"⑤品第之见，抬升了海棠在群芳中的地位。

九、"海棠花在否"

最早见于唐代诗人韩偓《懒起》："昨夜三更雨，今朝一阵寒。海棠花在否？侧卧卷帘看。"⑥张扩《殢人娇》："残红几点，明朝知在否。问何似，去年看花时候。"⑦此典扬名于李清照的《如梦令》："昨夜雨疏风骤，浓睡不消残酒，试问卷帘人，却道海棠依旧，知否？知否？应是绿肥红瘦。"⑧

---

① 《冷斋夜话》卷九。
② 《全宋诗》第 42 册，第 26650 页。
③ 曾端伯《十友调笑令》，转引自《全芳备祖集》前集卷七。
④ ［宋］王十朋撰《梅溪集》前集卷七，《影印文渊阁四库全书》本。
⑤ ［宋］王十朋撰《梅溪集》前集卷七。
⑥ 《全唐诗》卷六八三。
⑦ 《全宋词》第 2 册，第 789 页。
⑧ 《全宋词》第 2 册，第 927 页。

十、"高烧银烛照红妆"

东坡《海棠》诗曰；"只恐夜深花睡去，高烧银烛照红妆。"①赏花精神可谓不辞昼夜。范成大反用其意"不用高烧银烛照，暖云烘日正春浓"②吴芾《寄朝宗》"不得与君同胜赏，空烧银烛照红妆"③都表达了不能辜负海棠花开之时的良辰美景，及时赏花行乐的思想。

十一、"朱唇得酒晕生脸，翠袖卷纱红映肉"

这是苏轼的七言排律《寓居定慧院之东，杂花满山，有海棠一株土人不知其贵也》中的一句名句。因为苏轼的名气大，又是以人拟花的佳句，后世征引颇多，遂成典故。如赵长卿《画堂春·赏海棠》："多少肉温香润，朱唇绿鬓相偎。"④

十二、徐老铸海棠巢

《绀珠集》记载："徐俭（一作佺），乐道，隐于药肆中，家植海棠结巢其上，引客登木而饮。"⑤并作《海棠》诗："子美无诗到海棠，酒边游戏略平章。日烘不睡却成睡，风暖无香亦自香。花事一番劳应接，春光强半被分张。速来窠上寻徐老，同醉花前作楚狂。"⑥被时人津津乐道，堪称一绝。刘辰翁《八声甘州》："叹佺巢蜀锦，常时不数，前度何稠。"⑦

---

① ［宋］苏轼《海棠》，《全宋诗》第 14 册，第 9333 页。
② 《全宋诗》第 41 册，第 26055 页。
③ ［宋］吴芾撰《湖山集》卷九。
④ 赵长卿《画堂春·赏海棠》，《全宋词》第 3 册，第 1783 页。
⑤ 无名氏《绀珠集》转引自［明］陶宗仪撰《说郛》卷一三〇下。
⑥ 《全芳备祖集》前集卷七。
⑦ 《全宋词》第 5 册，第 3223 页。

第四章　杜甫与陆游海棠文学的专题研究

第一节　"吟遍独相忘"——"杜甫未咏海棠"之谜

海棠是蜀地名花。杜甫自乾元二年（759 年）入蜀至大历三年（768 年）出峡东下，在蜀地前后八年留下的诗作丰富多彩，蜀中山川形胜、名胜古迹、历史传说、风土人情、奇花异草以至于天时变化，无一不有感而入诗。现存杜甫诗歌中，专咏花、木的诗篇约为八十余首。其中所咏花木，就是梅、李、松、竹、桃树、柳、杞、楠、柏、橘、棕、丁香、栀子、丽春等。可是杜甫为何不咏海棠，让人匪夷所思，不得其解。后世诗人在吟咏海棠时，多提及此事。老杜不吟海棠成为诗坛佳话，也是诗坛悬案。

对于老杜是否咏海棠，下面纵向梳理一下古今学者的看法。似乎我们从中能得到某些启发。古今学者众说纷纭，臆断者之多，主要有以下一些看法：

一、无心为赋

（一）没有感触或者遗漏此花

古代的一部分诗人、学者，认为杜甫不写海棠诗，是因为对海棠没有感触，没有兴致。较早提出这一问题的是唐代薛能，其《海棠》

诗序曰："蜀海棠有闻，而诗无闻，杜子美于斯，兴象靡出，没而有怀，天之厚余，谨不敢让，风雅尽在蜀矣。吾其庶几。"①意思是说，四川这地方虽说海棠闻名于世，但却没有能把海棠写好的诗篇。杜甫对海棠花也没什么兴象和怀抱。看来这是老天爷厚赐于我，所以我就当仁不让了，而我这一篇在四川应该是最具风雅的诗篇，没几个能比上我。宋人洪迈很看不起薛能，他在《容斋随笔》卷七中评论说："薛能者，晚唐诗人，格调不能高而妄自尊大。"②洪迈的理由是源于薛能在几首诗的自序里曾多次强调自己所写的东西远比杜甫、白居易、刘禹锡等大诗人要好。而实际上诗名不是自己吹出来的，要大家说好，才叫真正的好。请看薛能这首自称："风雅尽在蜀矣"，的《海棠》诗：

酷烈复离披，玄功莫我知。青苔浮落处，暮柳间开时。带醉游人插，连阴被叟移。晨前清露湿，宴后恶风吹。香少传何许，妍多画半遗。岛苏涟水脉，庭绽粒松枝。偶泛因沉砚，闲飘欲乱棋。绕山生玉垒，和郡遍坤维。负赏惭休饮，牵吟分失饥。明年应不见，留此赠巴儿。③

薛能的这首《海棠》诗，虽然写出了海棠的一些兴象。如"晨前清露湿"一句，写出清晓海棠带露的美艳；"香少传何许，妍多画半遗。"从嗅觉和绘画描写。可以说是咏海棠诗词中较出色的作品。但是也没有像薛能自己说的那么精彩。正如石延年云："杜甫句何略，薛能诗未工。"④

杜甫一生遭经离乱，"感时花溅泪"的诗人，"面对"蜀地名花竟

---

① 《全唐诗》卷五六〇。

② ［宋］洪迈撰《容斋随笔》卷七，《影印文渊阁四库全书》本。

③ 《全唐诗》卷五六〇。

④ 石延年《和枢密侍郎因看海棠忆禁苑此花最盛》，《全宋诗》第 3 册，第 2007 页。

然未曾动心，不能不令喜爱海棠的后人遗憾。事实上面对众多的花卉，诗人偶有遗漏也是正常的，就像当年张祜、杜牧、卢仝、崔涯、章孝标、李嵘、王播皆一时名士，且专工于诗，游扬州很久，而无一言一句提及芍药。①扬州芍药，蜀海棠，这都是名扬四海的名花，但是即使再善吟的诗人怕也会遗漏的。

正如李渔所说，作为一个作家不可能将所有的事物都见诸他的诗篇，偶有遗漏是正常不过的，就像李时珍遍尝百草，未必所有常见的草药都能尝到一样。所以，老杜没有吟咏海棠也没什么奇怪的。

（二）天然体态，诗工难裁

杜甫在四川居住前后有十年，写过不少花草树木，但是，他流传后世的诗集中，没有出现过海棠两个字。杜甫死去一百余年之后，诗人郑谷到四川，看到漂亮的海棠花，于是写了如下一首绝句："浓淡芳春满蜀乡，半随风雨断莺肠。浣花溪上堪惆怅，子美无心为发扬。"②并自注："杜工部居西蜀，诗集中无海棠之题。"③最后一句，似乎是替海棠花感到委屈，其实不过是一种赞美海棠花的笔法。郑谷的这个笔法，相当别致。因此，后来的诗人，尤其是宋代诗人，就颇有起而效尤的。例如，王安石在一首咏梅花的诗里就有"少陵为尔牵诗兴，可是无心赋海棠"，④梅花牵动了老杜的身心，使他无心再去观赏海棠，老杜爱梅花是众所周知，但是王荆公所云只是为梅花抬身价而已。正如当年李宜不能得到苏轼诗一样。说来此事也与海棠有关，也能窥视苏轼对此的看法。宋陈岩肖《庚溪诗话》卷上记载：

---

① 事见《王观后论》，转引自《全芳备祖集》，前集卷三。
② 《全唐诗》卷九一。
③ 《全唐诗》卷六七五。
④ 王安石《与微之同赋梅花得香字三首》其二，《全宋诗》第10册，第6630页。

东坡谪居齐安时，以文笔游戏三昧。齐安乐籍中李宜者，色艺不下他妓。他妓因燕席中有得诗曲者，宜以语讷，不能有所请，人皆咎之。坡将移临汝，於饮饯处，宜哀鸣力请。坡半酣，笑谓之曰："东坡居士文名久，何事无言及李宜？恰似西川杜工部，海棠虽好不吟诗。"①

东坡的意思是，自己之所以没有给这位叫李宜的妓女写过诗，不是因为她色艺欠佳，她的色艺是非常出色的。杜甫未咏海棠这件事，经苏轼这个名人的广告宣传，很快就流传开去。宋代王十朋《二郎神》："子美当年游蜀苑。又岂是、无心眷恋。都只为、天然体态，难把诗工裁剪。"②都是说世间美妙无比的事物都比较难写，写得过分或不及都是遗憾，而恰到好处又太难，不如不写，让人自去玩味。

（三）为国事而优

还有一种说法是认为老杜为国事而忧，晚清人先著《解连环》咏海棠词，说是老杜身处动乱年代，没有闲情逸致赋之。"为杜陵野老无诗，料应乱离漂泊。"③提及海棠便想到杨妃，便恨其红颜祸国，所以无心为诗。宋人王柏《独坐看海棠二绝·其二》云："沈香亭下太真妃，一笑嫣然国已危。当日杜陵深有恨，何心更作海棠诗。"④安史之乱前后，杜甫常以杨妃为题材，作诗讽刺国事，入蜀以后，在一些咏物诗中（如咏橘、咏荔枝等），依然常常要牵入杨妃，抒发感慨，却对蜀地名花海棠无心而赋。恨彼物未必要牵扯到此物，尤其是对于这样一个怀着"安

---

① ［宋］陈岩肖撰《庚溪诗话》卷上，《影印文渊阁四库全书》本。
② 《全宋词》第 2 册，第 1350 页。
③ 南京大学中国语言文学系《全清词》编纂研究室编，《全清词·顺康卷》第十二册，中华书局 2002 年版，第 7237 页。
④ 《全宋诗》第 60 册，第 38040 页，

得广厦千万间，大庇天下寒士俱欢颜"的仁者来说，此说更不足为凭。

（四）无实用价值

日本学者岩城秀夫从唐人与宋人的审美意识之差异来审视此问题，按照正常的逻辑，一物被人们发现和引起重视，首先是因为它的实用价值，而"在非实用植物即不值一顾的一般社会观念下，海棠即使盛开得如何美丽也未打破人之审美意识由来框框的局限而引起充分注意。"[①]此说从物的实用价值与文学创作之关系分析有一定道理，但是也不足以为凭。有人专门写了一篇杜甫和杨万里咏物诗的比较，并统计了老杜诗中咏物诗的情况，我们可以参考一下，杜甫吟咏大型的植物共17首，包括"松(2) 柏(2) 棕(2) 楠(3) 柑(1) 恶树(1) 竹(2) 橘(1) 楸(1) 柳(1) 无名"，[②]而小型的植物共计13首，包括"甘菊花(1) 蒹葭(1) 朱樱(1) 笋(1) 丁香花(1) 丽春花(1) 栀子花(1) 草(2) 梅花(1) 花(3)"，[③]但是在老杜的这些咏植物诗中，"丁香花、丽春花、栀子花、草"及诸如"黄四娘家花满蹊""晓看红湿处，花重锦官城"这些无名的花朵又有多少是因为它的实用价值而吟咏的呢？事实上老杜咏物诗的创造大多数是因为此物种引起老杜的某种寄托，才感怀入诗的。需要指出的是在他全部77首咏动植物的诗歌中，咏动物的诗有38首，约占总量的50%。可见老杜虽然善作诗，但是海棠并未引起诗人的兴致与寄托，所以不见吟咏也不足为怪。

---

① ［日本］岩城秀夫著，薛新力译《杜诗中为何无海棠之咏——唐宋间审美意识之变迁》，《杜甫研究学刊》，1989 年第一期，第 80 页。

② 宋皓琨《句揣物形虽有迹，笔镵天巧独无痕——杜甫与杨万里咏物诗的比较分析》，《杜甫研究学刊》，2007 年第二期，第 18 页。

③ 宋皓琨《句揣物形虽有迹，笔镵天巧独无痕——杜甫与杨万里咏物诗的比较分析》，《杜甫研究学刊》，2007 年第二期，第 18 页。

二、避讳母名

更有甚者，《古今诗话》提出："杜子美母名海棠，子美讳之，故杜集中绝无海棠诗。"[①]后附和者甚多，此种说法纯属小说家的杜撰。清代学者李渔抨击道："然恐子美即善吟，亦不能物物咏到，一诗偶遗，即使后人议及父母，甚矣，才子之难为也！"[②]着实为杜甫出了一口冤气。

三、诗作失传

宋代的大诗人陆游与杜甫的经历有某些相似，二人同样是伟大的爱国诗人，同样宦游巴蜀多年，同样是写诗大家，同样"挫万物于笔端"，陆游对于蜀地海棠就留下了不少笔墨，他专咏海棠或者涉及海棠意象的诗词就有60多首，所以陆游认为杜甫一定写过海棠诗词，只是失传了而已。他在《海棠》一诗中自注云："老杜不应无海棠诗，意其失传尔。"[③]

持这一看法的还有曾几，他在《海棠洞》中云："杜老岂无诗，应为六丁取。"[④]

大家都知道杜甫被称为"诗圣"，一生中共写了将近3000首诗，而留传至今的有1400多首。那失传的1600多首写的什么内容，后人无缘相见，但是无论是被六丁神取去，还是失传也都是陆、曾二人的猜度之语。

四、未见海棠

凌景阳一绝句云："多谢许昌传雅什，蜀都曾未识诗人。"[⑤]《诗林

---

① ［宋］蔡正孙编《诗林广记》卷八，《影印文渊阁四库全书》本。
② ［清］李渔著《闲情偶寄》，哈尔滨出版社2007年版，第189页。
③ 《剑南诗稿》卷三。
④ ［宋］曾几撰《茶山集》卷七，《影印文渊阁四库全书》本。
⑤ 《全宋诗》第2册，第1131页。

广记》载："杨诚斋乃云：'岂是少陵无句子，少陵未见欲如何。'"①
大意都认为是老杜与海棠未曾谋面，不曾相识当然谈不上吟咏。

当代学者赵文娟先生在 2003 年《光明日报·文学遗产》上发表《杜甫没有写过海棠诗么》一文提出，杜甫《江岸独步寻花七绝句》所写黄四娘家的花虽未明写是海棠花，实际上是一首咏西蜀海棠的诗。而邱鸣皋先生在 2004 年该报同栏发表《杜甫没有写过海棠诗》一文反驳赵先生为牵强之说。

子房先生在 2004 年《文史杂志》第 2 期上发表《杜甫不咏海棠之谜》引王仲镛教授《试论西川海棠与薛涛》一文，王教授在该文中考证薛涛的《棠梨花和李太尉》一诗，来论证西川海棠是由李德裕大和四年(830 年)移来成都赠给薛涛种植的。如果该说成立，认为杜甫在蜀地时，海棠尚未引进，未曾相谋，也就谈不上吟咏了。成都中医药大学吴维杰、吴柯在《杜甫无海棠诗与薛涛咏海棠之谜》中辨析王教授的论证是错误的。在对薛涛《海棠溪》分析时，王文引张篷舟先生的《薛涛诗笺》注释，认为张先生误引了《蜀中广记》中《三巴记》对海棠溪的解释。此解释应该出自《华阳国志·巴志》中"江州·清水溪"。②吴文论证的结果就是《华阳国志·巴志》中"江州·清水穴"，就是《三巴记》里讲的"清水穴"。最后又指出《三巴记》系三国蜀汉人谯周所著，《华阳国志》为东晋人常璩所撰。这说明在三国两晋时期巴蜀地区就已经有"海棠溪"了。王文之误自不必说，而吴文推理也欠推敲。事实上"海棠"一词在《三巴记》和《华阳国志》里半字未提，张篷舟先生的注释，确实误引曹学佺的《蜀中广记》，事实上此注释前面引用的是《华阳国

① ［宋］蔡正孙撰《诗林广记》卷八，《影印文渊阁四库全书》本。
② ［明］曹学佺撰《蜀中广记》卷一七。

226

志·巴志》里的一段话，后面是曹学佺自己的评述。所以吴文此说似乎也较牵强，而且吴文认为《山海经》中的"棠"就是海棠，也不一定成立。《山海经》中也多次提到"棠"，据后人考证此处的"棠"均指梨属的植物，但却未涉及蔷薇科苹果属的植物。

杜甫生于公元712年，卒于770年，759年—768年在蜀地，在这几年中海棠在四川是否已经种植，很难考证。据南京林业大学研究生姜楠南考证："海棠最早应该出现于唐相贾耽（730年—805年）所著的《百花谱》，其中誉海棠为'花中神仙'，但此书已亡轶。贾耽自792年至805年，居相位13年，贾耽在贞元十二年(796年)，因健康原因，首次上表提出辞呈，此后多次以疾避相位，未允，据此推测此时期贾耽应没时间精力著《百花谱》。故推测贾耽的《百花谱》应为八世纪之前的作品，是著述中最早提到海棠的著作。"[①]由于贾耽著谱的时间难以考证，如果此谱是在770年以后所作，即杜甫谢世以后而作，那么杜甫未见海棠一说似乎成立。

五、小结

笔者认为杜甫未见过海棠有几种可能：一是当时海棠可能已经传入四川，因为贾耽作谱到杜甫入蜀前后相距几十年。杜甫入蜀时，海棠还是一个新鲜的品种，在蜀地的栽植还不是很广泛，加之古人生活范围又较为狭窄，且交通不便，所以杜甫未见到此花，也未尝不可。二是杜甫入蜀时海棠并未传入四川，现存的资料还没有发现在杜甫之前的诗人作过海棠诗，或者作品中出现海棠二字的。较早的就是元和期间的诗人何希尧的《海棠》诗。凭借海棠的丰姿艳质及在蜀花中的

---

① 姜楠南《中国海棠花文化研究》，南京林业大学硕士生学位论文，第23页，2008年。

地位，老杜如果见过的话，以大诗人善于发现美的眼睛是很少不会题咏的。

而后世许多议论都属于诗人之间的句法模仿与借用，并非对此事真实性的好奇与考据。四川是海棠的天国，杜甫居川十年，未曾提及海棠只言片字，这对于喜欢海棠的宋人来说，被他们当作老祖宗顶礼膜拜的诗圣却没有写过咏海棠的诗，这样重要的问题，不搞清楚似乎说不通。梅尧臣《海棠诗》曰："当时杜子美，吟遍独相忘。"[①]是说杜甫不咏海棠诗，是把海棠给忘记了。而后世很多诗人对于老杜的无情与健忘多有怨言，为海棠抱不平，如钱易诗有云："子美无情甚，都官著意频。"[②]都官是郑谷，写的海棠诗颇为出名。

郑谷酷爱海棠，用郑谷的有情反衬老杜的无情。范成大《赏海棠三绝》更客观一些："烛光花影两相宜，占断风光二月时。但得常如妃子醉，何妨独欠少陵诗。"[③]王禹偁《送冯学士入蜀》："莫学当初杜工部，因循不赋海棠诗。"[④]郭稹《和枢密侍郎因看海棠忆禁苑此花最盛》："应为无诗怨工部，至今含露作啼妆。"[⑤]这句很精彩，将海棠花人格化，没有大诗人的垂青，海棠花至今还很委屈、很伤心。与其说是诗人埋怨老杜无情，不如说是倍加怜惜海棠的表现，"怨"之深即爱之"切"。

杜甫虽然没有一首涉及海棠的诗，但是后世出现这么多争议，反而大大提升了海棠在众芳之中的影响力，对于海棠来说似贬实荣，未尝不是好事（如图 22 所示）。

---

① 《全宋诗》第 5 册，第 3126 页。
② 《全宋诗》第 5 册，第 3179 页。
③ 《全宋诗》第 41 册，第 26013 页。
④ 《全宋诗》第 2 册，第 703 页。
⑤ 《全宋诗》第 3 册，第 2034 页。

图22 ［明］项圣谟《海棠图》。画家画中自题："小
雨茅檐下，海棠娇十分。惜花不忍折，写此更慰勤。"清
代画家汪家珍题书："海棠秋亦好，况贴梗垂丝。西府名
偏胜，东君力护持。楚渊材有恨，杜子美无诗。晴日浓阴下，
幽香醉自知。"

第二节 "为爱名花抵死狂"——陆游与海棠

从《诗经》和《离骚》起，中国文人对自然界中的花花草草就颇感兴趣。宋代著名大诗人陆游就是其中一位。陆游（1125年—1210年）是山阴人（今浙江绍兴），他活了86岁，其中南宋乾道六年（1170年）至淳熙五年（1178年）在四川生活了八年多的时间。陆游集中有9300多首诗歌，而在四川的八年多就创作了1000多首。其诗词提及的花卉有百种之多，《剑南诗稿》中，单是以咏梅、探梅、观梅、别梅等为标题的诗作就有150首左右。而专咏海棠或者涉及海棠意象的诗词也有60多首，获得了"海棠颠"的绰号。诗人陆游的海棠诗词，给我们展现的是作者怎样的内心世界呢？

一、"只为海棠也合来西蜀"——"抵死狂"的爱恋

成都海棠久负盛名，赞美之辞甚多。诗人陆游对蜀地的海棠给予了很高的评价。他说"谁道名花独故宫，东城盛丽足争雄"①"燕宫最盛号花海"②"成都海棠十万株，繁华盛丽天下无"③"蜀地名花擅古今，一枝气可压千林"④"西来始见海棠盛，成都第一推燕宫"⑤"走马蜀锦

---

① 陆游《海棠》，《剑南诗稿》卷三。
② 陆游《驿舍见故屏风画海棠有感》，《剑南诗稿》卷三。
③ 陆游《成都行》，《剑南诗稿》卷四。
④ 陆游《海棠》，《剑南诗稿》卷八。
⑤ 陆游《张园海棠》，《剑南诗稿》卷八。

园，名花动人意"①"直令桃李能言语，何似多情睡海棠"。②他认为桃李这些俗花，即使能言语，也不如多情的、含苞待放的海棠花娇媚动人。诗人携同友人，游遍了当时成都的诸家海棠名园，有燕王宫、碧鸡坊、合江园、东城、锦江两岸，还有私人园林的张园、范园、赵园等等。"贪看不辞持夜烛"，诗人朝看不足，还要持烛夜游。

诗人对蜀地海棠给予这么高评价，首先是因为蜀地的海棠确实名不虚传。《太平寰宇记》记载："成都海棠树尤多，繁艳。"③沈立《海棠记》序云："蜀花称美者有海棠焉……足与牡丹抗衡，称独步与西州矣。"④可见当时蜀地海棠与洛阳牡丹，扬州芍药齐名。蜀地海棠繁华富丽，确实是天下第一，得诗人垂青是自然不过的事情。

诗人对海棠百般怜爱："袅袅柔丝不自持，更禁日炙与风吹。仙家见惯浑闲事，乞与人间看一枝。"⑤柔嫩的海棠枝条怎能禁受住日晒风吹呢，仙家看见了这袅袅柔丝，也要乞求来人间看一枝啊！当人们见到自己喜欢的美好事物的时候，第一感觉不是什么寄托，而是由衷的赞美、怜爱！

在日常生活中海棠也装饰着诗人的家居生活，"瓶中海棠花，数酌相献酬。"⑥海棠是作者的梦中情人，他为伊痴狂、为伊憔悴，回忆往昔蜀地生活，诗人自惭形秽，认为自己根本配不上高贵的海棠，其诗曰"我为西蜀客，辱与海棠游。"⑦

① 陆游《张园观海棠》，《剑南诗稿》卷九。
② 陆游《久雨骤晴山园桃李烂漫独海棠未甚开戏作》，《剑南诗稿》卷一七。
③ ［宋］乐史撰《太平寰宇记》，《影印文渊阁四库全书》本，第 592 册，第 52 页。
④ ［宋］陈思撰《海棠谱》卷中。
⑤ 陆游《周洪道学士许折赠馆中海棠以诗督之》，《剑南诗稿》卷一。
⑥ 陆游《海棠》，《剑南诗稿》卷一四。
⑦ 陆游《海棠图》，《剑南诗稿》卷三五。

对于异乎寻常的执着，人多以"迷""痴"来加以形容。陆游大量的海棠诗，都形神俱美，晓畅自然，如"绿章夜奏通明殿，乞借春阴护海棠。"①写他用朱砂笔在青藤上写好表章，连夜上奏天宫通明殿，请求天帝多多赐予阴云天气保护，使它免受日晒风吹，以致芳华早落。其怜花惜花之情，与苏东坡"只恐夜深花睡去，故烧高烛照红妆"②相似颇得时人赞赏。

诗人是嗜梅如命的，而大多"梅花对于陆游来说，是忧愁的记号，海棠则是快乐的象征"。③梅花更多的是作为诗人的知己出现的，而海棠则像情人一样，兼具姿色与品格，确实让诗人如痴如狂。其诗句："走马碧鸡坊里去，市人唤作海棠颠。"④他"贪看不辞持夜烛，倚狂直欲擅春风"。⑤在"蜂蝶成团出无路"⑥的海棠园，诗人现出"我亦狂走迷西东"⑦的狂态。而在《观花》中诗人写到"搜奇选胜日夜忙，不惟燕宫碧鸡坊。暮归奚奴负锦囊，路人争看放翁狂"。⑧诗人在《二月十六日赏海棠》中认为："衰翁不减少年狂，走马直与飞蝶竞。"⑨诗人赏花、爱花的狂态毕现。与苏轼的"老夫聊发少年狂"的狂态相类。逢海棠花开之际，诗人要比蜂蝶还繁忙，终日奔走于成都各地的海棠名园之间，与友人赏花、饮酒、吟诗，这是多么惬意的生活，难怪诗

---

① 陆游《花时遍游诸家园》，《剑南诗稿》卷六。
② 苏轼《海棠》，《全宋诗》第 14 册，第 9333 页。
③ 萧翠霞《南宋四大家咏花诗研究》，文津出版社 1994 年版，第 196 页。
④ 陆游《花时遍游诸家园》，《剑南诗稿》卷六。
⑤ 陆游《海棠》，《剑南诗稿》卷八。
⑥ 陆游《张园海棠》，《剑南诗稿》卷八。
⑦ 陆游《张园海棠》，《剑南诗稿》卷八。
⑧ 陆游《观花》，《剑南诗稿》卷九。
⑨ 陆游《二月十六日赏海棠》，《剑南诗稿》卷八。

人后来离开成都之后写了许多追忆蜀地的诗句。

诗人爱海棠已经到了如痴似狂的境地。他在《怀成都十韵》中写到："为爱名花抵死狂，只愁风日损红妆。"①在《雪后寻梅偶得绝句十首》中写到："银烛檀槽醉海棠，老来非复锦城狂。"②嘉定元年春，84 岁高龄的陆游，病中仍然怀念、眷恋着成都的海棠"风雨春残杜鹃啼，夜夜寒衾梦还蜀"，③梦里也想着再看一眼成都海棠的芳姿。"何从乞得不死方，更看千年未为足。"④更是表现出诗人幻想着去乞得长生不老药，活他一千年把海棠看个够的心声。每逢花开诗人似蜂逢春忙，而一旦花落，诗人也是无比的伤心。如下面的几首诗：

> 飞花尽逐五更风，不照先生社酒中。
>
> 输与新来双燕子，衔泥尤得带残红。⑤
>
> （下自注：今年二月二日社，而海棠已过。）
>
> 海棠已过不成春，丝竹凄凉锁暗尘。
>
> 眼看胭脂吹作雪，不须零落始愁人。⑥
>
> 十里迢迢望碧鸡，一城晴雨不曾齐。
>
> 今朝未得平安报，便恐飞红已作泥。⑦
>
> 星星两鬓怯年华，幽馆无人江月斜。
>
> 惆怅过江迟一夕，晓风吹尽海棠花。⑧

① 陆游《花时遍游诸家园》，《剑南诗稿》卷六。

② 陆游《雪后寻梅偶得绝句十首》，《剑南诗稿》卷一四。

③ 陆游《海棠歌》，《剑南诗稿》卷七五。

④ 陆游《海棠歌》，《剑南诗稿》卷七五。

⑤ 陆游《花时遍游诸家园》其一，《剑南诗稿》卷六。

⑥ 陆游《花时遍游诸家园》其一，《剑南诗稿》卷六。

⑦ 陆游《海棠二绝》其一，《剑南诗稿》卷六。

⑧ 陆游《过江萧山县驿东轩海棠已谢》，《剑南诗稿》卷八。

诗人对海棠的吟咏可谓是呕心沥血，名句佳作也很多，但是诗人却认为"狂吟恨未工，烂醉死即休"。①诗人的这种求全责备的心态，正是对海棠"狂"爱的流露。这种"狂"也从侧面表现了诗人豪迈旷达的气慨。《浮生六记·养生论道》评放翁"胸次广大，盖与渊明、乐天、尧夫、子瞻等，同其旷逸"。②

二、"借花发吾诗"

（一）不平之鸣

在物色留恋之后，诗人更多的是对生活、对人生、对国家的思考，即我们平时所说的借物言志，邓魁英先生在《辛稼轩的咏花词》中说："有寄托的咏花词并不是对传统的闺怨和风花雪月题材的效仿、因袭，而是他个人的人生体验和真实情感的直接表达，是极端个性化的艺术创造。"③陆游在创作上也是具有很强的个性的，但是陆游同时也是一个具有强烈爱国精神的诗人。陆游的许多咏花诗词实际上是记载着诗人自己的生活感受，蕴含着作者那种人生失意的悲凉情绪，暗喻着自己的生平遭遇和现实的处境。

纵观他的咏花诗，可以看出诗人的这些咏花诗与花间派的咏花诗有着本质的区别，他的很多咏花诗是"情动于中，而形于言"，有着积极、鲜明、深刻的主题。这与花间派词人咏风弄月、无病呻吟之作截然不同，是那些颓靡，香软、金玉其外败絮其中的咏花词无法相提并论的。陆游咏梅注重咏梅花的那种气格，而在吟咏海棠时也多别有寄托。

在谈到陆游的时候，大家首先想到，他是一个爱国诗人，从他的

① 陆游《海棠》，《剑南诗稿》卷一四。
② ［清］沈复著，唐昱编注《浮生六记外三种》长江文艺出版社 2006 年版，第 99 页。
③ 邓魁英《辛稼轩的咏花词》，《文学遗产》1996 年第 3 期，第 64 页。

咏海棠诗词中也能窥见大诗人的爱国情怀。诗人乃是胸中先有情思，而需要找到客观的相关物。他在《海棠》一诗中写到："蜀地名花擅古今，一枝气可压千林。讥弹更到无香处，常恨人言太刻深。"①众所周知，海棠无香，后世诗人对此多有遗憾。如王方君"只为人前逞颜色，天工罚取不教香"。②而对海棠一见倾心的陆游，为海棠翻案，人们对海棠的要求太苛刻了。事实上这里的海棠可以想象是诗人自己的化身，他一生忠贞报国、刚直不阿，却遭到数次打击，可是哪一件又得到公正的评判呢？这首诗不仅抒发了人言可畏，是非曲直难辨的感慨，更含有对奸臣陷害忠臣的愤慨；是自己一腔爱国情的写照，对所遇不平之鸣的抒发。

（二）伤时悲老

草木枯荣，人生易逝，诗人宦游巴蜀八年多，"久客天涯忆故园"，抒发人生易逝、老之将至是人之常情，何况他又是一个宦海沉沦的人呢？成都平原风景如画，陆游触景生情，一朵小小的海棠花便成了诗人抒发人生易逝的媒介。正如他在《闲居自述》中所说的"花如解语还多事"。请看下面的诗句：

> 海棠红杏欲无色，蛱蝶黄鹂俱有情。
>
> 去日不留春渐老，归舟已具客将行。③
>
> 碧鸡坊里海棠时，弥月兼旬醉不知。
>
> 马上难寻前梦境，樽前谁记旧歌辞。
>
> 目穷落日横千嶂，肠断春风把一枝。

---

① 《剑南诗稿》卷八。
② 《全芳备祖》前集卷七。
③ 陆游《即席》，《剑南诗稿》卷一一。

说与故人应不信，茶烟禅榻鬓成丝。①

那知茅檐底，白发见花愁。

花亦如病姝，掩抑向客羞。②

海棠应似旧，惆怅又成尘。③

　　这些诗或以引而不发的方式，或以沉郁顿挫的笔调抒发悲老伤逝的感慨，道出了内心积淀已久的苦恼悲哀，写得情真意切，别具一格。说陆游从不叹老嗟悲，是不符合实际的，但是陆游的悲老、伤时之作与一般游子志士悲老篇不同，他的悲老伤时有着特定的内涵，我们应该把他的这种情绪放在特定的社会背景下进行分析。在蜀地八年多的时间里，他目睹统治者妥协投降，卖国求荣而又无可奈何，抗金复国的志向一直不得伸展，这对壮怀激烈的爱国志士是多么沉重的打击啊！壮志未酬、报国无门，才是他伤时悲老苦恼悲哀的根源。

　　（三）与友唱和

　　古往今来很多诗词的创作是在歌延酒席之间进行的，宋代园林技艺发达，海棠植株较为高大，花开之时又很繁艳，所以在海棠花下唱饮的风气在宋代颇为流行。朋友之间在酒宴中观花、赏花，彼此唱和，抒发胸臆，增进情感交流。嗜海棠如颠狂的陆游当然不乏词作。如《留樊亭三日，王觉民检详日携酒来饮海棠下，比去，花亦衰矣》："留落犹能领物华，名园又作醉生涯。何妨海内功名士，共赏人间富贵花。"④诗人与海内名士携酒,去名园共赏人间富贵花。还有《夜宴赏海棠醉书》《二月十六日赏海棠》等，其中最出名的是与诗人范成大的唱和。

---

① 陆游《病中久止酒有怀成都海棠之盛》，《剑南诗稿》卷一一。
② 陆游《海棠》，《剑南诗稿》卷一四。
③ 陆游《暮春》，《剑南诗稿》卷三五。
④ 《全宋诗》第 39 册，第 24303 页。

淳熙元年（1174年）除夕，陆游得到四川制置使的命令，由荣州调到成都，官职升为朝奉郎、成都府路安抚司参议官，兼四川制置使司参议官。从他的一些咏海棠诗歌中就能窥探一二，范成大也于淳熙二年（1175年）六月由桂林调至成都就蜀帅任。二人都特别喜好观赏海棠，他们几乎走遍了成都附近的花园，赏遍了成都的海棠名花，并留下了许多诗词佳作。淳熙三年（1176年），范成大在成都西园锦亭举行赏海棠的宴会，并邀请陆游参加。

关于这次宴赏海棠的情景，范成大在《锦亭燃烛观海棠》诗中写到："银烛光中万绮霞，醉红堆上缺蟾斜。从今胜绝西园夜，压尽锦官城里花。"[1]他又在《浣花溪·烛下海棠》词中写到："倾坐东风百媚生，万红无语笑逢迎。照妆醒睡蜡烟轻。采棘横斜春不夜，绛霞浓淡月微明，梦中重到锦官城。"[2]同题又一首云："催下珠帘护绮丛。花枝红里烛枝红。烛光花影夜葱茏。锦地绣天香雾里，珠星璧月彩云中。人间别有几春风。"[3]这些词描写了海棠花的千姿百态，绚丽多彩，表现了宴赏时的壮丽场景，抒发了作者对成都海棠由衷的喜爱和赞美之情。

淳熙十三年，陆游、范成大、杨万里等人在张功父的花园赏海棠。在成都张氏园林陆游作了二首海棠诗。杨万里作了《醉卧海棠图歌赠陆务观》：

> 帝城二三月，海棠一万株。向来青女拉滕六，戏与一撼
> 即日枯。东皇夜遣司花女，手接红蓝滴清露。染成片片净练酥，
> 乳点梢梢酣日树。蓬莱仙人约老翁，寄笺招唤陆龟蒙。为花

① 《全宋诗》第41册，第25907页。
② 《全宋词》第3册，第1612页。
③ 《全宋词》第3册，第1612页。

一醉也不惜，就中一事最奇特。海棠两岸绣帷裳，是间横着双胡床。龟蒙踞床忽倒卧，乌纱自落非风堕。落花满面雪霏霏，起来索笔手如飞。卧来起来都是韵，是醉是醒君莫问。好个海棠花下醉卧图，如今画手谁姓吴？[1]

诗人想象极其丰富，展现了成都海棠规模的空前盛况，展现了诗人性格的豪爽与极高的才力，及其与陆游的感情，也可窥见一斑。面对美丽的海棠花，陆游也不禁放声歌唱。他在《锦亭》一诗中写到："天公为我齿颊计，遣饫黄甘与丹荔。又怜狂眼老更狂，令看广陵芍药蜀海棠。周行万里逐所乐，天公于我元不薄。贵人不出长安城，宝带华缨真汝缚。乐哉今从石湖公，大度不计聱承聱。夜宴新亭海棠底，红云倒吸玻璃锺。琵琶弦繁腰鼓急，盘凤舞衫香雾湿。春醪凸盏烛光摇，素月中天花影立。游人如云环玉帐，诗未落纸先传唱。此邦句律方一新，凤阁舍人今有样。"[2]诗中描写了夜宴新亭、观赏海棠的盛大场面，赞美了范成大为歌咏海棠花而作的诗词，表现了自己与范成大合作的愉快心情以及对范成大的感激之情。尤其是"乐哉今从石湖公，大度不计聱承聱"[3]两句，是陆游的肺腑之言，真实地记录着范、陆两人的深厚友谊。

总之，陆游咏海棠的诗词中，有对海棠表示赞美颂扬的，有对海棠表示爱怜惋惜的，也有对海棠恋意深情的。无论是借海棠以抒发壮志也好，还是借咏海棠以倾诉衷肠、寻找慰藉、别有寄托也好，诗人都在其中倾注了自己的真情。

---

① 《全宋诗》第 42 册，第 26334 页。
② 《锦亭》，《剑南诗稿》卷七。
③ 《全宋诗》第 41 册，第 26057 页。

总　结

　　花卉题材文学创作受到时代经济、园林技艺、文化发展等因素的影响。唐宋时期是中国文学发展的繁荣时期，尤其是诗词文学创作臻于鼎盛。

　　海棠之见于吟咏，最早是在中晚唐时期。当时海棠主要是以一种文学意象的形式出现，而大规模以题材形式进入文人视野是在宋代。宋代花卉文学可谓百花绽放，梅花虽独占群芳之首，但海棠自有其一片天地，是花卉中的新贵，备受诗人的宠幸，诗词作品数量可观。这也是海棠有别于其他花卉的不同之处，即以新秀之势而曾一度因为皇帝大臣的吟咏唱和而炙手一时，这是杏花、桃花等花卉未有的待遇。

　　海棠花色艳丽异常，这一自然特性决定了文学作品中多以描摹花色为主要内容。唐代的一些作品在手法上较单纯，主要以直接的、客观的描写为主。宋代的表现手法更加灵活，比喻、夸张、对比、用典等运用频繁。描写不同环境中的海棠，朦胧的月色，梦幻迷离的烛光，清淑的烟雨，都从不同的角度烘托出海棠的美。海棠的艳丽资质注定了与女子有着千丝万缕的联系，形成了诸多的女性比喻与象征形象，如海棠的神仙意象、杨妃意象，尤其是杨妃基本上成了海棠的形象代言人，一直到元明清海棠与杨妃一直都是如影随形的关系。海棠虽然没有像梅花那样上升到固定的人格象征层面，但是一些海棠意象也具有比兴寄托意义，尤其是到了元明清时期海棠的象征寄托意义更加明显，曹雪芹的《红楼梦》中的海棠诗社，诸人的海棠诗就具有明显的象征意味。

　　海棠诗词创作数量上虽然不能与梅花、杏花、桃花等传统花卉相提并论，但是出现了不少的名篇佳作，且得到唐宋文学大家的青睐，薛涛、李清照、朱淑真等女诗人、女词人都有佳作流传后世；梅尧臣、苏轼、陆游、范成大、杨万里等大诗人也都有名篇传世。诸大家的"捧场"确实抬高了海棠的身价，直到后世海棠仍然是诗人关注的对象。

征引书目

说明：

1. 凡本文所引书献均在其列。

2. 征引文献顺序依书名汉语拼音字母顺序排列。

3. 单篇论文信息详见引处脚注，此处从省。

1.《白雨斋词话》，[清] 陈廷焯著，杜维沫校点，人民文学出版社，1983 年。

2.《本草纲目》，[明] 李时珍著，《影印文渊阁四库全书》本。

3.《汴京遗迹志》，[明] 李濂撰，《影印文渊阁四库全书》本。

4.《藏一话腴》，[宋] 陈郁撰，《影印文渊阁四库全书》本。

5.《茶山集》，[宋] 曾几撰，《影印文渊阁四库全书》本。

6.《昌谷集》，[宋] 曹彦约撰，《影印文渊阁四库全书》本。

7.《诚斋集》，[宋] 杨万里撰，《影印文渊阁四库全书》本。

8.《大全集》，[明] 高启撰，《影印文渊阁四库全书》本。

9.《敦煌曲子词百首译注》，张剑注释，敦煌文艺出版社，1991 年。

10.《范畴论》，汪涌豪著，复旦大学出版社，1999 年。

11.《方舟集》，[明] 李石撰，《影印文渊阁四库全书》本。

12.《浮生六记外三种》，[清] 沈复著，唐昱编注，长江文艺出版社，

2006 年。

13.《庚溪诗话》，[宋]陈岩肖撰，《影印文渊阁四库全书》本。

14.《古今图书集成》，[清]陈梦雷编，中华书局影印，1985 年。

15.《广群芳谱》，[清]汪灏著，上海书店，1985 年。

16.《癸辛杂识》，[宋]周密撰，《影印文渊阁四库全书》本。

17.《海棠谱》，[宋]陈思撰，《影印文渊阁四库全书》。

18.《红楼梦索隐》，王梦阮、沈瓶庵著（第四版），中华书局，1916 年。

19.《后村集》，[宋]刘克庄撰，《影印文渊阁四库全书》本。

20.《湖广通志》，[明]王仪修，《影印文渊阁四库全书》本。

21.《湖山集》，[宋]吴芾撰，《影印文渊阁四库全书》本。

22.《花卉鉴赏辞典》，陈立君主编，湖南科学技术出版社，1992 年。

23.《花镜》，[清]陈灏子辑，农业出版社，1979 年。

24.《花外集》，[宋]王沂孙撰，杨海明校点，上海古籍出版社，1989 年。

25.《花与中国文化》，何小颜著，人民出版社，1999 年。

26.《花与中国文化》，周武忠著，广州花城出版社，1992 年。

27.《淮海集》，[宋]秦观撰，《影印文渊阁四库全书》本。

28.《简斋集》，[宋]陈与义撰，《影印文渊阁四库全书》本。

29.《剑南诗稿》，[宋]陆游撰，《影印文渊阁四库全书》本。

30.《江湖长翁集》，[宋]陈造撰，《影印文渊阁四库全书》本。

31.《金明馆丛稿二编》，陈寅恪著，三联书店，2001 年。

32.《景文集》，[宋]宋祁撰，《影印文渊阁四库全书》本。

33.《冷斋夜话》，[宋]释惠洪撰，中华书局，1988 年。

34.《李卫公别集》，[唐]李德裕撰，《影印文渊阁四库全书》本。

35.《林和靖集》，[宋]林逋撰，《影印文渊阁四库全书》本。

36.《六如居士全集》，[明]唐寅撰，唐仲冕编，上海广义书局，1929年。

37.《吕氏春秋》，[战国]吕不韦门客编撰，[汉]高诱注，《影印文渊阁四库全书》本。

38.《毛诗稽古编》，[清]陈启源撰，《影印文渊阁四库全书》本。

39.《梅溪集》，[宋]王十朋撰，《影印文渊阁四库全书》本。

40.《美学散步》，宗白华著，上海人民出版社，1981年。

41.《扪虱诗话》，[宋]陈善著，上海书店，1999年。

42.《梦窗丙稿》，[宋]吴文英撰，《影印文渊阁四库全书》本。

43.《梦粱录》，[宋]吴自牧撰，《影印文渊阁四库全书》本。

44.《南湖集》，[宋]张镃撰，《影印文渊阁四库全书》本。

45.《南宋四大家咏花诗研究》，萧翠霞著，文津出版社，1994年。

46.《盘洲文集》，[宋]洪适撰，《影印文渊阁四库全书》本。

47.《佩文斋咏物诗选》，[清]张玉书等编辑，上海古籍出版社，1994年。

48.《清波别志》，[宋]周煇撰，《影印文渊阁四库全书》本。

49.《清诗别裁集》，[清]沈德潜编，岳麓书社，1998年。

50.《全芳备祖》，[宋]陈景沂著，《影印文渊阁四库全书》本。

51.《全宋词》，唐圭璋编，中华书局，1999年。

52.《全宋诗》，北京大学古文献研究所编，北京大学出版社，1991年。

53.《全唐诗》，[清]曹寅、彭定求等编（25册本），中华书局，1960年。

54.《全清词》，南京大学中国语言文学系编纂研究室编，中华书局，

2002 年。

55.《群芳谱》，[明] 王象晋编，农业出版社，1985 年。

56.《容斋随笔》，[宋] 洪迈撰，《影印文渊阁四库全书》本。

57.《三命通会》，[明] 万民英撰，《影印文渊阁四库全书》本。

58.《樾溪居士集》，[宋] 刘才邵撰，《影印文渊阁四库全书》本。

59.《升庵集》，[明] 杨慎撰，《影印文渊阁四库全书》本。

60.《诗话总龟》，[宋] 阮阅撰，周本淳校点，人民文学出版社，1998 年。

61.《诗林广记》，[宋] 蔡正孙编，《影印文渊阁四库全书》本。

62.《石湖诗集》，[宋] 范成大撰，《影印文渊阁四库全书》本。

63.《石林诗话》，[宋] 叶梦得撰，《影印文渊阁四库全书》本。

64.《蜀中广记》，[明] 曹学佺撰，《影印文渊阁四库全书》本。

65.《说郛》，[明] 陶宗仪撰，《影印文渊阁四库全书》本。

66.《宋代咏梅文学研究》，程杰著，安徽文艺出版社，2002 年。

67.《苏轼诗集》，[宋] 苏轼著，中华书局，1982 年。

68.《隋唐演义》，[清] 褚人获著，陆清标点，岳麓书社，1997 年。

69.《太平广记》，[宋] 李昉等编，中华书局，1961 年。

70.《太平寰宇记》，[宋] 乐史撰，《影印文渊阁四库全书》本。

71.《坦庵词》，[宋] 赵师使撰，《影印文渊阁四库全书》本。

72.《通志》，[宋] 郑樵撰，《影印文渊阁四库全书》本。

73.《宛陵集》，[宋] 梅尧臣撰，《影印文渊阁四库全书》本.

74.《王安石集》，[宋] 王安石撰，王兆鹏、黄崇浩编选，凤凰出版社，2006 年。

75.《王荆公诗注》，[宋] 李壁撰，《影印文渊阁四库全书》本。

76.《围炉夜话》，[清]王永彬、张潮、赵机著，其宗编选，宗教文化出版社，2002年。

77.《文宪集》，[明]宋濂撰，《影印文渊阁四库全书》本。

78.《文苑英华》，[宋]李昉等编，中华书局出版，1966年。

79.《武林旧事》，[宋]周密撰，《影印文渊阁四库全书》本。

80.《陕西通志》，[清]刘於義修，《影印文渊阁四库全书》本。

81.《闲情偶寄》，[清]李渔著，哈尔滨出版社，2007年。

82.《相山集》，[宋]王之道撰，《影印文渊阁四库全书》本。

83.《新评幽梦影》，[清]张潮著，王庆云评点，六和书斋，2001年。

84.《续资治通鉴长编》，[宋]李焘撰，[清]黄以周等辑补，上海古籍出版社，1986年。

85.《雪坡集》，[宋]姚勉撰，《影印文渊阁四库全书》本。

86.《酉阳杂俎》，[唐]段成式撰，中华书局，1981年。

87.《御选宋诗》，[清]张豫章等选编，《影印文渊阁四库全书》本。

88.《元明事类钞》，[清]姚之骃撰，《影印文渊阁四库全书》本。

89.《云仙散录》，[唐]冯贽著，中华书局，2009年。

90.《浙江通志》，[清]嵇曾筠修，《影印文渊阁四库全书》本。

91.《中国花卉诗词》，邓国光、曲奉先编著，河南人民出版社，1997年。

92.《中国花卉文化》，周武忠著，花城出版社，1992年。

93.《中国历代名赋金典》，吴万刚、张巨才主编，中国文联出版公司，1998年。

94.《中国梅花审美文化研究》，程杰著，四川巴蜀书社，2008年。

95.《中国伊朗编》，[美]劳费尔著，商务印书馆，2001年。

96. 《植物古汉名图考》，高明乾编，大象出版社，2006 年。

97. 《朱光潜美学全集》，郝铭鉴编，上海文艺出版社，1982 年。

98. 《竹坡词》，[宋] 周紫芝撰，《影印文渊阁四库全书》本。

99. 《竹屋痴语》，[宋] 高观国撰，《影印文渊阁四库全书》本。

后　记

三年时光如驹过隙，忽然而已。忆昔三载求学光阴，感慨颇多。

吾生于北地教化不及江南，天资愚钝，性情疏懒，幸有父母家人、良师益友的不倦敦促与教诲，方有今日之学业。

此论文无论是从选题的拟定还是篇章结构的安排，无不倾注于我的导师程杰先生的指导和帮助。三年来我有一部分时间忙于社会兼职，荒疏了学业，非常感激先生体谅我的境况。先生其实是极"温"且"厉"的，本文与先生当初交代相差甚远，辜负了先生的期望。

陋文成稿之日，还要感谢我的父母和家人，是他们不遗余力的支持才能让我顺利地踏上求学之路，还有文学院的各位老师，他们的为师道德和学术精神都永远激励着我前行。在此感谢所有帮助过我的人！

惊蛰之日，雨润阜物，随园西山馆前的那株垂丝海棠舒展新枝，吐故纳新，忽觉经历寒冬的洗礼，生命将更加充满活力。迎接我们的将是崭新的明天！

赵云双

2009 年 4 月于随园校区

茶花题材文学与审美文化研究

孙培华 著　　付振华 校订

目　录

引　言

　　《茶花题材文学与审美文化研究》一文，将对茶花这一意象进行一个全面而深入的研究，这对丰富与促进花卉文学的进一步发展也是必要的。本文将立足于中国古代文学中（三国蜀汉——明清）以茶花为意象和题材创作的历史。透过文学的研讨，深入阐发我们民族有关茶花这一自然物色的审美认识经验，并进而揭示相应的文化生活的历史面貌。这是对茶花意象的一个全面研究，不同于以往的作家、作品、流派、思潮、文体等的研究，是对整个古代文学中茶花这一植物意象相关情况的专题研究，在角度和方法上具有下面的一些特点：

　　(1) 跨文体的研究：本文打破了文体分隔，诗、词、文、赋综合观察、分析和整理，全面总结和评判有关茶花的审美认识和艺术表现。

　　(2) 历时态的研究：茶花作为本文的主题，侧重于茶花意象和题材及其审美认识和文化活动发生、发展之动态线索的梳理以及纵向进程的建构。在历时态的梳理中深入总结有关茶花的审美文化经验。

　　(3) 文化学的研究：本文以茶花文学研究为核心，在此基础上拓宽视野，对茶花与社会生活的论述也尽可能统筹兼顾，最终全面揭示我们民族有关茶花审美活动和文化生活的丰富内容。

　　《茶花题材文学与审美文化研究》分为七个部分论述：

　　第一部分"茶花意象和茶花题材创作的发生与发展"。有关茶花的记载，迄今发现的文献资料中，最早记载茶花的是三国蜀汉时期张翊的《花经》。最终在宋元时期，对于茶花这一意象的吟咏以及茶花题材的文学创作才有了很大的发展，茶花内在的审美以及价值定位，咏茶花文学也最终成熟定型。

第二部分"茶花文化的发展阶段"。纵观中国茶花栽培的历史和中国茶花文献，我们认为，可以把中国茶花文化的发展分为三个阶段，即萌芽时期、形成时期、鼎盛时期。再分述茶花与唐宋社会文化心态，展现茶花的色、香、态等生物属性契合盛唐大国景象以及茶花塑造宋人内敛儒雅的风度气韵特征。

第三部分"茶花的审美形象及其艺术表现"。主要阐述茶花的形态及茶花的色、香、韵，以及茶花的人格化象征意义。

第四部分"茶花与唐宋元明社会文化心态"。主要涉及唐人的茶花情结及其社会文化背景、唐人茶花诗歌与社会心态变迁、宋代茶花诗词的兴盛及其文化动因、衰敝的元明咏茶花文学等。

第五部分"中国古代茶花诗歌的意识指向"。主要涉及忠君体国的忧患意识、明心见性的内省态度、睿智的理性精神及典雅高尚的人文旨趣。

第六部分"中国古代茶花的品种"。据目前掌握的文献资料，中国古代茶花的称谓总共有 153 种。宋代记载的有 15 个品种；元代只记载两个品种："月丹"和"渥丹"；明代记载的山茶新品种有 27 个；清代记载的山茶新品种有 87 个。古代茶花品种的命名，构思新颖，文字简洁，惟妙惟肖，生动传神，充分反映了我们祖先的艺术想象力。

第七部分"茶花与古代艺术和古人生活"。论述中国古代茶花题材的绘画创作及以茶花为食材和药物的文化现象。

第一章　茶花意象与题材创作的发生与发展①

第一节　南朝：茶花意象的发生、发展

"花是自然界最美丽的产物"，花让我们的世界更加美丽，也为我们的生活增添了迷人的色彩。任何一种花卉，最初引起人们关注的却并不是它的审美价值，而是它的实用价值。在花卉产生、发展、普遍、繁荣的过程中，它都经历了一个由果到花、由实用到审美的过程。当然，茶花也是如此。

山茶花别名山茶、茶花，今天人们一般说的山茶花其概念是比较笼统的，它包括了植物分类学上的山茶科山茶属（下含二百二十余种）中的许多种观赏花木，如云南山茶（拉丁文名作 Camelliareticulate）、茶梅（Camellia sasanqua）及近年来新发现的金花茶（Camellia chrysantha），而不单指山茶花（Camellia japonica）。被我国人民长期当作饮料饮用的茶（Camellia sinensis），也是山茶科山茶属中的一种，所开之花自然也叫做茶花，但因重在茶叶的饮用上，其花的观赏价值较低，人们仅命之为茶，虽同为山茶属，却与山茶花并不混淆。

---

① 本章的写作思路，参考了南京师范大学丁小兵师姐的硕士论文《杏花意象的文学研究》，2005 年。

表一 《古今图书集成》中茶花主题与其他花卉主题诗歌数量对比表

花卉	梅花	杨柳	竹	莲	牡丹	松柏	菊花	海棠	桃花	桂花
主题诗歌数量	617	482	456	411	330	295	267	239	205	203
排序	1	2	3	4	5	6	7	8	9	10
花卉	梨花	兰花	杏花	樱桃	桑	石榴	略	略	略	茶花
主题诗歌数量	127	121	109	94	89	87	略	略	略	46
排序	11	12	13	14	15	16	略	略	略	25

这种概念其实源于传统。在古代，列于山茶名下的不仅是中州的山茶花（C.japonica），还包括滇山茶、蜀山茶、南（指两广）山茶等种类及变种茶梅等。这在古人撰述的植物、园艺著作中都可以得到印证。至于饮用之茶，别称茶、荈、槚，历来划归为另外一类，区辨甚明。

山茶原产我国南方，为常绿灌木或乔木，树姿优美，荫稠叶翠，花朵大如杯盏，娇艳富丽，被公认为名贵的花品。

一、"海榴"是茶花最早使用的名字

中国最早写海榴诗的，是南朝陈代官至尚书令的江总（519年—594年）。他在《山庭春日》诗中写道："洗沐惟五日，栖迟在一丘。古槎横近涧，危石耸前洲。岸绿开河柳，池红照海榴。野花宁待晦，山

图 01 云南山茶。2016 年 1 月孙培华拍摄于云南。

虫讵识秋。人生复能几，夜烛非长游。"①在春天的山庭，河岸上柳树的绿叶挂满枝条，池塘边海榴的红花映照水面，是当时陈国的京都建康（今江苏省南京市）文人植茶花的真实写照，这也是迄今发现的第一首写茶花的诗。写了花色即红色；点明花期即春天；还说明了当时人们已在山庭旁造景植杨树、栽茶花。这是一处靠山的庭园。其中有"涧"有"洲"，有"河"有"池"，有"丘"（即小山）有"石"，又有花木山虫，俨然是个官宦园林。在这"山庭"中，海榴（即山茶）盛开，照红一池池水。"海榴"是茶花最早使用的名字，从诗中可以看出，在距今 1400 余年前，人们已在庭院里、水池边广植茶花造景。

---

① ［南朝］江总《山庭春日》，［宋］李昉等《文苑英华》卷一五七。为省篇幅，清眉目，本文页下注中图书出版信息一概从略，详见文末附《征引书目》。

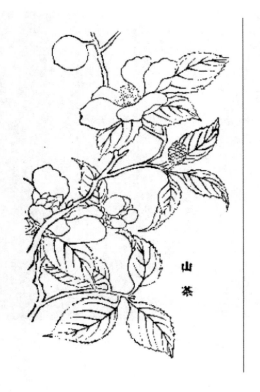

山茶　山茶，本草綱目始著錄。救荒本草，葉可食，及作茶飲。其單瓣結實者，用以搾油。山地種之。花治血證。

图02　《植物名实图考》中的山茶。［清］吴其濬著，卷三五，木类，山茶。

　　第二位写海榴诗的，是隋炀帝杨广（569 年—618 年）。他的《宴东堂》诗开头四句是："雨罢春光润，日落暝霞辉。海榴舒欲尽，山樱开未飞。"①。诗中的"春光润"和"舒欲尽"，点明了植于东堂的海榴正处于花期盛极将衰之际。隋代的东都洛阳，有著名的原晋宫大殿"东堂"。隋炀帝在东堂歌舞宴乐，作诗时自然叙东堂景物：春日雨后，晚霞映辉，海榴舒展盛开，樱花含苞待放。

　　根据以上两首海榴诗，我们推断：至少在南北朝之前（即距今 1600 年之前），中国已开始在中原地区的庭院中栽培茶花了。

① ［隋］杨广《宴东堂》，《文苑英华》卷一六八。

图 03　海石榴。该品种南北朝《魏王花木志》已有记载。

由此可见,当时被称为"海石榴"(或"海榴")的茶花,花期自"凌霜""犯雪"的秋冬一直到"犹待春风力"的春天。茶花与迎春花一样成为春天的使者,却不是报春第一枝,与梅花一样出现在冬天,却没在人们心目中留下凌寒独自开的孤傲与不畏。有名无名的茶花照旧按季节开放,姹紫嫣红,构筑着一个"万紫千红总是春"的花花世界,招惹着行人的眼。茶花的艳丽影响着诗人们对它的热爱与钟情。

自南北朝至隋唐五代,是中国茶花诗的定型期。这一时期茶花诗所体现出来的显著特点之一,是茶花的称谓大多数为"海石榴"或"海榴"。

迄今发现这一时期共有26位作者的29首茶花诗。其中25首诗中的茶花用名为"海石榴"或"海榴"。被称为"红茶花"和"山茶"的诗仅有唐代后期和五代的4首。因此我们不妨将这一时期称为"海榴诗时期"。

二、茶花诗对"海石榴"花期的明确表述

海石榴（也称海榴）极易与石榴混淆。就连权威的工具书《辞源》也误注："海榴，即石榴。"而我们的古代诗人却区分得非常清楚。因为石榴的花期是农历五月，海榴的花期却是冬春季节。

江总和杨广的诗，都写海榴盛开于春天。唐李嘉祐的海榴诗曰："江上年年小雪迟，年光独报海榴知。寂寂山城风日暖，谢公含笑向南枝。"也写明冬末小雪迟飘，海溜花开独报春光。皇甫冉写海榴"犯雪先开"，其弟皇甫曾则写"腊月榴花带雪红"，韦应物亦写道："海榴凌霜翻。"翻，即飞，引申为开放。"凌霜"，与"犯雪""带雪"一样，都点明了海榴的花期。皇甫曾《韦使君宅海榴咏》："淮阳卧理有清风，腊月榴花带雪红。闭阁寂寥常对此，江湖心在数枝中。"柳宗元《始见白发题所植海石榴》："几年封植爱芳丛，韶艳朱颜竟不同。从此休论上春事，看成古木对衰翁。"刘言史《山寺看海榴花》："琉璃地上绀宫前，泼翠凝红几十年。夜久月明人去尽，火光霞焰递相燃。"宋欧阳修《榴花》："絮乱丝繁不自持，蜂黄燕紫蝶参差。榴花自恨来时晚，惆怅春期独后期。"梅尧臣《石榴花》："春花开尽见深红，夏叶始繁明浅绿。只知结子熟秋霖，不识来时有筇竹。"① 白居易诗"风翻火艳欲烧天"，李贺诗"石榴花发满溪津"②，元稹诗写"早春"时节"海榴红绽"③。温庭筠的诗也写了花期："海榴开似火，先解报春风。"④ 而皮日休诗曰："一夜春光绽绛

---

① ［宋］梅尧臣《石榴花》，《宛陵集》卷三二。
② ［唐］李贺《绿章封事》，《昌谷集》卷一。
③ ［唐］元稹《早春登龙山静胜寺，时非休浣，司空特许是行，因赠幕中诸公》，《元氏长庆集》卷一八。
④ ［唐］温庭筠《海榴》，［明］曾益等《温飞卿诗集笺注》卷七。

囊。"即春天早晨绽开大红色的花蕾。诗人接着还用"化赤霜"的比喻描述了海榴的花期。方干的诗则云:"满枝犹待春风力,数朵先欺腊雪寒。"①写了在腊雪中数朵先开的海石榴花等待着春风。

由此可见,当时被称为"海石榴"(或"海榴")的茶花,花期自"凌霜""犯雪"的秋冬一直到"犹待春风力"的春天。这同五月才开花的石榴,是绝对不能混同的。

三、茶花诗的写作地点与茶花的栽培区域

从这一时期茶花诗的诗题及其内容,并考察诗人的生平经历,可以看出诗的写作地点及其所写茶花的栽培区域。其栽培区域一指大环境,即在全国范围内的较大地域,可从中区分出当时两大类茶花的栽培地区;二指小环境,即具体的栽培处,可从中判断是否属于人工栽培。

先看写"海榴"的诗。南朝江总的《山庭春日》,写于当时陈国的京都建康(今江苏省南京市),海榴植于"山庭"旁的水池边。隋炀帝的《宴东堂》写于隋代东都河南的洛阳,海榴植于原晋宫大殿"东堂"的庭院中。孙逖的两首《同和咏楼前海石榴》都写于"新亭郡"(今江苏省南京市南),海榴植于"楼前"。李白的《咏邻女东窗海石榴》写于山东泰山以南的"鲁"地,海榴植于"东窗下"。李嘉祐的《题韦润州后亭海榴》写于江苏润州(今江苏省镇江市),海榴植于润州刺史(姓韦)宅中的"后亭"旁。皇甫冉的两首海榴诗,都写于唐代京都长安(今陕西省西安市)的任上,一株海榴植于"兴宁寺经藏院",另一株植于韦姓中丞(御史台之长)家的"西厅"。皇甫曾《韦使君宅海榴咏》中的海榴,植于韦姓使君(汉以后对州郡长官的尊称)的住宅。麴信陵的《酬谈上人咏海石榴》中所写之海榴是一寺院中的"阶下树"。白居

① [唐]方干《海石榴》,《玄英集》卷五。

261

易的《留题天竺灵隐两寺》写于浙江杭州，诗人自注："灵隐多海石榴花也。"元稹的《早春登龙山静胜寺，时非休浣，司空特许是行，因赠幕中诸公》写于湖北北部的江陵龙山，海榴植于"静胜寺"。刘言史的《山寺看海榴花》也写于"江南"某一"山寺"之内。李绅的《海榴亭》写于越州（今浙江省绍兴市），在"新楼北"的一座以"海榴"命名的亭子旁。杜牧的诗写了穆姓宅院"中庭"的海榴凋谢之景。皮日休的诗则写了他自家"庭际"的"海石榴盛发"①。这一时期海榴诗的写作地（即栽培地）几乎都在中原地区。用"红茶花"称谓的诗人有两位。一位是卢肇，诗写于会昌三年（843 年）诗人登第之前，地点是江西袁州（今江西省萍乡市）家中；另一位是司空图（857 年—908 年），诗写于诗人隐居的中条山（位于山西省南部）。"红茶花"与"海石榴"是同种异名。

山茶原产我国南方，为常绿灌木或乔木，树姿优美，荫稠叶翠，花朵大如杯盏，娇艳富丽，被公认为名贵的花品。大约在隋唐时期，山茶已由野生进入人工栽培。唐段成式《酉阳杂俎》续集载："山茶似海石榴，出桂州，蜀地亦有。""山茶花叶似茶树，高者丈余，花大盈寸，色如绯，十二月开。"②不仅在广西、四川已很知名，且东南沿海之地亦广泛种植，以致据有关资料说，唐代初年，日本便从我国温州等地引进了山茶的品种。山茶花多为红色，有浅红、深红、紫红等，唐人所见所赞不能越此范围。贯休《山茶花》诗："风裁日染开仙囿，百花色死猩血谬。今朝一朵堕阶前，应有看人怨孙秀。"③或比红牡丹，或

① ［唐］皮日休《病中庭际海石榴花盛发感而有寄》，［清］曹寅等《全唐诗》卷六一三。
② ［唐］段成式《酉阳杂俎》续集卷九、卷十。
③ ［唐］贯休著《山茶花》，《禅月集》卷三。

比猩红血，大多如此。

到了唐代末年及五代，出现了两位使用"山茶"称谓写茶花诗的诗人。一是唐末著名诗僧贯休。他的《山茶花》诗写于四川成都的一"仙圃"（花园）中。二是五代十国时后蜀主孟昶的妃子花蕊夫人。她的《咏山茶》诗写于四川"邡江"（成都平原北部的什邡县）。

纵观南北朝至隋唐五代所有茶花诗的写作地点及栽培区域，可明显地看出：

第一，从茶花栽培的"大环境"看，可分为两大区域。一是称为"海石榴""海榴"和"红茶花"的茶花栽培地有山东南部、山西南部、陕西南部、湖北北部及河南、江苏、浙江和江西等省，即中原地区。二是称为"山茶"（包括文献记载）的茶花栽培地，则在南方及西南部。这两大地域，也正是宋代被称为"中州茶"和"南山茶"，及后来被称作"华东山茶"和"云南山茶"的两大产地。因此，我们认为：在唐代及唐之前诗文中大量出现的"海石榴"及"海榴"，就是华东山茶的古名。

第二，从茶花栽培的"小环境"看，这些被吟咏的茶花，全部植于庭院、楼边、池旁，或宫殿，或官衙，或私宅，或寺庙，皆为人们居聚游憩之处。因此，我们可以断言：中国自1600年前的南北朝始，茶花已全面地进入人工栽培阶段，并成为人们观赏的名花。

第二节　唐五代：茶花文学的渐起

开始频繁地出现咏茶花题材的作品，重在描摹其姿态。唐五代，咏茶花文学的作品渐多（主要是诗歌），尤其是中唐以来，随着诗歌题材的进一步开拓，吟咏花卉的文学作品也水涨船高，日渐频繁。通过对《四库全书》集部别集、《全唐诗》《全唐五代词》等进行初略的统计，其中，咏茶花和以茶花为主要意象的诗歌共计27首，在词、文、赋等体裁中虽然没有出现专题描写茶花的作品，但是不乏有关茶花的单句。因而总体上来看，较之前代咏茶花文学现状，唐五代时期咏茶花文学已有相当大的发展。

图04　宝珠山茶（网友提供）。

　　唐五代咏茶花文学作品里，关于"海榴"与"山茶"的对比一直持续了很长的时间，而且也表现在相应的文学作品里。唐韦应物任润州刺史时，后园种了棵海榴，李嘉祐曾宠之以诗："江上年年小雪迟，年光独报海榴知。寂寂山城风日暖，谢公含笑向南枝。"①姑且不论其以谢安、谢灵运辈称美韦公从容闲雅的风度情致，问题是：海榴究为何物？前人注诗，俱道是海外来的石榴。但"五月榴花照眼明"，如何花开"年年小雪迟"？是李先生搞错了？倒也不是。请看当时皇甫曾的《韦使君宅海榴咏》："淮阳卧理有清风，腊月榴花带雪红，闭阁寂寥常对此，江湖心在数枝中。"②海榴就是韦宅那棵海榴，分明说是"带雪红"呢！且如再往上溯，不难发现隋炀帝与温庭筠也分别咏有"海榴舒欲尽，山樱开未飞"③、"海榴开似火，先解报春风"④之句，既"先解春风"开在樱花之前，自然决非夏日盛开的石榴。

山茶花是原产我国的名花，有二千七百多年栽培历史，我国山茶以云南、四川为盛。明李时珍在《本草纲目》中，对山茶做了较详细的描述："山茶产南方，树生，高者丈许，枝干交加。叶颇似茶叶而厚硬有棱，中阔头尖，面绿背淡。深冬开花，红瓣黄蕊。"明人冯时可《滇中茶花记》中载：山茶花"性耐霜雪，四时常青，次第开放，历二三月；水养瓶中，十余日颜色不变"。⑤"《格古论》云：花有数种。宝珠者，花簇如珠，最胜。海榴茶，花蒂青。石榴茶，中有碎花。踯躅茶，花如杜鹃花。宫粉茶、串珠茶皆粉红色。又有一捻红、千叶红、千叶白等名，不可胜数，叶各小异。或云亦有黄色者。"⑥

唐人已有不少咏山茶的诗篇，且多有佳作。李白《咏邻女东窗海

① ［唐］李嘉祐《韦润州后亭海榴》，《全唐诗》卷二〇七。
② ［唐］皇甫曾《韦使君宅海榴咏》，［唐］皇甫冉、皇甫曾《二皇甫集》卷八。
③ ［隋］杨广《宴东堂》，《文苑英华》卷一六八。
④ ［唐］温庭筠《海榴》，《温飞卿诗集笺注》卷七。
⑤ ［明］冯时可《滇中茶花记》，［明］王象晋原著、［清］康熙御定《广群芳谱》卷四一。
⑥ ［明］曹昭《格古要论》，［明］李时珍《本草纲目》卷三六引。

石榴》诗形容山茶花像"珊瑚映绿水，未足比光辉"。①唐诗人方干的《海石榴》诗描绘山茶花"亭际夭妍日日看，每朝颜色一般般。满枝犹待春风力，数枝先欺腊雪寒"。②诗人贯休《山茶花》诗曰："风裁日染开仙囿，百花色死猩红谬。今朝一朵堕阶前，应有看人怨孙秀。"借"绿珠坠楼"的典故写山茶落花"艳红如血"，和诗人卢肇《新植红茶花偶出被人移去以诗索之》诗："最恨柴门一树花，便随香远逐香车。花如解语犹应道：欺我郎君不在家。"③一样爱花惜花之情淋漓笔下，动人心魄。卢肇进士及第之前，犹独住"柴门"之中，可见家境贫寒。但他极爱茶花。一日"偶出"，茶花被人移走，于是"以诗索之"。把茶花写成女性之人，说这花如能言语，将其移走是欺负丈夫不在家。诗人以茶花的口气称自己为"郎君"，实则诗人视茶花为爱妻。失去茶花犹如失去爱妻，真挚的爱花之情动人心魄。至于杂著《古事比》和《花里活》中记载的唐代诗人张籍将爱妾与人换茶花的所谓爱花故事，与卢肇纯真圣洁的爱茶花之情相比，是决然不能同日而语的。

烂漫的山茶，能在天寒地冻的早春绽蕾吐蕊，到桃李芬芳的春天，给人们带来了春意，给生命带来了无限的希望。此七言绝句咏山茶花。通篇没有正面描绘与赞美，完全采用反衬、对比手法。首联"景物诗人见即夸，岂怜高韵说红茶"，以一般诗人见景则咏赞，唯独对具有"高韵"的红茶却不怜爱，以此表明红茶虽有高韵，却遭一般人冷遇的境况。尾联，以牡丹花虽是春天的"百花之王"，但与红茶花相比，还算不得是花。此以夸张法抑牡丹，褒扬红茶花。

---

① ［唐］李白《咏邻女东窗海石榴》，［清］王琦注《李太白全集》中册，第1130页。
② ［唐］方干《海石榴》，《玄英集》卷五。
③ ［唐］卢肇《新植红茶花偶出被人移去以诗索之》，《全唐诗》卷五五一。

把牡丹贬为"不是花",固然未免失于偏激,但山茶花的艳丽高出于牡丹,却是客观事实。只因唐代"世人皆爱牡丹",称为花王,才造成了牡丹独霸局面。此诗一反世俗偏见,可谓眼光独到。这首用人人都说好的国色天香——牡丹,衬托出茶花的高尚风韵,表达出诗人对红茶花的高度赞赏。

图 05 金心大红(网友提供),古代称"贞桐山茗"。

作为一种春天的花卉去描写,着重在它的那种在冬春季节繁茂盛开的姿态,借茶花的繁茂来抒发诗人对春天到来的喜悦。同时,花开有时、花落有期的自然规律,也使得在茶花的开落过程中寄托了诗人的感慨,惊异于岁月的流逝,容颜的衰老,进而抒发着内心深处的伤感幽怨。

温州大罗山有一株古老的山茶花，相传是唐诗人罗隐手植，至今犹花开不辍。据冯时可的《滇中茶花记》记载：(云南)"茶花最甲海内，种类七十有二，冬末春初盛开，大于牡丹，望若火齐云锦，烁日蒸霞。"[①] 山茶花别称"十德花"，明人邓渼（号直指）在《茶花百咏》这长达二百句的五言古诗中，诗人用诗句阐述了茶花的艳而不妖、长寿、高大、肤纹苍润、枝条如龙、蟠根离奇、丰叶如幄、有松柏操、花期长、可插瓶水养等十种美德，赞茶花是"一种皆称美，群芳孰与争？"[②] 这首诗是对茶花花品的极高评价。山茶花历经岁月的沧桑，傲风雪寒霜而花姿丰盈，健美迷人。山茶花姿韵婀娜，艳若桃花而不妖，大如牡丹耀眼生辉，白山茶色胜玉润赛羊脂，红山茶光增醉酡红。花色缤纷绚丽，灿烂如霞，大红桃红，粉红银细，黄白绿紫，极尽自然之美色，极尽世间之美名。山茶花在人们的心目中，是美的象征。茶花与人相伴共存，形成了精彩的关于茶花的文化。

第三节　宋元明清：茶花文学的普遍繁荣

作品数量大幅剧增，较多着眼于茶花的神韵及其表现，茶花从诗歌的意象渐次上升为主题，对茶花审美以及价值定位都趋于成熟，并最终定型。

整个宋代，不单单是咏茶花文学的繁荣，整个花卉文学都出现了普遍的繁荣状况，梅花、荷花等传统的"比德"之花也是在宋代才完

① ［明］冯时可《滇中茶花记》，《广群芳谱》卷四一。
② ［明］邓渼《茶花百咏》，［清］鄂尔泰等《云南通志》卷二九之一四。

成了它们从花品向人品的转换，并最终形成了它们象征意蕴的内涵。

　　这一时期的咏茶花文学，无论是从作品的数量方面，还是质量方面，都有了很大的提高，较之前代有了进一步的发展。通过对《全宋诗》《全宋词》《全宋文》以及《四库全书》集部宋代别集进行粗略统计，整篇吟咏描写或以茶花为主要意象的诗歌共有 52 首（包括题画诗在内），词 4 首，赋 3 篇。而其中咏及茶花的单句更是不胜枚举，故没有统计。从中可以看出，这一时期咏茶花作品的数量虽不能与梅花、荷花这些名花作横向上的比较，但是从咏茶花文学历史发展的轨迹上来看，已向前坚实地迈进了一大步。经过分析观察得出，这一时期的咏茶花文学最突出的特点便是单个作家作品数量的激增，不同于以往诗人的作品里咏茶花作品相当少。宋代咏茶花大家有陶弼、苏辙、刘克庄、杨万里、王十朋等，虽然他们的咏茶花之作并没有呈迅速递增之势，但他们都有咏茶花组诗的出现，并且开始从多方面去描写茶花。陶弼有《山茶》二首，苏辙有《茶花》二首，刘克庄有《山茶》二首。

　　词体虽然从诞生之日起即有咏物之作面世，但咏物词的真正繁荣还是入宋以后。繁荣不仅表现在数量的激增上，还反映在咏物词的取材范围也较前宽广了。据笔者统计，全宋词中共有咏物词 3011 首，所咏事物多达 250 余种，与敦煌词的 19 种、唐词的 27 种、五代词的 24 种相比，其发展是显而易见的。当然，在这 250 余种物象中，不同物象所占的份额是不等的，这使我们也可以从一个侧面了解宋代的物质文明和社会生活，了解宋人的生活情趣、审美习尚和词学观念。

　　包括花、草、竹、木、叶、果、蔬的植物类 7 种，共 2419 首，占咏物词总数的 80.34%。其中尤以咏花词为富，多达 2189 首，占咏物词总数的 72.70%，所咏之花多达 58 种。此外，尚有 14 首词无法准确判断其所咏为何花，它们包括咏"花"者9首，咏"落花"者3首，咏"大花"者1首，咏"野花"者1首。在咏花词中，咏梅花者1041首，占咏物词的34.57%、咏花词的47.56%，遥遥领先于187首桂花词和147首荷花词。

图06　松子鳞（网友提供）。花深桃红色至艳红色，花径10～14厘米，花期1～3月。花瓣平铺交集，花心极小，初开时宛如松球张鳞，故名。

表二　2189首宋代咏花词题材构成表

序号	类别	数量	百分比	名次
1	梅花	1041	47.56	1
2	桂花	187	8.54	2
3	荷花	147	6.72	3
4	海棠	136	6.21	4
5	牡丹	128	5.85	5
6	菊花	76	3.47	6
7	酴醾	60	2.74	7
8	蜡梅	49	2.24	8
9	桃花	48	2.19	9
10	芍药	41	1.87	10
从略	从略	从略	从略	从略
27	黄葵	4	0.18	21
28	李花	4	0.18	21
29	山茶	4	0.18	21
30	山矾	4	0.18	21
31	玉蕊	4	0.18	21
32	紫薇	4	0.18	21

究其宋代咏物词兴盛的原因可以归结为：

一、理学的浸淫

宋初，色彩浓艳的荷花、红梅、牡丹等仍是当时许多词人浓彩重墨的描写对象，他们将花与富贵、佳人结合来写，表现事物雍容华贵、娇艳美丽的外部特征。如晏殊的《渔家傲》(荷叶荷花相间斗)、宋祁的《蝶恋花》(雨过蒲桃新涨绿)、欧阳修的《渔家傲》(粉蕊丹青描不得)、赵扦的《折新荷引》等咏荷词、张先的《汉宫春·腊梅》、柳永的《木兰花·海棠》、欧阳修的《玉楼春》咏蝶词、晏殊的《睿恩新》咏木芙蓉词等大都如是。但自理学渐兴，吸收儒家仁者爱及万物的理念，而有静观万物、民胞物与的胸襟，加上即物穷理、格物致知的精神，于是在诗歌创作上，宋人对于客观对象物已不止于感性的直觉，而是以识充才，表现出理性的自觉反省，反映出内敛、含蓄的精神风貌。宋祁《落花》其二：

> 坠素翻红各自伤，青楼烟雨忍相忘？将飞更作回风舞，已落犹成半面妆。沧海客归珠迸泪，章台人去骨遗香。可能无意传双蝶，尽委芳心与蜜房。①

这是一篇构思十分精巧的咏物诗。我国古代美学认为，摹写物象，大体上有三个不同的层次：首先是要形似，即能传达出客观事物的外部特征。其次就是要形神兼备，即除了事物的外部特征之外，还要进一步体现出蕴藏于事物形体中的内在精神实质来。而最高的要求则是遗貌取神，即为了更精确更丰富地表现客观事物，诗人和艺术家有时会故意忽略它们的某些外部形态以突出其内在的精神。再如梅尧臣的《山茶花树子赠李廷老》：

> 南国有嘉树，花若赤玉杯。曾无冬春改，常冒霰雪开。客从天目来，移比琼与瑰。赠我居大梁，蓬门方尘埃。举武尚有碍，何地可以栽。每游平棘侯，大第夹青槐。朱栏植奇卉，磨碧为壅台。於此岂不宜，亟致勿徘徊。将看荣茂时，莫嗤

---

① ［宋］宋祁《落花》，《景文集》卷一三。

寒园梅。^①

山茶花是一种名贵的观赏植物，有人从天目山带来树子赠给诗人，诗人又将它转赠给了另一位友人，同时写下这首诗。李廷老，名寿朋，字廷老，一作延老。诗可分为四层。前四句为第一层，写山茶花的美丽和耐寒。先以"南国有嘉树"一句总写，然后分写花的颜色、形状、秉性。"赤玉杯"一词颇富形象，不仅同时写出了山茶花艳红的颜色和如杯的形状，还写出了花的雍容与华贵。"霰雪"，小雪珠。这里强调山茶耐寒的秉性，有其深意在，因为它从南国迁到中原，耐寒成为

图07　庭院茶花。

一个必不可少的条件。这一层既表露了诗人对山茶的认识和赞美，也包含着向友人推挹之意，为下面写郑重其事的馈赠作了铺垫。次六句为第二层，写自己得到了山茶花树子却无地可栽。"天目"山名，在今浙江省西北部。"琼""瑰"，皆美玉，代指山茶花。《诗·秦风·渭阳》有"何以赠之？琼瑰玉佩"^②之句。"赠我居大梁"是一个承上启下的连环句，"赠我"谓赠我以山茶花树子，"大梁"系古地名，即宋都开封，

---

① ［宋］梅尧臣《山茶花树子赠李廷老》，《宛陵集》卷一八。
② 程俊英、蒋见元《诗经注析》上册，第359页。

诗人自仁宗皇祐三年（1051）被召试赐进士出身后,在京为国子监直讲,累迁尚书都官员外郎。"蓬门"以下三句是对"我"大梁之"居"的具体说明。"蓬门",茅屋的门。"举武",犹言举步。简陋,多尘埃,狭窄,既反映了诗人生活穷困的实际,又自然地交待了何以要将山茶花树子转赠的缘由。再次六句为第三层,写将山茶花树子转赠之意。"平棘"为西汉侯爵名号,汉武帝时平棘侯薛泽曾为丞相,而李延老祖父李若谷也曾拜参知政事（相当于宰相的副职）,因此"平棘侯"代指李延老居处。"大第夹青槐"写其高宅大第的气派,语出北朝歌谣《苻坚时长安百姓歌》:"长安大街,夹树杨槐。"①与诗人的贫居适成鲜明的对比,这里才是艳丽的山茶安家之处。"磨碧",磨玉。"甃台",疑即指花坛。此句谓以汉白玉为花坛,两句写其爱养花。既有养花的地方,又有养花的嗜好,因此诗人认为将山茶花树子相赠正合适,催促李延老赶快拿去,不要推辞、犹豫。最后两句为第四层,写展望:等到山茶花盛开时,可不要嗤笑园中的寒梅啊！表面是以寒梅来衬托山茶花的美好,实则暗示,清贫的诗人宁愿与寒梅作伴,像山茶这样的富贵花是担当不起的。含蓄有致,富于情趣。诗篇不疾不徐,娓娓道来,浅而能深,淡而有味,风趣而含蓄,显示出特有的艺术魅力。

二、感物吟志传统的传承

自然万物是人们生存的依据、交流的媒介,也是激发人们思想感情的源泉；与人们生活场景相似或具有共同特征的物象,很容易引发人们对有关生活场景的联想和情感的体悟。方思之殷,何物不感。宇宙万物及其变化感动人心,人心受触发之后,或形诸舞咏,或见诸文字,这是关于文字起源的一般认识。正如黑格尔所说:"人有一种冲动,要

---

① ［北魏］崔鸿《前秦录》,《太平御览》卷四六五。

在直接呈现于他面前的外在事物之中实现他自己，而且就在这实践过程中认识他自己。人通过改变外在事物达到这个目的，在这些外在事物上面刻下他自己内心生活的烙印，而且发现他自己的性格在这些外在事物中复现了。"①因此，通过客观对象物来表现思想感情，托物言志，就是十分自然的事了。对此，历代文论多有涉及。《礼记·乐记》说："人心之动，物使之然也。"《文心雕龙·明诗》说："人禀七情，应物斯感，感物吟志，莫非自然。"都说明自然万物与诗文创作之间的激发机制与比兴关系。

苏轼《邵伯梵行寺山茶》：

> 山茶相对阿谁栽，细雨无人我独来。说似与君君不会，烂红如火雪中开。②

图 08　金盘荔枝（网友提供）。

①　［德］黑格尔《美学》第一卷，第 39 页。
②　［宋］苏轼《邵伯梵行寺山茶》，［清］王文诰注《苏轼诗集》第 4 册，第 1286 页。

这就是苏大诗人吟咏的山茶花，因其深冬开花，又名耐冬。又因山茶花大而艳，多为红色，有"冷胭脂""雪里娇""赤玉环"之美称。这是诗人游览江都县北邵伯镇的梵行寺时写下的记游之作。游庙逛寺的人或烧香礼佛、或求神问卜，他们不是祈求福禄，便是希冀长寿，有几人肯留意别处也可以见到的山茶花呢？诗人到梵行寺来的目的究竟是什么，我们说不清楚，但从诗行间却可以感触到诗人超凡脱俗的雅兴和热爱生活的激情。

图 09　鹤顶红（网友提供），古代又称鹤头丹、鹤顶茶。

三、词体演进的促进作用

词在五代、北宋兴起之初，多为小令，咏物之作也大多体制短小，一般以白描为主，很少雕琢和铺陈，从而在一定程度上局限了对事物形体的充分刻画及对其内在意义的挖掘。其后慢词进入创作领域，咏物慢词也开始出现，它可以组织章法，精细摹状，抒写情事，化用典故，容量显著增加；而这，正与咏物的客观要求相一致，因为咏物作品既然以物为主要对象，在写作时就易于走向刻镂铺陈，以便淋漓尽致地表现。

图 10　红海南宝珠，又名"上海鹤顶红"，古代"鹤顶红"的变异品种。上海著名园艺家黄德邻先生的传世名种，曾获中国首届茶花展博览会优良展品奖。

苏轼《王伯扬所藏赵昌花四首》之《山茶》：

萧萧南山松，黄叶陨劲风。谁怜儿女花，散火冰雪中。能传岁寒姿，古来惟丘翁。赵叟得其妙，一洗胶粉空。掌中调丹砂，染此鹤顶红。何须夸落墨，独赏江南工。[①]

① ［宋］苏轼《王伯扬所藏赵昌花四首》，《苏轼诗集》第 4 册，第 1336 页。

这是一首赞美山茶花形容好到了极点的程度的诗，表现出了诗人高超的写作技巧。苏诗增扩了知识性、趣味性，这也是宋诗在艺术上的一种开拓。知识性，趣味性，从诗意上看，也许无关宏旨，但是在审美情趣上却给人以陶冶性情、沁人心脾的艺术作用，同样是社会所需。苏轼在这方面有其独到的见解："虽若不入用，亦不无补于世也。"①可见，苏轼一方面强调诗歌的思想内容，同时也重视诗歌艺术的审美趣味。使事用典，可以使诗歌增强意象美、含蓄美、凝练美，使之富于趣味性和知识性，从而发展了诗歌表达的艺术方式；而同时，化用前人（乃至个人）诗句，也是继承和发展的重要艺术途径之一。因为化用前人诗句，常是用典的习用方式。试以写夜阑赏花为例。

白居易有云："明朝风起应吹尽，夜惜衰红把火看。"②李商隐又云："客散酒醒深夜后，更持红烛赏残花。"③至苏轼《海棠》诗，则云："只恐夜深花睡去，故烧高烛照红妆。"这似用前人诗意，却又脱颖而出，创造了更新的意境。这不是简单的借鉴和化用，而是一种发展和升华。把审美客体的美通过自我审美意识折射出来，形成物我无间的统一体；"红妆"暗喻的运用，则比"衰红""残红"更为曲折、更为生动形象、更富有审美价值。再者，全诗由一个单纯赏花惜时的场景，升华到富有哲理禅思意味的艺术境界。这说明化用前人诗句、点染生发，恰正是攀登艺术高峰的重要阶梯之一。

四、集会结社之风的助长

文人结社之风，萌芽于魏晋，如邺下文人集团、兰亭集会；成熟于唐，

---

① ［宋］苏轼《书黄鲁直诗后二首》，《苏轼文集》第 5 册，第 2122 页。
② ［唐］白居易《惜牡丹花二首》，《白氏长庆集》卷一四。
③ ［唐］李商隐《花下醉》，《李义山诗集》卷中。

如洛阳的九老会、越州诗会、湖州诗会、竹溪六逸等;至宋则大行其道，而尤以南宋为盛。结社对宋代咏物词的繁荣起着十分重要的作用。第一，古代是农耕社会，物质资料的获取主要是依赖自然，所以人们对自然万物及其深加工产品有一种特别的亲近感、认同感，乐于以之为吟咏对象。而集会活动往往安排在一些比较重要的节日如元宵、上巳、春社、端午、中秋、重阳、秋社，以及帝王、贵胄、友朋的诞辰等日子进行。在这些特殊时段里，人们除了可以尝到许多精美的食物外，还可以见到不少新奇、贵重物品，这就有利于扩大咏物词取材的范围。

另外，春、夏、秋三季，是自然界花草竹木的生长期，万物欣荣，百花竞放，悦目赏心，更是易得而又诱人的咏物题材。酒席宴前，登高游赏，花草也往往是欣赏、品题的对象。而自屈原《离骚》以来形成的"香草美人"的审美传统，进一步强化了花草在审美领域的中心位置。于是，花草遂成为咏物词中作品数量最多的一类题材。第二，社中同仁同题联吟，逞才斗智，最能见出笔力高下，激发大家的创作热情，这也使得咏物词作数量大增。第三，词社同仁相互间的切磋和交流，易于形成相对统一的思想感情和审美趣味，促进词风和词艺的汇合。第四，词人之间讲论声律、争奇斗胜、悉心雕琢的作风，在客观上促进了咏物词艺术技巧的积累和提高。第五，对许多词人尤其是对那些政治、仕途上无出路的人来说，文学创作是他们重要的生活内容和精神寄托，结社集会是生活中的一件大事，很受他们重视，作品经过众人的阅读、品评后往往编辑成册，甚至刻印刊行，因此有利于作品的长期保存，形成深远影响。元、明、清三代的咏茶花文学沿着宋朝咏茶花文学的轨迹进一步向前发展,通过检索《四库全书》集部元、明、清三代别集可以大致得出，现存元、明、清三代吟咏茶花或以茶花为主要意象的文学作品，诗歌 156 首（包括题画诗在内），词 26 首，曲 5 篇，赋 1 篇。但是不能否认的是这一时期咏茶花文学的创作也是相当繁盛的。

纵观元、明、清三代的咏茶花作品，清代朴静子《茶花谱》就有咏茶花作品 67 首。《四库提要》曰："旧本题朴静子撰，不著名氏。前有康熙己亥自序，盖其官漳州时所作也。茶花盛於闽南，而以日本洋种为尤胜。是编上卷为花品，凡四十三种。其文欲以新隽冷峭学屠隆、陈继儒之步，而纤佻弥甚。如叙虎斑曰，经红纬白，依稀借机杼於阴阳，非锦之一种而何。不然，驺虞仁兽，血迹安从掩异文？补录雄品，风来树底，莫教咆哮於芳丛云云。是何等语乎？中卷为咏花之作，凡七言绝句六十七首。下卷则种植之法也。"①宋代、元代、明代至清代的 800 年间，是中国茶花韵文的发展期。这一时期茶花韵文体现出来茶花文化的另一些特点是：茶花韵文的形式更具完备；茶花韵文的写作地区更加广大；茶花的花色品种剧增；出现大量茶花古树名园的记载；对茶花的欣赏从赞美外形深化到对花品花德的歌颂。

（一）茶花韵文的形式全面具备

自南北朝至隋唐五代，从现在发现的资料看，描写茶花的韵文形式仅限于诗。从公元 960 年的宋代开始，描写茶花的韵文诗之外，出现了大量的词、曲、赋。作为古代的韵文形式，全都具备了。

这一时期的茶花诗我们已搜集到 156 首。文徵明、林则徐、康有为等著名诗人都曾为茶花写过诗篇。清代乾隆皇帝爱新觉罗·弘历也曾写过五首茶花诗。其中一首《咏山茶》："火色宁妨腊月寒，猩红高下压回栏。滇中品有七十二，谁能一一取次看。"诗人不仅写了茶花的

---

① ［清］永瑢等《四库全书总目》卷一一六。

花色如火能阻止腊月严寒的气势，而且也写了猩红色茶花压住回栏的盛开之貌及云南山茶的品种之多。

词是中国古代晚于诗的一种韵文形式。这一时期的茶花词已发现30余首。宋代著名词人辛弃疾就写过一首《添字浣溪沙·与客赏山茶一朵忽堕地戏作》："酒面低迷翠被重，黄昏院落月朦胧。堕髻啼妆孙寿醉，泥秦宫。试问花留春几日？略无人管雨和风。瞥向绿珠楼下见，坠残红。"[①]词的上阕写了赏花饮酒时的醉态，并借用了《后汉书·梁冀传》中孙寿堕髻啼妆的典故。孙寿是东汉大将军梁冀之妻，"色美而善妖态，作愁眉、啼妆、堕马髻、折腰步……"作者以孙寿的"妖态"形容赏花者的醉态，故称"戏作"。下阕写"一朵忽坠地"的落花残红，则用绿珠坠楼的典故，表达了惜春怜花之情。

元曲与唐诗、宋词都是中国文学史上的瑰宝。在元代，写茶花的曲我们搜集到五首。"元曲四大家"之一的马致远写过一首〔双调·挂玉钩〕《题西湖》："曲岸经霜落叶滑，谁是秋潇洒。最好西湖卖画家，黄菊绽东篱下。自立冬，将残腊，雪片似红梅，血点般山茶。"词句流畅如口语，曲意清新如画图。请看西湖的景色：在潇洒的秋天，有曲岸的霜叶，有东篱的黄菊；在立冬后的"残腊"，有雪中红梅，更有血点喷洒般的茶花。简直就是一轴设色彩绘的画卷。

赋，是一种兼具韵文和散文特点的文学形式。我搜集到古代三篇茶花赋：宋代黄庭坚的《白山茶赋》、明代唐尧官的《山茶花赋》及清代戴孙的《茶花赋》。此外，宋代陈景沂《全芳备祖》、清代《御定佩文斋广群芳谱》及大型类书《古今图书集成》的"博物编草木典山茶部"等文献中，还收录了许多有关茶花诗的"散联"，这也是茶花艺文中的

---

① ［宋］辛弃疾《添字浣溪沙》，邓广铭《稼轩词编年笺注》，第 379 页。

一朵奇葩。

（二）茶花韵文的写作地区更加广大

自南北朝至隋唐五代，茶花诗的写作地主要集中于中原地区。自宋代开始，茶花韵文的写作域逐渐扩大，并明显地向南方延伸。

在宋代，人们已了解到，中国南部是山茶的主要分布地带。北宋诗人梅尧臣在《山茶花树子赠李廷老》诗的开头即云："南国有嘉树，花若赤玉杯。"①说的是原产南方的红色茶花。继唐末贯休和五代花蕊夫人之后，宋代写四川茶花的诗词增多了。如胡宗师的《和王公觌望日与诸公会于大慈同赏山茶梅花》和范成大的两首《海云赏山茶》诗，都是写四川成都一带山茶的。陆游的茶花诗，一首写成都海云寺的山茶，另一首写四川眉州郡的山茶。南宋王之问还写了茶花词《好事近·成都赏山茶》。写福建和广东、广西的茶花诗也有不少。如元代诗人萨都剌《闽城岁暮》："岭南春早不见雪，腊月街头听卖花。海外人家除夕近，满城微雨湿山茶。"②那时的闽城（古亦称闽县，今福州市）有"满城"的山茶，且作为商品街头遍传卖花声。清代朴静子在其《茶花谱》中，收录写福建茶花的诗 59 首。

这一时期比较突出的现象，是明、清时期写云南山茶的诗词数量大增，使云南山茶跃居于显赫的地位。明代诗僧释普荷的《山茶花》："冷艳争春喜烂然，山茶按谱甲于滇。树头万朵齐吞火，残雪烧红半个天。""甲于滇"的山茶，在残雪中如火如荼，竟能"烧红半个天"，气势之大，诗中少见。此时已问世的冯时可《滇中茶花记》，卷首即说云

---

① ［宋］梅尧臣《山茶花树子赠李廷老》，《宛陵集》卷一八。
② ［元］萨都剌《闽城岁暮》，《雁门集》卷三。

南"茶花最甲海内，种类七十有二"。①可见"云南茶花甲天下"，已成为人们的共识。明代邓渼的《茶花百咏》，是写云南山茶的著名长诗。李东阳的《山茶花》诗，杨慎的《红茶花》诗和《渔家傲》词，黄梦禧的《唐育文示约赏山茶步韵》诗，陈佐才的《山茶花》诗及唐尧官的《山茶花赋》，都是写云南山茶的佳作。到了清代，云南山茶进一步被文士们称道。刘秉恬的《寄题惠风堂茶花》诗云："尘世山茶非一种，品题高出数滇中。"李嘉俊的《咏山茶》诗云："滇海编花谱，山茶冠牡丹。"叶申芗的词《木兰花慢·红山茶》开头即云："谱滇南花卉，推第一，是山茶。"戴孙的《茶花赋》在序文的开头也说："茶花以滇南为第一。"

这一时期的茶花韵文，从数量的比例上看，写作于中原地区的仍然居多，但写作于南方特别是云南的已跃居于醒目的地位。还须提及的是已有了写作于北京的茶花诗，那就是前文已介绍过的乾隆皇帝的《咏山茶》。考史料，乾隆并未到过云南，但他在诗中提到"滇中品有七十二"，这当是从云南进贡到皇宫的茶花。

从上述茶花韵文的写作地区，可以看出当时中国茶花栽培地域的概况了。

---

① ［明］冯时可《滇中茶花记》，《广群芳谱》卷四一

第二章 茶花文化的发展阶段①

纵观中国茶花栽培的历史和中国茶花文献，我们认为，可以把中国茶花文化的发展分为三个阶段，即萌芽时期、形成时期、鼎盛时期。

第一节 三国至隋代为中国茶花文化的萌芽时期

茶花从野生状态到人工栽培，从实用植物到观赏花卉，是茶花文化萌芽的重要标志。关于中国茶花栽培历史的最早记载，可以上溯到距今一千八百年的三国时代。三国蜀汉张翊的《花经》，以"九品九命"的等级品评当时的观赏花卉，将"山茶"列为"七品三命"②。这就至少说明：其一，山茶已从野生进入人工栽培；其二，山茶已成为公认的名花；其三，蜀国所在地四川是山茶的主要栽培地。约成书于北魏正始四年至北魏末年之间(507年—534年)的《魏王花木志》，记载了当时两大类茶花的称谓：栽培于中原地区的"海石榴"和栽培于广西桂州(今桂林市)的"山茶"。成书于隋开皇十年(590年)的《野药集》，则论及主要栽培于广东等地的"南山茶"。

从三国两晋到南北朝及隋代，茶花人工栽培已相当普遍，自南至北，

---

① 本章的写作，参考了北京林业大学张立的硕士论文《浙江省山茶天然居群的遗传多样性研究》，2008年。

② ［三国］张翊《花经》，［明］陶宗仪《说郛》卷一○四下。

由沿海及内地，已开始向当时全国政治、经济、文化中心的中原地区移植。隋代东都洛阳，隋炀帝大兴土木建西苑，广搜全国名花异木。在原晋宫大殿"东堂"，就植有海榴茶花。茶花开始进入民俗风尚和文学艺术的领域，是茶花文化萌芽的又一重要标志。中国最早记载这方面的文献，出现于南北朝。"花信风"，是中华民族特有的习俗之一。花信风即应花期而来的风。中国古人常以花期代作节令顺序。南朝梁元帝萧绎 (552 年—554 年在位) 的《纂要》，提出了一年"二十四番花信风"。他选取 24 种名花作为一年 24 个季候节令。其中就有"山茶"。

第二节　唐及五代为中国茶花文化的形成时期

唐朝是中国历史上一个空前统一、疆域辽阔、经济发达、国富民安、文化繁荣的强盛封建王朝。唐代经济、政治、文化、宗教的高度发展，为中国茶花文化的形成奠定了坚实的基础。唐代交通发达，东西南北文化经济交流活跃，又为茶花文化的广泛传播创造了条件。唐代社会开放程度高，相对比较自由，中外文化交流频繁，各种思想也比较活跃，文学艺术空前繁荣，这些都促进了中国茶花文化的形成。唐代道、释、儒三教鼎盛，直接带动了茶花文化的繁荣。唐末五代著名道士杜光庭 (850 年—933 年) 的道教专著《洞天福地岳渎名山记》，记载了全国道教三十六名山、三十六洞天，可以窥见唐代道教之盛。佛教在唐代发展尤为迅速，产生了天台、华严、唯识、禅宗、净土、密宗等具有中国特色的许多宗派。一时寺庙林立，寺僧激增。而茶叶、茶花与道教、佛教有着天然联系。道教名山与宫观四周，佛教圣地与寺庙周围，都广种茶树和茶花。至今中国保存的人工栽培茶花古树，大多生长于宫观寺庙，就足以证明。唐代道士、僧侣的文化功底都较深，很多人长于诗文，对茶文化和茶花文化的传播与发展，有特殊的贡献。唐代还有一个得天独厚的有利条件：气候适宜茶花的生长。中国云南、广西南部和长江以南的广大地区的气候，最适宜茶花的生长。这是中国成为茶花原始种分布中心和发源地的自然条件①。唐朝是中国历史上最温暖的时期，年平均温度较现今偏高。这是唐代茶花生长区域北移、中原地区茶花栽培发展较快的原因之一。

图 11　千叶白（网友提供），古称"千叶白""大白""观
音白"。11 月中旬开花，花色洁白，重瓣，8 ～ 10 层。花瓣
有反转现象。花心部分偶有黄色。据称是欧洲第一个从中国
引进的茶花名种。

---

① 竺可桢《中国近五千年来气候变迁的初步研究》，《考古学报》1972 年第 1 期。

先从栽培的发展，看中国茶花文化的形成。

唐代，主要茶花分布区的人工栽培已经普及。中原地区盛植茶花就是一个例证。其品种多为东部沿海地区移植而来，称"海石榴"（也称"海榴"）；也有从西南地区引进的，称"山茶"。因此这一时期的文献中所见的茶花，称"海榴"者居多。

唐代的段成式，在重庆与湘北接邻处的酉阳县写了一部著名的笔记《酉阳杂俎》，这是中国最早记载茶花的重要文献之一。它首次准确而具体地记述了山茶花的叶、树高、花形、花色、花期等形态特征，还提到中原地区的海石榴和广西、四川的山茶。值得注意的是，唐代已经出现了茶花品种的名称和重瓣茶花。文献记载虽是个别的，但却是茶花栽培史上的一次质的飞跃。

唐武宗时宰相李德裕（787年—850年），极爱花木，专门在东都洛阳之南建造了别墅"平泉庄"，周十里，引种全国各地的奇花异木。他在《平泉山居草木记》中说："己未岁又得番禺之山茶。……是岁又得……稽山之……贞桐山茗。"[①]可见李德裕于唐开成四年（839年）从广州引种南山茶，从绍兴引种中州山茶，从事人工栽培。而从绍兴稽山引种的"贞桐山茗"，则是中州山茶的一个品种，这是中国茶花文献中山茶品种的最早记载。

唐代著名诗人温庭筠《海榴》诗云："蜡珠攒作蒂，缃彩剪成丛。"[②]第一次写到了重瓣茶花：用"缃彩剪成"的丛球比喻重瓣的花形。说明在1100年前的唐后期，经人工栽培，中国的山茶已从单瓣开始发展到重瓣了。

---

① ［唐］李德裕《平泉山居草木记》，《会昌一品集》别集卷九。
② ［唐］温庭筠《海榴》，《温飞卿诗集笺注》卷七。

图 12　粉十八学士。叶形较小，直径 6 ～ 8 厘米，花瓣
70 ～ 80 枚，9 ～ 10 轮排列成不明显的六角扁平状花冠。花
瓣倒卵形，花心呈珠状。因花小，瓣重，花瓣之间又排列得
比较紧密，故花不易全开。2 ～ 4 月开花。

　　唐代茶花不仅在园林、庭院中广为种植，而且随着佛教、道教的
兴盛，遍植于寺庙宫观内外。著名诗人白居易 (772 年—846 年) 在其《留
题天竺灵隐两寺》的诗"自注"中说:"灵隐多海石榴也。"一个"多"字，
反映了当时杭州茶花栽培之盛。白居易任杭州刺史期间，曾二十次到
灵隐赏茶花，并到了"醉"的程度。这不止表明白居易钟爱茶花，而
且显示了茶花吸引人的无穷魅力。再从茶花诗和茶花画，看中国茶花
文化的形成。唐诗是中国文学史上的一座高峰。唐代茶花诗，也无愧
于中国茶花诗词中的高峰。我们赏读之后，至少可以得出如下两点认识:

其一,一代文学名家都参与了茶花文化的实践活动。唐及五代,写茶花诗的作者 24 人,诗 27 首。著名诗人李白、白居易、温庭筠、元稹、杜牧、宋之问和柳宗元等,都写过茶花诗。他们的诗作对当时社会的影响很大,促进了茶花文化的繁荣。其二,把对茶花的欣赏提高到一个新的层次。从思想深度和艺术性看,唐代茶花诗不仅描绘赞颂茶花的外形美,而且寄托诗人的丰富情感,咏物寄情。这就超越了一般对茶花美的欣赏。

第三节　宋元明为中国茶花文化的鼎盛时期

结束了五代十国的分裂割据后,宋王朝进入一个相对稳定繁荣的时期,造园植树之风盛行,把中国茶花文化推进到一个鼎盛时期。明代时茶花文化继续保持鼎盛状态。这主要表现在:

一、茶花引种栽培发展异常迅速

宋代从王公贵族的宫廷殿堂到普通百姓的千家万户,从梵宇宫观到私家庭院,栽植、观赏茶花盛行。其来势之猛,茶花新品种之多,连宋代诗人徐月溪都感到吃惊:"迩来亦变怪,纷然著名称。""愈出愈奇怪,一见一欲惊。"[①]在中原地区,洛阳花卉闻名于世。宋周师厚的《洛阳花木记》,分类记载了洛阳的花卉,其中就有茶花的七个品种。在云南,茶花的风韵更胜。明冯时可的《滇中茶花记》称其"冬末春初盛开,大于牡丹。一望若火齐云锦,烁日蒸霞"[②]。顾养谦的《滇云纪胜书》更是形象地描绘了会城沐氏西园的成片茶花古树和太华山佛殿前

① ［宋］徐月溪《山茶花》,北京大学古文献研究所编《全宋诗》第 72 册,第 45252 页。
② ［明］冯时可《滇中茶花记》,《广群芳谱》卷四一。

的茶花林，令人叹为观止。在东部沿海地区，据南宋《会稽志》载："山茶……会稽甚多。昌安朱通直庄有树高三四丈者。"①明代《崂山志》亦载，山东崂山太清宫有植于明代初年的山茶古树"耐冬"。在四川，成都海云寺一树千苞的茶花树称雄一时。陆游《山茶》诗附注："成都海云寺山茶开，故事宴集甚盛。"②陆游作序的上引《会稽志》亦载："成都海云寺仅有一树，每岁花发，则蜀帅率郡僚开燕赏之，邦人竞出，士女络绎于路，数日不绝。"③诗人范成大更是用"门巷欢呼十里村"④的诗句，来描绘海云寺赏山茶之盛况，在中国茶花文化史上几乎是绝无仅有的。

宋代已出现了盆景茶花。茶花从人工地栽到盆景，使茶花欣赏的空间与时间扩大了。这是茶花栽培史上的一大发展。

二、茶花的园艺技术已达高水平，品种剧增

北宋周师厚的《洛阳花木记》首次记载了白山茶和粉红山茶。南宋吴自牧的《梦粱录》第一次记载了嫁接"一本有十色者"⑤。明代王世懋的《学圃杂疏》则首次披露了黄色茶花。明代顾养谦首记紫茶花（见《滇云纪胜书》）。王象晋则首记香味茶花"焦萼白宝珠"⑥。接着，夏旦在《药圃同春》中也记述了香味茶花"白钱花"。明代吴彦匡首记五色茶花"五魁茶"（见《花史》）。

对各地茶花品种，有说"七十有二"的，亦有记"作谱近百"的。

① ［宋］施宿等《会稽志》卷一七。
② ［宋］陆游《山茶》，钱仲联《剑南诗稿校注》第6册，第3007页。
③ ［宋］施宿等《会稽志》卷一七。
④ ［宋］范成大《十一月十日海云赏山茶》，《石湖诗集》卷一七。
⑤ ［宋］吴自牧《梦粱录》卷一八。
⑥ ［明］王象晋原著、［清］康熙御定《广群芳谱》卷四一。

至于茶花品种的命名，更充分体现了中华民族文化的优秀传统。有绘色的，有比物的，有喻人的，还有比动物比植物的，更有象征寓意的。可谓冠名的诗情画意，尽集茶花一身。

图 13　［宋］佚名《白茶花图》。

三、茶花文化向多样化、艺术化拓展，并渗透到社会生活的诸多领域

茶花从地栽、盆栽，发展到瓶供（插花），这是茶花的艺术深加工、再创作。这本身就是一种文化的升华。宋明时期插花盛行。《武林旧事》

记载了南宋皇宫的插花。《西湖老人繁胜录》则描写了南宋平民的插花。现珍藏于台北故宫博物院的宋代画家董祥的《岁朝图》，就画了有茶花的瓶供。特别是明代袁宏道插花专著《瓶史》的问世，对插花艺术进行了全面的理论总结，提高了茶花在插花艺术中的地位。茶花，不仅在"瓶玩"中扮演"花使令"的配角，还出演"花客卿""花盟主"①的主要角色。

茶花还被作为时序代表物（如宋代吕厚明的《岁时杂记》和明代程羽文的《花历》所记），又融入酒令。小说《红楼梦》中可看到行酒令的场面，其中有的酒令相当复杂，如第六十二回写大观园红香圃内摆寿酒时行的酒令：须由故人、旧诗、骨牌名、曲牌名、历书语等各一句，凑成一段有完整意思的文字。可见，即使是大方之家，也觉为难。

酒令是多人在酒筵上添兴增豪的游戏，其记载可追溯至先秦，那时行令简单，所谓"饮不嚼者，浮以大白"②不过是说若不能干尽杯中物，就得再罚饮一大杯。汉代，禁酒严厉，汉律规定，凡三人以上无故饮酒，要罚金四两，这自然是对付平民百姓的，贵族则照饮不误。然而，在儒教盛行的汉代，酒令受到恪守古礼的束缚，在贵族的手中，少有发展。蔑视礼教、嗜酒如命的魏晋名士的崛起，还酒令以新生。南北朝时，南方的士大夫在酒席上吟诗赓和，迟者受罚，已成风气。至唐朝，据《蔡宽夫诗话》载，"唐人饮酒必为令以佐欢"③，实又更进一层。唐宋以来，形制叠出，花样翻新，则难以一一备述了。

---

① ［明］屠本畯《瓶史月表》，《广群芳谱》卷六引。
② ［汉］刘向《说苑》卷一一。
③ ［宋］蔡居厚《蔡宽夫诗话》，［宋］胡仔《渔隐丛话》前集卷二一。

【解语花令】

花名须与美人名相同，误者罚。

例：木兰

【花风令】

梅花：笑者饮，首坐饮，江南人饮。觅人猜过桥拳。

山茶：吃茶者饮，红顶饮。一品令。

水仙：衣冠淡雅者饮。饮中八仙令。

兰花：王姓饮，订兰谱者饮，重庆者饮。斗草令。

杏花：有科名者饮，赴试者饮。金门射策令。

桃花：多子者饮，新娶者饮。渔翁下网令。

海棠：蜀客饮，告醉者饮。摸海令。

牡丹：位尊者饮，子年生者饮。福禄寿令。

作为吉祥物，作为中国特有的民俗之一，在中国传统文化中，茶花常用来表示春意，寓意生机勃勃、葱郁长青。这来自于它耐寒、长青、报春的特点。如吉祥图案"春光长寿"，便以山茶花与绶带鸟构图。山茶冬春开花，寓意春光。"绶"与"寿"谐音，寓意长寿。吉祥图案"新韶如意"，可能是模仿宋画家董祥的《岁朝图》的：花瓶中插山茶花、梅花、松等，旁边配以灵芝、柿子、百合等。山茶花、梅花、松等寓意新春；百合、柿子与灵芝寓意"百事如意"。在画稿、服饰、家具和什物上常运用这类吉祥图案。

而茶花的食用与药用，从历史文献来看，明代也发展到了一个鼎盛时期。茶花的食用，最早见于明代皇室编撰的两部著作。一部是明太祖第五子朱橚编的《救荒本草》，它把山茶列入草木野菜。另一部是朱侄朱有炖编的《周宪王救众本草》，其中载了山茶作为菜蔬的食用之法。明代鲍山记录食用野生菜蔬的专着《野菜博录》，也记载了茶花的食用。至于茶花的药用，古医书记载甚多，最权威的当推明代李时珍的《本草纲目》。它记载茶花的叶、茎、花均可入药，用于治多种疾病。

四、研究茶花的著作大量涌现

有总论花卉园艺的综合性著作中论及茶花的十部，有专题性的论着中论及茶花的九部。论述茶花的杂著、笔记、方志、小说、画谱及大型丛书和类书更是数以百计了。这些著作的学术水平，达到了新的高度。例如茶花分类，宋代范成大的《桂海虞衡志》，对产于中国南方的"山茶"和产于中国东海之滨而盛及中原地区的"海石榴"作了明确的分类，分别称为"南山茶"和"中州茶"。南宋陈景沂的《全芳备祖》进而将这两大类茶花在形态上加以区分。特别值得指出的是，这一时期出现了茶花专著。主要有明代云南冯时可的《滇中茶花记》和赵璧的《云南茶花谱》，对茶花的性状、品种、栽培技术等都有翔实的论述。

五、茶花韵文的形式全面具备

描写茶花的韵文除诗以外，还出现了词、曲、赋，中国古代的韵文形式俱备。不仅作品数量多，而且对茶花的描述从外形的赞美深化到歌颂内在的花品花德。比如歌颂茶花斗岁寒的坚韧、耐久的品格，忠贞、高洁的节操，特别是赞扬茶花的"十种美德"，把茶花誉为"战风雪"的"千古英雄"。从茶花文化的品位来说，这就提升到一个新的层次。

六、茶花绘画、雕刻和工艺美术大量出现

宋代开始，随着花鸟画的成熟和盛行，以茶花为主题的高品位的花鸟画不断问世。仅《宣和画谱》收录的北宋著名的茶花画画家，就有黄居、赵昌等当时画家中的代表人物。宋代是茶花画数量最多的一

个时期，迄今已发现 37 幅。明代有沈周、文徵明、陈淳、陈洪绶和徐渭等大家的茶花画精品，我们查到的也有 18 幅之多。

古代茶花雕刻，有明代画家吕纪的石刻《茶花》和金华八咏楼与白竹村梁柱上的茶花雕刻等。

这一时期的茶花工艺美术，发展很快。宋代以来，茶花一直成为中国古代工艺美术最重要的装饰图案之一，得到广大人民和工艺美术大师的钟爱。宋元明三代工艺美术名家辈出。以茶花为图案的丝织、瓷器、珐琅器、漆木器、金银器、木石雕刻等，均有传世之作。

七、形成了四个层次的茶花文化圈

一是文人茶花文化圈。其主体是活跃于当时文坛、艺坛的诗人、书画家、剧作家等。这在唐代就开始形成了，到宋元明代则有了更大发展。如热衷于撰写诗词曲赋的，有唐宋八大家的曾巩、苏轼、苏辙，还有黄庭坚、杨万里、王十朋、陆游、辛弃疾、范成大、马致远、文徵明等文化名人。画家与工艺美术家有：黄居、丘庆余、赵昌、易元吉、林椿、李嵩、苏汉臣、董祥、朱克柔、陈淳、林良、沈仕、陈洪绶、吕纪等。还有大批著名文人隐士参与编著茶花文化典籍。如宋代的周师厚、吕厚明、陈景沂、吴自牧，明代的吴彦匡、冯时可、王象晋、张谦德、顾养谦、徐霞客等。正是由于著名文化人的参与，使中国茶花文化益添光彩。

二是宫廷茶花文化圈。其主体是帝王将相、皇亲国戚和官宦。宋徽宗赵佶，书画家，他于京师筑园，名"艮岳"，搜刮江南奇花异石，称"花石纲"。他还广搜古物和书画，网罗画家，扩充翰林图画院，使文臣编辑《宣和画谱》《宣和书谱》《宣和博物图》等。仅《宣和画谱》，就记录了宋徽宗宫廷所藏历代画家 230 余人的 6300 余件作品。其中茶花画就有 31 幅。这位皇帝，参与了茶花文化的实践活动。另两位皇帝是明太祖朱元璋和清代乾隆皇帝。他们也喜爱茶花，贡品中就有云南山茶。乾隆皇帝还写了不少咏山茶的诗，我初步查到的就有 5 首。

宋代成都海云寺山茶盛开时，"蜀帅率郡僚开宴赏之"（《会稽志》），是官宦参与茶花文化活动的典型例子。明太祖的大臣刘基，在京师的斋阁前种植山茶。刘基的朋友、明初诗人苏伯衡，为此写了一首诗《中丞刘先生斋阁前山茶一枝并蒂因效柏梁体》，借山茶来歌颂中丞刘基的功德。这一时期的许多文人身居官位，同时又进入了宫廷茶花文化圈。宫廷茶花文化圈内的人为数不多，但能量颇大，对茶花文化的发展方向和进程都有重要作用。

三是释道茶花文化圈。其主体是为数众多、遍布名山的僧人道士。他们在寺庙宫观中广植茶花，其数量之多、规模之大均超过唐代。宋元明代的茶花诗词，许多与寺庙宫观相关。目前尚存的茶花古树，也多在寺庙宫观内外。而不少高僧、道士，擅长诗文、绘画，直接参与了茶花诗词、茶花绘画的创作，从而大大丰富了茶花文化的内容，推动了茶花文化的发展。释普荷（1593 年—1673 年）的《山茶花》，就是一首脍炙人口的茶花诗："冷艳争春喜烂然，山茶按谱甲于滇。树头万朵齐吞火，残雪烧红半个天。"气势磅礴，雄伟奔放。

四是大众茶花文化圈。其主体是广大平民百姓。从宋代始，茶花已经普及到民间。陆游的诗《人日偶游民间小园有山茶方开》和福建花乡漳平永福形成于南宋的以茶花为主的花墟，就足以证明广大人民群众是推动中国茶花文化发展的动力。正是他们，使中国茶花文化渗透到社会生活的各个角落，融入民俗风尚，使中国茶花文化之树长盛不衰。

八、茶花作为商品开始进入市场

茶花从观赏对象演变为商品，这是茶花文化的一种发展。因为茶花进入市场，一方面扩大了茶花文化的交流和传播空间，另一方面又刺激了茶花生产的发展。正如茶和酒，如果茶叶和酒不作商品，那么茶文化和酒文化也不会发展得像现在如此丰富。中国从南宋开始，资本主义因素开始萌芽。到明代，商品经济已有一定规模了。与此相应，自宋代始，出现了茶花生产基地，茶花作为商品进入了市场。南宋京都临安（今杭州）的茶花市场，曾盛极一时。集售点除了"花市"外，还有"花团""花局""花行"诸名色，花农、花贩以及散走于街头巷尾的卖花女忙于茶花贸易。

南宋吴自牧的《梦粱录》，记载了南宋临安马塍（今杭州市城区内）的茶花生产基地，以及杭州街头贩卖茶花的情景："四时有扑带朵花，亦有卖成窠时花、插瓶把花……秋则扑茉莉、兰花、木樨、秋茶花……沿街市吟叫扑卖。"[①] "扑卖"也叫"博卖"，为古代博戏，宋元民间盛行。以钱为博具，以字幕定输赢，常用于街头小卖。宋代除临安花市外，还有洛阳花市（见李格非的《洛阳名园记》）、汴京（今开封）花市（见孟元老的《东京梦华录》）、扬州花市（见王观的《扬州芍药谱》）。元代诗人萨都剌的诗《闽城岁暮》，则描述了闽城（今福州市）的街头茶花贸易。诗曰："岭南春早不见雪，腊月街头听卖花。海外人家除夕近，满城微雨湿山茶。"[②] "满城微雨湿山茶"，不仅说明卖花者之多，花卉市场之盛，而且折射出福州百姓喜爱茶花到了冒雨买卖的程度。

---

① ［宋］吴自牧《梦粱录》卷一三。
② ［元］萨都剌《闽城岁暮》，《雁门集》卷三。

第三章　茶花的审美形象及其艺术表现

第一节　茶花的形态、古树及枝叶

一、茶花的形态

论述茶花的形态特征，是中国古代茶花文献中的一个重要内容。最早见于文献的，是唐代段成式的《酉阳杂俎》。该书说："山茶花叶似茶树，高者丈余，花大盈寸，色如绯，十二月开。"南宋陈景沂的《全芳备祖》则较具体描述了南山茶的性状："南山茶，葩萼大，倍中州者。色微淡，叶柔薄，有毛。结实如梨，大如拳，中有数子，如肥皂子大。别自有一种，叶厚硬，花深红，如中州所出者。"①明代王世懋的《学圃杂疏》描述过四川的山茶："有一种花大而心繁者，以蜀茶称，然其色类殷红……蜀茶花数千朵，色鲜红作密瓣，其大如盘。"②清代高士奇的《北墅抱瓮录》则从花色的角度论述过山茶的形态特征："山茶种有不同。浅为玉茗，深为都胜……浅红者早开，深红者迟发。"③

值得一提的是明代李时珍的医药巨著《本草纲目》，对每一种药物都以"释名"确定名称，以"集解"叙述产地、形态等内容。该书对"山

---

① 〔宋〕陈景沂《全芳备祖》前集卷一九。
② 〔明〕王世懋《学圃杂疏》，《广群芳谱》卷四一。
③ 〔清〕高士奇《北墅抱瓮录》不分卷。

茶"的释名为："其叶类茗，又可作饮，故得茶名。"这是古文献中对茶花命名作释的最早论述。该书在"集解"中则云："山茶产南方，树生。高者丈许，枝干交加。叶颇似茶叶而厚硬有棱，中阔头尖，面绿背淡。深冬开花，红瓣黄蕊。"①此外，明代王象晋的《群芳谱》和吴彦匡的《花史》、清代陈淏子的《花镜》、汪灏等编的《广群芳谱》以及李祖望和朴静子的两部《茶花谱》，也都对茶花的形态特征作了论述。特别是朴静子的《茶花谱》，对福建茶花的 44 个品种的形态特征，都分别作了具体的描绘。如平分秋色、虎斑、钟欻的品种的介绍，都是其他文献所罕见的。

首先是色彩美。从已搜集到的茶花韵文看，宋代之前的茶花诗写的都是单一的红色茶花。虽然唐代已有温庭筠诗对重瓣茶花的描述，但明确写及茶花品种的诗在宋代之前尚未发现。

自宋代以来，描写其他颜色的茶花及茶花名贵品种的韵文作品已大量涌现。这标志着茶花栽培园艺水平的提高。这方面的作品颇具学术价值的首推北宋陶弼(1015 年—1078 年)的《山茶》二首诗句"浅为玉茗深都胜,大曰山茶小海红。名誉漫多朋援少,年年身在雪霜中""江南池馆厌深红,零落空山烟雨中。却是北人偏爱惜,数枝和雪上屏风"②自宋代起，栽培山茶之风更盛，品种日见繁多。钱塘吴自牧在《梦粱录》中透露了南宋临安(今杭州)引种培育的山茶品种有"罄口茶""玉茶""千叶多心""秋茶"等名目。罄口茶，至今犹存，属云南山茶中的一品，花色银红，开放的形若罄口，因此得名。玉茶，大概即指"玉茗"。玉茗，黄心绿萼，瓣白如玉，为白山茶中的上品。

① ［明］李时珍《本草纲目》卷三六。
② ［宋］陶弼《山茶》,《邕州小集》不分卷。

299

图 14　鸳鸯凤冠（网友提供）。金华名种，鲜艳的红色，具有放射性白色细线条。有时出现粉边，或半红、半粉、全红的花朵。"赤丹"的变种。花径 10 厘米左右，完全重瓣型，花期 3 ～ 4 月。

南宋诗人陆游在《剑南诗稿》中说："钗头玉茗妙天下，琼花一树真虚名。"自注："坐上见白山茶，格韵高绝。"又宋人陶弼《山茶》

诗："浅为玉茗深都胜，大曰山茶小海红。"千叶多心茶，不详，但与后来明人《群芳谱》所记"千叶红""千叶白"（"千叶"，今称"重瓣"）可能有渊源关系。

最早见到的海红，是在宋朝陶弼（1015年—1078年）的《山茶》诗中："大白山茶小海红"，距今近1000年了。现代茶梅的品种，越来越多，《中国茶花》列出了86种。

图15　白山茶（网友提供）。栽培主要分布于浙江、广东、广西等地。

但更重要的原因却在于，江南天暖地温的自然条件掩蔽了山茶经冬历春、耐寒傲雪的惊人青春活力。正如孔子所说："岁寒，然后知松柏之后凋也。"同样的道理，山茶只有在冰封雪盖的北国才能充分展示它那"雪里娇"的绝美风姿。于是，在江南遭人厌弃的山茶，"却是北人偏爱惜"。山茶长年青翠、花大色艳，而且吐蕊于红梅之前，凋零于桃李之后，为众花所不及。风前雪下，一丛火红的山茶傲然挺立，会给人带来美的享受和春天的信息，更会给人带来生活的勇气和希望。被赏花者拱为上品佳卉的山茶，不仅被请入池馆庭院，被供养在几案净瓶之中，甚至升堂入室，"数枝和雪上屏风"，迎宾待客，与主人为伴。这最后一句诗韵味颇深远，"和雪"二字揭明了"北人偏爱惜"山茶的隐秘，而一个"上"字则十分真切地传达出画在屏风上的数枝山茶花栩栩如生的神韵。好像那不是画儿，而是将庭院中迎风雪昂首怒放的山茶花搬上了屏风。

这虽只是一首咏花七绝，但景象阔大，描摹细腻，耐人玩味。诗人着意对比山茶在江南和北国的不同际遇，似乎隐含着颖锥不得处于囊中的悲愤。

玉茗，是白山茶中的上品。都胜，则是当时红色茶花的一个名品。诗中还写及了小海红，即茶梅。

宋代写白色茶花及其名种玉茗的著名诗赋，还有曾巩的《以白山茶寄吴仲庶》："山茶纯白是天真，筠笼封题摘尚新。秀色未饶三谷雪，清香先得五峰春。琼花散漫情终荡，玉蕊萧条迹更尘。远寄一枝随驿使，欲分芒种恨无因。"[1]黄庭坚的《白山茶赋》："孔子曰：'岁寒，然后知松柏之后凋也。'丽紫妖红，争春而取宠，然后知白山茶之韵胜也。此木产于临川之崔嵬，是为麻源第三谷，仙圣所庐，金堂琼榭，故是花也，禀金天之正气。"[2]谢薖的《玉茗花》："佳园昨夜变春容，清晓惊开玉一丛。素质定欺云液白，浅妆羞退鹤翎红。似闻金谷初无种，欲画鹅

---

① ［宋］曾巩《以白山茶寄吴仲庶》，《元丰类稿》卷八。
② ［宋］黄庭坚《白山茶赋》，《山谷集》卷一。

302

溪恐未工。底事余花避三舍，孤高元有使君风。"①白山茶比蓝天上的白云还要白，像玉石般惊人的美丽。写山茶花在清晓绽开，它像玉石惊人的美丽，给人报告春天的消息。说白山茶比云还白，红山茶比鹤翎还红。金谷名园初无此花，突出山茶君子风度，百花之首的天然美。范成大的《玉茗花》："折得瑶华付与谁？人间铅粉弄妆迟。直须远寄骖鸾客，鬓脚飘飘可一枝。"②

玉茗花是一种黄蕊绿萼的白色山茶花。它不艳羡姹紫嫣红的盛饰，却雅好清丽淡逸的素妆。在如霞似火的山茶花丛间，它宛如天然秀逸的白衣仙子超然独立。故而在诗人看来，它不是寻常可见的凡花，而是传说中的仙花。陆游的《眉州郡燕大醉中间道驰出城宿石佛院》诗中有"钗头玉茗妙天下，琼花一树真虚名"③句，并自注："坐上见白山茶，格韵高绝。"在陆游眼中，琼花是徒有虚名，玉茗白山茶才是"妙天下"。此外，明代沈周的《白山茶》："犀甲凌寒碧叶重，玉杯擎处露华浓。何当借寿长春酒，只恐茶仙未肯容。"④清代吴照的《白山茶歌》"我家旧圃有此花，不与红紫争丽华。"⑤也是佳作。许多诗赋中提到产白山茶的胜地是江西临川（今南城县东南）的"麻源第三谷"。写白山茶的名句还有曾巩的"秀色未饶三谷雪，清香先得五峰春"⑥，谢过的"素质定欺云液白，浅妆羞退鹤顶红"⑦，吴照的"苎萝美人含笑靥，玉真

---

① ［宋］谢薖《玉茗花》，《全宋诗》第 24 册，第 15805 页。
② ［宋］范成大《玉茗花》，《石湖诗集》卷一七。
③ ［宋］陆游《眉州郡燕大醉中间道驰出城宿石佛院》，《剑南诗稿校注》第 2 册，第 493 页。
④ ［明］沈周《白山茶》，《广群芳谱》卷四一。
⑤ ［清］吴照《白山茶歌》，［清］谢旻等《江西通志》卷六〇。
⑥ ［宋］曾巩《以白山茶寄吴仲庶》，《元丰类稿》卷八。
⑦ ［宋］谢薖《玉茗花》，《全宋诗》第 24 册，第 15805 页。

妃子披冰纱"，竟以西施和杨贵妃来比喻白茶花。

写粉红色茶花的著名诗句有明代陆治《练雀粉红茶花》中的"美人初睡起，含笑隔窗纱"①。美女睡醒时含笑的红润脸色，隔着窗纱，透出朦胧的粉红色，简直把这雨后的粉红茶花写活了。写粉红茶花的著名词句有明代瞿佑《南乡子·题折枝粉红山茶》中的"岁晚自矜颜色好，端相。剩粉残脂满面妆"。一女子在傍晚怜惜自己的容貌，对镜细看，满面仍留"剩粉残脂"的粉红之妆。作者不写大红胭脂，而以美女脸上的"剩粉残脂"来形容茶花的粉红色，也可谓别出心裁了。元代郝经的《月丹》诗，写了"丹霞皱月雕红玉，香雾凝春剪绛绡"②。这色红花大的重瓣茶花品种"月丹"，像红霞映照得起"皱"的月亮，又如雕刻成的红色玉石，更似剪叠而成的红色绡纱。元代蒲道源的《春晚山茶始开示德衡弟》："山茶本冬花，憔悴遂开晚……及兹春事深，渥丹始赫烜。"则写了另一红色茶花品种"渥丹"："及兹春事深，渥丹始赫烜（显赫貌）"，点明了渥丹的花期在晚春。明代诗人张新的《宝珠茶》则写了红色茶花的上品"宝珠"："胭脂染就绛裙襕，琥珀装成赤玉盘。"李时珍的《本草纲目》"山茶部"载："宝珠者，花簇如珠，最胜。"王世懋的《学圃杂疏》也载："吾地山茶重宝珠。"诗人张新写宝珠茶的红色就用了"胭脂""绛""赤"等字，而写它的形状和质地则以"裙"（古时上下衣相连的服装）和"玉盘"作了比喻。

其次是香味美。对于任何一种花卉来说，色香都是联系在一起的，只有色香兼备才是最完美的。因为人们在欣赏花卉色彩美的同时，花的香气也在一种不自觉的状态下刺激人的嗅觉，进而带来一种嗅觉美。

---

① ［明］陆治《练雀粉红茶花》，［明］汪珂玉《珊瑚网》卷四一。
② ［元］郝经《月丹》，《陵川集》卷一三。

李白《咏邻女东窗海石榴》："鲁女东窗下，海榴世所稀。珊瑚映绿水，未足比光辉。清香随风发，落日好鸟归。愿为东南枝，低举拂罗衣。无由共攀折，引领望金扉。"[1]

李白被誉为我国的"诗仙"。有他的"海榴"诗列在茶花诗词中，为"中国茶花诗词"大添光彩。而且他的这首诗，还肯定了海榴是中国稀有之物，有力地推翻了"海榴来自海外"的说法。又把海榴形容为"珊瑚映绿水，未足比光辉"，对海榴进行了赞美，提高了人们对海榴的赏识。诗仙李白的这首茶花诗,开头二句即点出了花的主人"鲁女"及花的位置是"东窗下"，并评价了花的名贵是"世所稀"。接着诗人说红珊瑚映现在绿水之中, 也不能与怒放的红茶花点缀在绿叶之中"比光辉"，从而反衬出这"海石榴"花之美。值得注意的是这株茶花竟有"清香"，并在"落日"时还有"好鸟归"宿。

可以想见，这株茶花当是较大的已栽植多年的树，所以鸟儿才来归宿。末四句则是诗人"爱花及人"，表达了对这位"鲁女"的思慕之情：愿作向阳的树枝去拂她的罗衣，还想与她共折花枝而伸着脖子望她的窗户。

苏轼《赵昌四季·山茶》："游蜂掠尽粉丝黄，落蕊犹收蜜露香。待得春风几枝在，年来杀菽有飞霜。"[2]此七言绝句咏山茶。首联由蜜蜂采尽山茶花蜜来写花之香，由落花犹聚甘露之香,写山茶花香之久远。尾联是倒装句，讲一年来许多豆科植物均被飞霜杀得凋零了，可是在严冬中却有山茶花盛开，直到春天还有数枝绽放。从而赞美了山茶花的傲霜精神。

---

① ［唐］李白《咏邻女东窗海石榴》，《李太白全集》第 2 册，第 1130 页。
② ［宋］苏轼《赵昌四季》，《苏轼诗集》第 7 册，第 2397 页。

最后是姿态美。这是综合上述两个方面茶花的美感而形成的一种整体美。花朵开放得鲜艳夺目，香气浓郁，固然会引起人们的赞美，获得人们的喜爱，但是自然规律告诉我们，任何一种花卉都不能长开不败，它都是会凋零的，不过那种具有美好姿态的花卉的美却是会深深存在于人的脑海中，那是一种持久的美、固定的美，是与季节的更替无关，是与时代的变迁无关，所以古人才会说："花以形势为第一，得其形势，自然生动活泼"①因此姿态也是茶花审美的一个重要方面。

图16　倚栏娇。2014年3月，孙培华摄于浙江嘉兴。嘉兴平湖名种。为一树多色品种。花色有白底酒红条、粉底酒红条、红色和粉色四种。后培育成四个品种，即小乔（白倚栏娇）、大乔（花倚栏娇）、红倚栏娇和粉倚栏娇。花径7～8厘米，完全重瓣型，花期3～4月。

---

① ［清］松年《颐园论画》，转引周武忠《中国花卉文化》，第5页。

陈淳《山茶》：

丹葩间碧茶，雪中自重叠。山人依醉时，奈可映赪颊。

雪后新晴，一簇盛开的山茶花傲然挺立在冰天雪地间。艳红如火的朵朵丹葩错杂镶嵌在丰厚如幄、深绿似碧的密叶之间，洁白的雪团层层迭迭地堆砌在红花绿叶间，犹如红妆素裹，把山茶花装扮得分外妖娆。在茫茫白雪的背景映衬下，山茶花鲜明娇艳、光彩熠熠。它像一团团闪动的火苗，给寒冬时节带来了春天的温暖气息；它像一盏盏闪亮的红灯，给冰封雪盖的山野抹上绚丽的彩霞。那娇艳不妖的花容、厚重朴实的叶色、刚健挺拔的姿态，多么惹人喜爱呀！值此山茶盛开、大雪初霁之时，诗人怎能不踏雪寻花而来？本来，踏雪赏花，诗人的兴味已经够浓烈的了，而他又偏偏是依醉而来，其兴致之高自不待言。对于诗人来说，还有什么能比酒后雪中赏山茶更令人心旷神怡的人生乐事呢！他拖着蹒跚的醉步，踏着琼英碎玉似的白雪，远远地就看见团团簇簇明如灯、红似火的山茶花向自己露出倩巧的笑容。像是淘气的孩子，故意用耀眼的红光照射着诗人早已染朱渥丹的酡颜，让他难以自持。此情此景正可谓酒不醉人花醉人。"山人依醉时，奈可映赪颊"二句是薄责，也是讨饶。"奈可"，同"耐可"，即怎可、怎能的意思。诗人说：我本来已经酒醉面赤，怎能再经得住你那红花的映照呢？话语之间，宛如老友相对，而诗人的爱花深情亦灿然可见。此诗借花写情，格调高雅，表现了诗人热爱自然、热爱美的退隐闲居的生活情趣及清和淡远的襟怀，但感情真挚热烈，因而具有很强的艺术感染力量。

看那气势，如果不得到茶仙的恩准，只怕谁都甭想碰山茶花一下。而在绿叶拱卫之中，白茶花自由自在地舒展开花苞，像是琢磨精巧的玲珑玉杯。"玉杯擎处露华浓"一句化用了汉武帝金人捧露盘的典故。《三辅黄图》卷五《台榭》引《汉书故事》说："汉武帝时祭太乙，令人升通天台以俟天神；上有承露盘，仙人掌擎玉杯，以承云表之露。"诗人借用此典，把山茶花比作通天台上擎玉杯承露华的仙人，写出了它那不同凡俗的神韵风貌。

这时，诗人想象的羽翼再次飞腾，从形若玉杯的山茶花和仙人擎玉杯承露华的神话传说转而联想到，玉杯可以斟酒，云表之露则可成佳酿，于是萌发了"何当借寿长春酒"的强烈愿望。何当，同"合当"，犹云"应该、应当"。寿，指向人进酒以祝长寿。长春酒，可以延年益寿久保青春的酒，此处指露华所酿的仙酒。那么，诗人欲"借寿长春酒"的对象是谁呢？毋庸置疑，当然是对读者诸君而言。本来，有杯有酒，借以为寿，是顺理成章的事，不会有什么问题。但诗人写到此处，却又忽然生出波折，叹惋道："只恐茶仙未肯容。"他不说因为自己单凭想象不可能以山茶花向读者诸君献酒为寿，却偏偏责怪茶仙太吝啬，自然是故作痴态。但这结论与首句"犀甲凌寒碧叶重"遥相呼应，又显得那样入情入理。诗人虽然不无调侃之意，语调却认真严肃，亲切动人。这种寓谐于庄的手法使这首小诗充满了亦庄亦谐、轻松活泼的情调。诗人凭借丰富的想象、奇特的构想，把现实与神话融合，真景与幻想交织，创造出流转变幻、新奇可喜的诗境，显露了匠心独具的才华。

归有光《山茶》："山茶孕奇质，绿叶凝深浓。往往开红花，偏在白雪中。虽具富贵姿，而非妖冶容。岁寒无后雕，亦自当春风。吾将定花品，以此拟三公。梅君特素洁，乃与夷叔同。"①这里写出了山茶虽具富贵姿态而不妖艳的风姿，惹人爱怜。

---

① ［明］归有光《山茶》，《震川集》别集卷一〇。

二、茶花古树及枝叶

中国古代茶花文献中，还有关于茶花古树、名树的记载。最早见于文献的是唐代成稿的《南诏图传》。它描述了地处云南的两株茶花古树："奇王之家……瑞花两树，生于舍隅，俗云橙花……"文中"橙花"即是云南白族语言中"茶花"的汉字记音，至于所称"瑞花"则是由于佛家认为茶花是瑞祥之花。可见，距今一千五百年前的南朝宋代孝建元年前后，云南白族先民已首开了云南山茶人工栽培的先河。古文献中关于茶花古树、名树的记载甚多。明代王象晋《群芳谱》"山茶"篇载："滇南有二三丈者（树高），开至千朵，大于牡丹，皆下垂，称绝艳矣。"《滇南太华山记》也载："两墀山茶树八本，皆高二丈余，枝叶团扶，万花如锦。"①明代著名旅行家徐霞客的《滇中华木记》，也记载了云南省城张石夫所居朵红楼之前的两株茶花古树："一株挺立三丈余，一株盘垂几及半亩。垂者丛枝密干，下覆及地，所谓柔枝也，又为分心大红，遂名滇城冠。"②值得注意的是清代《浙江通志》物产卷之山茶引录了《学圃杂疏》（明代成书）所记载的两株山茶古树："浔阳陶狄祠山茶一株，干大盈抱……绍兴曹娥庙亦有之，止如拱把之半，土人云'千年外物也'。"③

苏轼《和子由柳湖久涸，忽有水，开元寺山茶旧无花，今岁盛开二首》：

> 太昊祠东铁墓西，一樽曾与子同携。回瞻郡阁遥飞槛，
> 北望樯竿半隐堤。饭豆羹藜思两鹄，饮河噗水赖长霓。如今

---

① ［明］王象晋原著、［清］康熙御定《广群芳谱》卷四一。
② ［明］徐霞客《滇中华木记》，《徐霞客游记》卷五下。
③ ［明］王世懋《学圃杂疏》，［清］嵇曾筠等《浙江通志》卷一〇四。

胜事无人共，花下壶卢鸟劝提。

　　长明灯下石栏干，长共松杉守岁寒。叶厚有棱犀甲健，花深少态鹤头丹。久陪方丈曼陀雨，羞对先生苜蓿盘。雪里盛开知有意，明年开后更谁看。^①

　　神宗初年，苏轼任殿中丞直史馆判官告院，两次上书批评新法，熙宁四年（1071年），有通判杭州之命。七月出京，赴陈州会见弟苏辙，兄弟同游柳湖等处，十一月到杭州任。次年春，苏辙写下《宛丘二首》寄轼，其序云："宛丘城西柳湖，累岁无水；开元寺殿下山茶一株，枝叶甚茂，亦数年不开。辙顷从子瞻游此，每以二物为恨。去秋雨雪相仍，湖中春水忽生数尺。至二月中，山茶复开千余朵。"其一咏柳湖水生，其二咏山茶花开。苏轼于杭作二诗遥和，这是其二。"长明灯"，系寺院长年燃点不灭的灯，这里切"开元寺"。首句"长明灯下石栏干"即苏辙序"开元寺殿下"意。次句"长共松杉守岁寒"，与原唱"凌寒强比松筠秀"一样，都是写山茶树经冬而绿叶不脱。次联古来有毁有誉。方回认为是"真佳句"，纪昀却说"刻画拙笨，乃坡公败笔，殊不见佳"。（《瀛奎律髓汇评》引）"叶厚有棱犀甲健"，写山茶叶子坚硬如甲。《群芳谱》曰：山茶"叶似木樨，硬有棱，稍厚"。^②李时珍《本草纲目·山茶》："叶颇似茶叶，而厚硬有棱。""叶厚有棱"，用凝重之笔状山茶毕肖。"犀甲健"，出自杜甫《海棕行》"龙鳞犀甲相错落，苍棱白皮十抱文。"^③"花深少态鹤头丹"，写山茶花色深红如鹤头之丹。刘禹锡《步虚词》云：

---

① ［宋］苏轼《和子由柳湖久涸，忽有水，开元寺山茶旧无花，今岁盛开二首》，《苏轼诗集》第2册，第335—336页。

② ［明］王象晋原著、［清］康熙御定《广群芳谱》卷四一。

③ ［唐］杜甫《海棕行》，［清］仇兆鳌《杜诗详注》第2册，第923页。

"华表千年一鹤归，凝丹为顶雪为衣。"①"鹤头丹"，鲜艳无比。"少态"，谓山茶花端庄稳重，不作欹侧颤袅之态。宋王安中有一首《观僧舍山茶》全从东坡诗翻出，其颈联云："绿裁犀甲层层叶，红染猩唇艳艳花。"②查慎行认为有"如泥塑呆像"，与东坡诗"有天渊之别"。杨万里《山茶》诗结句云："题诗毕竟输坡老，叶厚有棱花色深。"③可见东坡此联还是很受人称道的。

山茶毕竟不同于夭红秾绿的牡丹，也不同于散作漫天飞雪的杨花，东坡着笔粗硬，才愈显出山茶的本性和精神，补足"长共松杉守岁寒"之意。这四句，亦以山茶隐喻其弟子由。第五句，"久陪方丈曼陀雨"，据《泷华经》，佛说法已入于无义量处三昧，是时，天雨曼陀罗花。曼陀罗花，佛教指莲花。有趣的是，山茶一名曼陀罗（见《群芳谱》），"久陪方丈"后用"曼陀雨"，真是恰到好处。第六句，"羞对先生苜蓿盘"，"苜蓿盘"用唐薛令之事。令之为东宫侍读，时官僚闲淡，以诗自伤云："朝日上团团，照见先生盘。盘中无所有，苜蓿长阑干。饭涩匙难进，羹稀箸易宽。只可谋朝夕，何由保岁寒。"东坡对子由为学官家贫官卑甚不平，诗人所作的《戏子由》也表达了这种思想。五六两句用典贴切，耐人寻味。子由《宛丘二首》有句云："冰雪纷纭真性在"④，此诗第七句"雪里盛开知有意"意思略同。这一时期，东坡兄弟仕途不甚得志，开元寺山茶数年不开，今春却偏偏在雪中开放，不是花树也知人意吗？结句"明年开后更谁看"，"看"读平声。人事难料，明年花开后又有谁来观赏呢？"开"一作"归"，联系子由"潦倒尘埃不复归"句，似

① ［唐］刘禹锡《步虚词》，《刘宾客文集》卷二六。
② ［宋］王安中《观僧舍山茶》，《全宋诗》第 24 册，第 16012 页。
③ ［宋］杨万里《山茶》，《诚斋集》卷四一。
④ ［宋］苏辙《宛丘二首》，《栾城集》卷四。

当作"归"，子由于熙宁二年为学官，三年考绩，至明年（熙宁五年）就已三年整，"归后更谁看"，未必"不复归"，也未必继续潦倒下去，这就又有安慰子由的用意了。

叶申芗《木兰花慢·红山茶》：

> 谱滇南花卉，推第一、是山茶。爱枝偃虬形。苞含鹤顶，烘日蒸霞。桠枝，高张火伞，关粤姬、浑认木棉花。叶幄垂垂绿重，花房冉冉红遮。仙葩，种数宝珠佳。名并牡丹夸。忆吟成百咏，记称十绝，题遍风华。生涯，天然烂漫，自腊前、开放到春赊。风定绛云不散，月明颓玉无瑕。

上阕从花、枝、叶各方面，描述了红山茶的美好特征。物体精工，语言丰美，想象丰富，设计奇特，可称之为妙品。山茶花是一种名贵花卉。我国以云南茶花最著名。山茶花有多种颜色，本篇写的是红山茶花。"谱滇南花卉，推第一，是山茶。"如果给滇南众多的花卉，按品排列，作一个花谱的话，独占鳌头的要推山茶花。开篇强调山茶的名贵，指出她高出众品，压倒群芳，为下文的具体描写了有力的铺垫。"爱枝偃虬形，苞含鹤顶，烘日蒸霞。"一"爱"字领起，以下三句分别描绘红山茶的三种情形，表明对山茶这些奇异异态的赏爱。山茶树属灌木或小乔木，树枝横斜蜷曲，偃卧犹如虬龙。含苞待放的蓓蕾，就像仙鹤头顶上艳丽的红点一样鲜红。而当它开放以后，则像一片红彤彤的云霞。"烘"、"蒸"二字，很形象有力地写出了红山茶盛开的态势，似乎她能够烘暖日光，形成云蒸霞蔚的景色。"桠枝，高张火伞，笑粤姬、浑认木棉花。"红山茶树干桠枝，蒙络交错，红色的花儿盛开，一株山茶就像一把高高撑开的火伞。粤地的女子，把她错认作自己家乡高大、红艳艳的木棉花。"火伞"的比喻，"木棉花"的映衬，极形象地描写出红山茶的形状和透红的颜色。"叶幄垂垂绿重，花房冉冉红遮。"以上全是以他物比喻形容红山茶，这两句则是就其自身来描写刻画。红山茶的红花和绿叶互相衬托，互相映照，十分美丽。尤可注意者，在将花、叶结合起来写的时候，词采取时间不断推进景象随之变化的方法。绿叶越来越肥大，红花渐渐遮蔽枝头，真让人越看越觉得美丽，低徊流连，观赏不尽。"垂垂""冉冉"都是渐次的意思。它们在描写刻画红山茶渐渐开花，红花绿叶交相辉映上，起到了很好作用。

第二节　不同生态环境中的茶花

人们对茶花的认识由最初的单纯、笼统走向细致、深化，也越来越能够把握不同形态下、不同生态环境中的茶花所具备的不一样的审美姿态。本节则着重描绘的是不同生态环境中的茶花。

一、风前茶花

花信风，是中国花文化所特有的。即应花期而来之风，风应花期，其来有信，这是中国古人以花代作节令的时序的非常风雅的一种文化现象。古代花信风有两种。一是"一年二十四番花信风"。最早见于南朝梁元帝萧绎（552 年—554 年在位）的《纂要》："一月两番花信，阴阳寒暖，各随其时，但先期一日，有风雨微寒者即是。其花则……山茶……。"①早在一千五百年前，梁元帝选取 24 种名花作为一年的 24 番花信风，其中就有山茶。二是"四个月之二十四番花信风"，即从小寒节气至谷雨节气的花信风，其中历 4 个月、8 个节气、24 个候（5 天

---

① ［南朝］萧绎《纂要》，［明］杨慎《升庵集》卷八〇引。

为一候）。这即是春天之花信风。小寒虽处冬十二月，但自冬至节气起，黑夜渐短（阴气渐去），白昼渐长（阳气渐生），故十一月称为一阳生，十二月称为二阳生，正月为"三阳开泰"。小寒信风已是春阳之风。临期之花首推梅花，继之即为山茶。宋代吕厚明《岁时杂记》载："一月二气（节气）六候。自小寒至谷雨四月、八气、二十四候。每候五日，以一花之风信应之。小寒：一候梅花，二候山茶……而茶花风自然便是称茶花开放时候所刮的风，日益被人们所接受。正是如此，茶花和风遂有了不解之缘。江总《山庭春日诗》："洗沐惟五日。栖迟在一丘。古楂横近涧。危石耸前洲。岸绿开河柳。池红照海榴。"①在春天的山庭，河岸上柳树的绿叶挂满枝条，池塘边海榴的红花映照水面。

杨广的《宴东堂》诗开头四句是："雨罢春光润，日落是暝霞辉。海榴舒欲尽，山樱开未飞。"②由此可见，当时被称为"海石榴"（或"海榴"）的茶花，花期自"凌霜"、"犯雪"的秋冬一直到"犹待春风力"的春天。茶花与迎春花一样成为春天的使者，却不是报春第一枝，与梅花一样出现在冬天，却没在人们心目中留下凌寒独自开的孤傲与不畏。有名无名的茶花照旧按季节开放，姹紫嫣红，构筑着一个万紫千红总是春的花花世界，招惹着行人的眼。

茶花的艳丽不影响诗人们对它的热爱与钟情。方干《海石榴》"亭际夭妍日日看，每朝颜色一般般。满枝犹待春风力，数朵先欺腊雪寒。"③这首诗把海榴的开花季节表现更加清楚，在腊雪，次第开放，至初春盛开。从而即可认为海榴不是石榴，而是山茶花了。

---

① ［南朝］江总《山庭春日诗》，《文苑英华》卷一五七。
② ［隋］杨广《宴东堂》，《文苑英华》卷一六八。
③ ［唐］方干《海石榴》，《玄英集》卷五。

杜牧《见穆三十宅中庭海榴花谢》"矜红掩素似多才，不待樱桃不逐梅。春到未曾逢宴赏，雨余争解免低徊。巧穷南国千般艳，趁得东风二月开。"①诗中所咏诵的花，"不待樱桃不逐梅"，看来不是指"梅花"。而开花的季节，则只能是茶花了。

张新《山茶花》：

胭脂染就绛裙襕，琥珀装成赤玉盘。似共东风解相识，一枝先已破春寒。

诗人爱山茶之美，用一个又一个比喻来形容它，描绘它，赞美它。一二句"胭脂染就绛裙襕，琥珀装成赤玉盘"。用"胭脂""绛裙""琥珀""赤玉"来形容山茶的色彩、形态、质地，极力描摹其美丽动人的容貌。大红色的山茶尤为人所喜爱，被誉为"红锦妆"、"赤玉杯"。

诗中亦形象地将山茶花比成用猩红的胭脂染成的大红裙和用血红色的琥珀装饰的赤玉盘。"似共东风解相识，一枝先已破春寒。"后两句进而由"形"入"神"。诗人想象红艳的山茶曾与春神东君相识，所以它最早接近东风，不怕冒着料峭春寒放出第一枝花。诗人笔下的山茶，已有灵性，而且对东风是那么多情。"破"字用得妙，山茶敢于冲破难禁的春寒，先发一枝，其精神实属可佩。

如果说这首诗的前两句写出了山茶花的自然美，那么后两句则采用拟人化的手法重在表现它的人情美。"似共东风解相识，一枝先已破春寒"两句，虽不妨理解为山茶花得东风青睐，故而能得天独厚，一枝先放，却不免显得山茶花太消极、太被动，因而略嫌美中不足。

我们似乎可以认为，诗人想象山茶花与东风该是交谊颇厚的老相识了，如果不是为了迎接浩荡的春风，它干嘛要一花独放，抢先冲破

---

① ［唐］杜牧《见穆三十宅中庭海榴花谢》，《全唐诗》卷五二四。

阻遏着春天的一片严寒呢！诗人把山茶花破春寒而盛开，说成是对春天使者的热情迎接，也是对老朋友的一番深情厚谊，它那娇好的形象便和纯洁的心灵融合一体了。在诗人笔下，山茶花是为了友谊而不避艰险、不畏严寒的美好性格的化身。

二、雪里茶花

茶花花期在每年 11 月至次年 4 月，正值冰天雪地，霜风凄紧之时，唐李嘉祐的海榴诗曰："江上年年小雪迟，年光独报海榴知。"[①]也写明冬末小雪迟飘，海溜花开独报春光。皇甫冉写海榴"犯雪先开"，其弟皇甫曾则写"腊月榴花带雪红"，韦应物亦写道："海榴凌霜翻。"翻，即飞，引申为开放。"凌霜"，与"犯雪"、"带雪"一样，都点明了海榴的花期，元稹的诗写"早春"时节"海榴红绽"。而皮日休诗曰"一夜春光绽绛囊"，即春天早晨绽开大红色的花蕾。诗人接着还用"化赤霜"的比喻描述了海榴的花期。方干的诗则云："满枝犹待春风力，数朵先欺腊雪寒。"[②]写了在腊雪中数朵先开的海石榴花等待着春风。

茶花的花期在冬春，霜雪中仍能花盛叶茂。孔子有名言："岁寒然后知松柏之后凋也。"此处的"后凋"指坚贞的节操。因此人们常以松柏比茶花。这在宋诗中非常突出。曾巩的《山茶花》有"劲意似松柏"句。苏轼称茶花为"岁寒姿"，并说茶花是"花深少态"（花色深红而端庄大方无妖冶之态），能"长共松杉斗岁寒"。杨万里颂茶花是"岁寒不受雪霜侵"。王十朋的《山茶》曰："道人赠我岁寒种,不是寻常儿女花。"

---

① ［唐］李嘉祐《韦润州后亭海榴》,《全唐诗》卷二〇七。
② ［唐］方干《海石榴》,《玄英集》卷五。

图 17　雪里山茶。（网友提供）

宋代陆游的《山茶》诗云："雪里开花到春晚，世间耐久孰如君？"称赞山茶开花能从冬到晚春，说世间能如此"耐久"的，有谁能比得上茶花呢？他还写道："东园三日雨兼风，桃李飘零扫地空。惟有山茶偏耐久，绿丛又放数枝红。"陆游的诗多处写茶花的"耐久"，正是歌颂了茶花自冬及春虽经霜雪风雨，仍能顽强地"着花不已"的高贵品质。

杨万里《山茶》："春早横招桃李妒，岁寒不受雪霜侵。题诗毕竟轮坡老，叶厚有棱花色深。"[1]诗人依据山茶的生长特征，言其从"早春"至"岁寒"不怕桃李妒忌，不畏霜雪欺侵，在任何恶劣环境下，不改美丽的容貌，不改坚贞不屈的秉性。这也正是诗人要赞颂它的原因。

明清时代的茶花诗词，在赞颂茶花历岁寒而耐久的基础上又有所深化。明代归有光的《山茶》云："虽是富贵姿，而非妖冶容。岁寒无后凋，亦自当春风。"沈周的《红山茶》也云："老叶经寒壮岁华，猩

---

① ［宋］杨万里《山茶》，《诚斋集》卷四一。

红点点雪中葩。愿希葵藿倾忠胆，岂是争妍富贵家。"①山茶老叶经寒
犹茂，仍能猩红点点地在雪中开花；茶花就像向日葵向着太阳一样表
达着自己的赤胆忠心，而不去争妍争宠。《三国志·陈思王植传》："若
葵藿之倾叶……诚也。"诗人笔下的红山茶成了肝胆赤诚的义士。

清代段琦的《山茶花》："独放早春枝，与梅战风雪。岂徒丹砂红，
千古英雄血。"把茶花的红色写成"英雄血"，可谓空前绝后。在诗人
的笔下，茶花与梅花一样，成了"战风雪"的"千古英雄"。奇哉,伟哉！

清代迟奋翮的《茶花》则进一步将茶花人格化。诗人先写了茶花
在"万卉凋零"之时仍能"吐艳共枫红"，并描绘了它的"朱颜"和"艳质"。
接着进一步写了茶花的劲骨和豪兴："骨劲自能开对雪，兴豪喜见笑迎
风。"对雪迎风的英雄，是何等的坚强和自豪！

第三节　茶花的整体美感特征及与梅花、牡丹的比较

一、茶花的整体美

山茶花美在:艳丽不俗, 弥月不凋, 常青不逾, 百岁不老, 霜欺不屈,
雪压不倒。

首先是花色。山茶花历经岁月的沧桑, 傲风雪寒霜而花姿丰盈,
健美迷人。山茶花姿韵婀娜, 艳若桃花而不妖, 大如牡丹耀眼生辉,
白山茶色胜玉润赛羊脂, 红山茶光增醉酡红。花色缤纷绚丽,灿烂如霞,
大红桃红, 粉红银细, 黄白绿紫, 极尽自然之美色, 极尽世间之美名。
山茶花在人们的心目中, 是美的象征。

---

① ［明］沈周《白山茶》,《广群芳谱》卷四一。

其次是花香。茶花的香味并不是很浓郁，很明显，但是却伴随着茶花未开、盛开直至凋零的全过程，那是一种淡淡的、挥之不去的清香，能够带给人们一种嗅觉美。最后是花姿。茶花的姿态也是千变万化，清新自然、妖娆艳丽等都兼而有之，而且往往在不同的生态环境中的茶花，乃至不同形态的茶花也都是各具形态。

前面已经具体论述过茶花的色彩美、香味美和姿态美，这里就不在赘述了。总之，茶花的整体美感是相当动人的，从而总能够使人们获得审美上的愉悦。

二、茶花与梅花、牡丹的比较[①]

图 18　雪牡丹。（网友提供）

第一，花时的不同。唐段成式《酉阳杂俎》续集载："山茶似海石

---

① 本小节的写作，参考了邹巅先生《牡丹折射下的唐代社会文化心态》一文，《北京林业大学学报（社会科学版）》2008 年第 3 期。

榴，出桂州，蜀地亦有。山茶花叶似茶树，高者丈余，花打盈寸，色如绯，十二月开。"山茶花大形胜，雍容华贵，有牡丹之姿，却始开于初冬，这与牡丹迥然有别。山茶并不是十分耐寒的花，我国东北、西北、华北因气候严寒，都不适宜于它的生长，它能于冬季开放，不过是在南国相对温煦之地逞逞能罢了。只是话又说回来，毕竟冬花为少见之物，且江南之域，寒流一至，亦可风雪交加，凛冽逼人。故人们仍然夸它说："腊月冒寒开，楚梅犹不奈"①（宋·梅尧臣），"散火冰雪中，能传岁寒姿"②（宋·苏轼），"老叶经寒壮岁华，猩红点点雪中葩"③（明·沈周）。

茶花为常绿灌木或乔木，树姿优美，阴稠叶翠，花色艳丽多彩，花型秀美多样，花姿优雅多态，被公认为名贵的观赏花卉。而且，它从早花到晚花，连绵不断开花，花期长达半年。其盛花期 2～3 月，又恰逢元旦、春节，正是百花凋零季节。

梅花属蔷薇科落叶小乔木，株高约 10 米，花色原种呈淡粉红或白色，栽培品种有紫、红、彩斑、淡黄等，花期 12 月至翌年 3 月。它原产我国滇西北、川西南以至藏东一带山地，广泛分布于长江流域为中心的秦岭、淮河以南地区，宋代赵番《次韵斯远折梅之作》说："江南此物处处有，不论水际与山颠。"④梅花性喜温暖湿润气候，在年均温度 16℃～23℃的地区自然生长最好，阳性树种尤喜阳光充足，通风良好;对土壤要求不严。所以，虽然梅花于腊尾年头先叶而开，迎霜傲雪，然而"梅花畏高寒，独向江南发"⑤，是一种南国花卉。

① ［宋］梅尧臣《和普公赋东园十题》之《山茶》，《宛陵集》卷一六。
② ［宋］苏轼《王伯扬所藏赵昌花四首》，《苏轼诗集》第 4 册，第 1336 页。
③ ［明］沈周《白山茶》，《广群芳谱》卷四一。
④ ［宋］赵番《次韵斯远折梅之作》，《乾道稿淳熙稿》卷六。
⑤ ［宋］蔡襄《和吴省副青梅》，《端明集》卷三。

南朝时陆机借这江南特有的、凌冬吐芳的梅花来传达朋友间的情谊，"折梅逢驿使，寄与陇头人。江南无所有，聊寄一枝春"①北宋时，徐积更调侃北人不识南方平常可见的梅花，"北人殊未识，南国见何频"。②牡丹为落叶亚灌木，原产中国西北。喜凉恶热，宜燥惧湿，可耐—30℃的低温，在年平均相对湿度45%左右的地区可正常生长。喜光，亦稍耐阴。要求疏松、肥沃、排水良好的中性土壤或砂壤土，忌黏重土壤或低洼涝积之地。因此从属地来看，牡丹主要是一种北方花卉，而以东西南部为中心的黄河流域也是唐代社会政治、经济和文化的重心，这就为牡丹进入人们的审美视野，尤其是进入主导社会审美风尚的上流社会的审美视野，提供了契机。牡丹花期在每年四五月，盛放于深春时节，在开放的时间上既有花王的魁首品质，也有着特别的象征意义。

茶花、梅花、菊花与荷花，不与百花争春色，"无意苦争春，一任群芳妒"③，以此彰显君子淡泊、清高、孤傲的高贵品格，然而"离群索居"，非王者之所为，又怎能统领百卉？而牡丹开放在百花将残之际，占断自然好物华，是春天花会的压轴者，是百花"坐定"后缓步走向主席位的魁首，占领三春芳菲，尽显花王风范。"落尽残红始吐芳，佳名唤作百花王。"④同时，4～5月，处于春夏之交，是一年中最阳光、最雄壮、最富生命力的季节，与牡丹的审美价值被发现时的初盛唐乃至整个中国封建历史中所处的时间点，是何等相似！作为三春芳菲的代表，秾艳的牡丹是青春活力、华贵富丽与丰美娇艳的典范，因而能

① ［南朝］陆凯《失题》，《太平御览》卷一九。
② ［宋］徐积著《和吕祕校观梅》，《节孝集》卷一五。
③ ［宋］陆游《卜算子·咏梅》，《放翁词》不分卷。
④ ［唐］皮日休《牡丹》，［明］彭大益《山堂肆考》卷一九七。

唤起处于中国历史勃兴期的唐人的万千宠爱，而它也成为有唐一代社会文化心态的外在表征。

第二，花色花香的不同。山茶品种繁多，花色缤纷绚丽，有的灿烂如霞，有的洁白如玉；大红桃红，粉红银细，黄白绿紫，极尽自然之美色；醉杨妃，玉美人，紫袍玉带，大红宝珠，酒金牡丹，紫蝴蝶，十八学士，小桃红，雪塔，龙凤冠，牡丹点雪……极尽世间之美名，人们在品评山茶时，以花色纯正，色泽各异者为上。"十八学士"一株共开十八朵，朵朵颜色不同，齐开齐谢才是极品。梅花花色纯朴，花香清淡。"色、香两种特质是切合梅花自然特点的。梅花色白，在三春芳菲姹紫嫣红中不为出色。而其所擅在香，加以得时特早，常与残腊雪色相接相混，因而与雪花之辨似较异，便是写梅拟形之首要任务。苏子卿《梅花落》写梅：'中庭一树梅，寒多叶未开。只言花是雪，不悟有香来。'后两句之所以极得后世称赏，关键在这种辨'色'较'香'的写梅视点，简明有效地指契了梅花的两个最基本的形象特征。"①

牡丹花蕊为黄色，花瓣有白、黄、粉、红、紫红、紫、墨紫（黑）、雪青（粉蓝）、绿、复色十大色，舒元舆《牡丹赋》描述说："叶如翠羽，拥抱比栉，蕊如金屑，妆饰淑质。"②黄金般雍容华贵的"内在品质"，大红大紫、秾艳多彩的"外在"姿容，加上繁密的枝叶，使牡丹既富丽堂皇，又热烈奔放，艳压百芳，具有极其强劲的感官冲击力和至强至烈的色调感染力。白居易《牡丹芳》："牡丹芳、牡丹芳，黄金蕊绽红玉房。千片赤英霞烂烂，百枝绛点灯煌煌。"③王建《题所赁宅牡丹

---

① 程杰《中国梅花审美文化研究》，第 293 页。
② ［唐］舒元舆《牡丹赋》，《文苑英华》卷一四九。
③ ［唐］白居易《牡丹芳》，《白氏长庆集》卷四。

花》："粉光深紫腻，肉色退红娇。"①徐凝《牡丹》："疑是洛川神女作，千娇万态破朝霞。"②牡丹花香馥郁，沁人心脾，具有强烈的心灵震慑力。李正封《牡丹》："国色朝酣酒，天香夜染衣。"③皮日休《牡丹》："竞夸天下无双艳，独占人间第一香。"④温庭筠《牡丹二首》："蜂重抱香归。"⑤这里关于牡丹的香与茶花的香味类似，都是由蜜蜂采尽山茶花蜜来写花之香，由落花犹聚甘露之香，写山茶花香之久远。

第三，花姿的不同。茶花花姿丰盈，端庄高雅，如玉般纯洁无瑕，虽具富贵姿态而不妖艳，惹人爱怜。范成大《题赵昌四季花图·梅花山茶》："月淡玉逾瘦，雪深红欲燃。同时不同调，聊用慰衰年。"⑥《梅花山茶》是题冬季花图。梅花在月光下淡雅可人，山茶在白雪中如火如荼，虽然它们开放在同一时间，却是一浓一淡，一清冷一热烈，格调迥然不同。它们在冬日的寒冷中慰藉着诗人的孤寂。刘克庄一生钟爱梅花，因之遭祸而喜好不改，主要与他对梅花品格的认识有关。《跋梅谷集》云：夫梅，天下之清物也。在人品中惟伯夷可比，西湖处士亦其亚焉。世人皆欲与梅为友，窃意梅之为性，取友必端，非其人而强纳交，梅将以为浼己也。《小孤山记》云：

> 晋人园圃必有奇花异卉，如洛之牡丹、蜀之海棠、广陵之芍药。当其盛时，靓妆炫服，各极姿态；及夫一气凄变，千林摇落，向敷荣者，今皆安在？意造化生物之机缄，至是

---

① ［唐］王建《题所赁宅牡丹花》，《王司马集》卷三。
② ［唐］徐凝《牡丹》，《全唐诗》卷四七四。
③ ［唐］李正封《牡丹》，［宋］朱胜非《绀珠集》卷一一。
④ ［唐］皮日休《牡丹》，《山堂肆考》卷一九七。
⑤ ［唐］温庭筠《牡丹二首》，《温飞卿诗集笺注》卷九。
⑥ ［宋］范成大《题赵昌四季花图》，《石湖诗集》卷二五。

息矣。而梅出焉，层冰积雪之后，断原荒涧之滨，明月宝璐，照映穹壤，幽香绝艳，可敬而难亵□。冻槁自守之乐，未尝为玉笛羯鼓之所点涴者，独此花为然。……订其标度，岂非百卉之先觉，众芳之后殿欤！

梅花清雅脱俗，纯净端庄，诗人引以为友，显是自明心迹。宋代自林逋咏梅妙句流传以来，咏梅诗层出不穷，一般江湖诗人都借咏梅标榜自身的高雅脱俗。刘克庄好咏梅的创作嗜好，正是源自这样的社会文化背景，同时他曾因梅遭祸，故更想借梅明志。《病后访梅九绝》云：

一联半首致魁台，前有沂公后简斋。自是君诗无警策，梅花穷杀几人来。

菊得陶公名愈重，莲因周子品尤尊。从来谁判梅公案，断自孤山迄后邨。[1]

牡丹花的姿态神韵，更是千娇百媚，极尽婀娜之能事，逗人垂爱，发人遐思。李白《清平调》其二：“借问汉宫谁得似，可怜飞燕倚新妆。”[2]白居易《牡丹芳》：“映叶多情隐羞面，卧丛无力含醉妆。低娇笑容疑掩口，凝思怨人如断肠。秾姿贵彩信奇绝，杂卉乱花无比方。”[3]王建《同于汝锡赏白牡丹》：“乍敛看如睡，初开问欲应。”[4]

韩愈《戏题牡丹》：“幸自同开俱隐约，何须相倚斗轻盈。陵晨并作新妆面，对客偏含不语情。”舒元舆《牡丹赋》更将牡丹的姿态铺陈到极致：“向者如迎，北者如诀。坼者如语，含者如咽。俯者如愁，仰者如悦。袅者如舞，侧者如跌……或的的腾秀，或亭亭露奇。或颭然如招，

---

① ［宋］刘克庄《病后访梅九绝》，《后村集》卷一〇。
② ［唐］李白《清平调》，《李太白全集》第1册，第305页。
③ ［唐］白居易《牡丹芳》，《白氏长庆集》卷四。
④ ［唐］王建《同于汝锡赏白牡丹》，《王司马集》卷四。

或俨然如思。或带风如吟，或泣露如悲。或垂然如绝，或烂然如披。或迎日拥砌，或照影临池。或山鸡已驯，或威风将飞。其态万万，胡可立辨！”①

第四节　茶花的神韵及其象征意义

园艺学家曾把花卉的美分为色、香、姿、韵四个方面。前面三个方面色、香、姿，它们是花卉本身所具有的生物属性，是一种客观美、自然美，是花卉先天所具有的，是属于第一层次的。而第四个方面韵，即神韵、风韵，这是一种主观美、象征美，是人类后天所形成的，通过移情、象征、比喻、拟人等表现手法加诸花卉身上，“是人类机体加在物质东西或事件之上的”，“象征由于人的横加影响而获得意义”②，是属于第二层次的美。同样对于茶花来说，它也包括色、香、姿、韵四个方面的美。前面在论述茶花的整体美感时已经具体描述了茶花的色彩美、香味美、姿态美，而下面着眼的将是茶花的神韵美。这种神韵美可以概括为几个词，即娇美、傲骨。

一、娇美

着一“娇”字，一般都会用在少女身上，因为她们有着精致的脸庞、柔滑的肌肤、美好的身材，再加上那扑面而来的青春气息，真是清新娇嫩，可爱无比。但自古以来，在诗词创作中，多有以花喻美人、用美人比花的模式，花与美人之间的相互拟喻已经形成一种传统的模式。因此，对于茶花的神韵美，首先想到的便是其非常娇美。

① ［唐］舒元舆《牡丹赋》，《文苑英华》卷一四九。
② ［美］怀特语，转引自庄锡昌《多维视野中的文化理论》，第244页。

陶弼《山茶》：

　　江南池馆厌深红，零落空山烟雨中。却是北人偏爱惜，
数枝和雪上屏风。①

图19　牡丹魁。花蝶翅型,桃红色。最外层花瓣大而平展，内轮外瓣渐次而小，内轮花瓣呈蝶翅状，多直立。花径8—12厘米。花瓣60～100片，是腾冲山茶花瓣最多者。花期最早，10月至翌年2月。

　　遍布江南山野的山茶，花红似火，娇艳不妖；叶色丰厚，端庄朴实；枝干交加，刚健挺拔。它四季常青，花期耐久，屡经历代诗人词客的吟咏赞叹，却落得"江南池馆厌深红，零落空山烟雨中。"色彩艳红、娇美可爱的山茶为池畔馆阁所不容，只能凄然开放在空寂无人的深山峡谷，悄然零落于朦胧飘忽的山岚春雨,原因何在呢？自古云"物以稀为贵"，池馆主人养花种草在夸富显贵，观赏倒在其次，所以只看重不易购求的奇花异草，而厌弃寻常可见的山茶，实不足怪。但更重要的原因却在于，江南天暖地温的自然条件掩蔽了山茶经冬历春、耐寒傲雪的惊人青春活力。正如孔子所说："岁寒，

① ［宋］陶弼《山茶》，《邕州小集》不分卷。

326

然后知松柏之后凋也。"同样的道理，山茶只有在冰封雪盖的北国才能充分展示它那"雪里娇"的绝美风姿。于是，在江南遭人厌弃的山茶，"却是北人偏爱惜"。

山茶长年青翠、花大色艳，而且吐蕊于红梅之前，凋零于桃李之后，为众花所不及。

苏轼《邵伯梵行寺山茶》：

　　　山茶相对阿谁栽？细雨无人我独来。说似与君君不会，烂红如火雪中开。[1]

图20　九心紫袍。大理名种。花艳红色。花径13—14厘米。花期1～2月。

图21　一品红（网友提供）。浓桃色，花径12—13厘米。花期2～3月。

---

① ［宋］苏轼《邵伯梵行寺山茶》，《苏轼诗集》第4册，第1286页。

诗写得既幽静又热烈，寺院中有两株山茶相对盛开，是谁栽种的呢？在冰雪未消、细雨纷纷的冬春时节，诗人独来赏花。山茶花的娇艳姿色和傲然神态，任何语言都难以表达，鲜艳的红花似熊熊燃烧的烈焰，映衬着晶莹冰雪和蒙蒙细雨。

杨万里《山茶》：

　　春早横招桃李妒，岁寒不受雪霜侵。题诗毕竟轮坡老，叶厚有棱花色深。[①]

写山茶花的内在之美。诗人依据山茶的生长特征，言其从"早春"至"岁寒"不怕桃李妒忌，不畏霜雪欺侵，在任何恶劣环境下，不改美丽的容貌，不改坚贞不屈的秉性。这也正是诗人要赞颂它的原因。末二句，诗人自谦，谓在苏东坡之后题诗赞山茶花，恐贻笑大方。山茶花是在太娇美、太高洁了，诗人怕自己写出的诗不能充分表现出来。此处巧妙地运用了反衬的方法，表现了花的可贵。最后，诗人收而又放写出"叶厚有棱花色深"之句，非常质朴地描写了山茶叶与花的形貌特征。

雪后新晴，一簇盛开的山茶花傲然挺立在冰天雪地间。艳红如火的朵朵丹葩错杂镶嵌在丰厚如幄、深绿似碧的密叶之间，洁白的雪团层层迭迭地堆砌在红花绿叶间，犹如红妆素裹，把山茶花装扮得分外妖娆。在茫茫白雪的背景映衬下，山茶花鲜明娇艳、光彩熠熠。它像一团团闪动的火苗，给寒冬时节带来了春天的温暖气息；它像一盏盏闪亮的红灯，给冰封雪盖的山野抹上绚丽的彩霞。那娇艳不妖的花容、厚重朴实的叶色、刚健挺拔的姿态，多么惹人喜爱呀！值此山茶盛开、大雪出霁之时，诗人怎能不踏雪寻花而来？

---

① ［宋］杨万里《山茶》，《诚斋集》卷四一。

沈周《白山茶》：

> 犀甲凌寒碧叶重，玉杯擎处露华浓。何当借寿长春酒，
> 只恐茶仙未肯容。[1]

它总是在晚秋天气稍凉时，静静地开在庭院之中。它花姿丰盈，端庄高雅，如玉般纯洁无瑕，让人不忍碰触。它的清香，优雅而芬芳，氤氲在赏花人的心中。在几乎所有的花朵都枯萎的冬季里，山茶花格外令人觉得生意盎然。此时，菊已消沉梅未醒，而山茶则莹莹独吐玉光华。松竹梅世称"岁寒三友"，其实松竹有叶无花，梅有花无叶，惟山茶绿叶萋萋，花枝灼灼，冷艳争春，红英斗雪。这真乃比"三友"而知茶胜也。诗人由山茶的花叶形态展开奇异的想象，融入神话传说，使这首小诗呈现出瑰奇神异的独特风格和亦庄亦谐的活泼情趣。山茶叶苍翠油绿，四季常青，与木犀（即桂花）叶极相似。它硬而有棱，叶厚如碧，中间阔而两头尖，即使在严冬时节，它也傲然挺拔，凌寒不凋。诗人抓住山茶叶片的自然特性，比喻说"犀甲凌寒碧叶重"，实在是再恰切不过了。诗人想象那些簇拥着山茶花的片片绿叶如厚重的犀甲，抵御冰雪严寒的侵袭，护卫娇艳的山茶凌寒开放。

于若瀛《山茶》：

> 丹砂点雕蕊，经月久含苞。既足风前态，还宜雪里娇。[2]

"既足风前态，还宜雪里娇"二句着眼于山茶花的风采神韵，从虚处落笔，含不尽之意于言外，给人留下十分宽广的想象余地。山茶花或以千朵艳发、烂若云锦的火热场面赢得人们的衷心赞叹，或以一朵花开、弥月不谢的诱人娇姿招惹群芳的艳羡和妒忌。在严冬的凛冽寒

---

① ［明］沈周《白山茶》，《广群芳谱》卷四一。
② ［明］于若瀛《山茶》，［清］姚之骃《元明事类钞》卷三三。

风中，它刚健挺拔，显得沉稳坚定，顽强不屈；在初春的料峭冷风中，它精神抖擞，显得欢欣鼓舞，激动不已；而在仲春的和煦微风中，它又轻摇曼舞，显得那样婀娜多姿，娇柔含情。"既足风前态"一句虽然没有具体描写山茶花的种种风前情态，但却挣脱了任何特定情境的限制，因而具有包容一切"风前态"的深广内涵。但是，山茶的娇美丰姿不仅显露在风前，在雪飘冰封的寒冬时节，火红的山茶在那银白的世界中更显得耀眼、热烈、妖娆。它的娇艳可爱之处，也只有这样地宣示！诗人在此对山茶"雪里娇"的风韵同样没有作具体描绘，但却"不着一字尽得风流"，山茶斗雪怒放，红葩与白雪相映的娇艳形象活现于读者眼前。诗人善于调动读者的想象，正是他做诗的高妙之处。

总之，茶花身上这种娇美的神韵，是审美主体诗人基于茶花外在的生物属性而得到的审美感受，这是一种主观感受，是一种发自内心对茶花的喜爱。

二、傲骨

茶花在那鲜亮挺拔的绿叶陪衬下，那大个的含苞待放的花骨朵，有如一支巨大的神笔，雄姿勃勃，皎洁饱满，光彩夺目；它那鲜红色的外装，仿佛羞羞答答的小姑娘，不肯立刻开放，只悄然露出丝丝洁白的内衣。它是朴实无华的，它又是端庄典雅，它没有桃花的淘气，牡丹的艳丽，紫荆的开朗……它身上无时无刻不散发出一种历史的气味，使人联想到了古代的女子，有种成熟、与世无争之气味，让人留连忘返。

刘克庄《山茶》二首：

青女行霜下晓空，山茶独殿众花丛。不知户外千林缟，
且看盆中一本红。性晚每经寒始拆，色深却爱日微烘。人言

此树尤难养，暮溉晨浇自课僮。①

　　这首诗，一开始即点明山茶花盛开的季节，处于寒冬。"青女"，神话中霜雪之女神。"下晓空"，具体指出时间是在早晨。诗中渲染了山茶花盛开的环境气氛。在百花争妍之余，山茶花独自开放，更加光彩照人。诗人黄庭坚在《白山茶赋》中称赞它"秉金天之正气，非木果之匹亚"。可见它这种不争先艳独甘后荣的品格，一直为人们所赞赏。三四句中以"户外"与"盆中""千株"与"一本""缟"与"红"相对照，形成强烈反差。户外已千里冰封银装素裹，而室内之山茶花独立寒枝，花红似火。这就使山茶花更觉可爱。言"不知"户外之寒，实际衬托出室内之温馨。看到那盆如火如荼的山茶花，哪里还会觉得寒冷呢。五六句赞赏山茶耐寒喜阳的本性。山茶性喜在寒冷时节吐花，"常共松杉守岁寒"；它花色深重，又爱承受温暖的阳光。这种喜寒逐暖的秉性，正是诗人所称道的。末尾二句诗人深情赞赏山茶花简朴平易的品格。山茶甚美，却受责难。一个"尤"字，更见责难之重。而诗人为之申辩，点明只要及时指使仆童早晚浇灌水就行。说明山茶花并非桀骜不驯之辈。此句含义深刻，表现了诗人对山茶的特殊爱护。茶花盛开于冬末春晓，因花期长，一朵茶花能开二十余天，甚至弥月不落。所以宋代大诗人陆游誉它为"雪里开花到春晓"，又说"惟有山茶偏耐久，绿丛又放数枝红"②。宋人曾巩也以诗赞其花期特长："山茶花开春未归，春归正值花盛时。"③南宋爱国诗人刘克庄的这首七律，也正抓住了茶花这一特征。

---

① ［宋］刘克庄《山茶》，《后村集》卷三。
② ［宋］陆游《山茶一树自冬至清明后著花不已》，《剑南诗稿校注》第 4 册，第 2130 页。
③ ［宋］曾巩《山茶花》，《元丰类稿》卷二。

在人们的心目中,茶花也同人一样有傲骨和气节。云南《陆良县志》记载了一个茶花不朝"平西王"的动人传说:"陆良普济寺在治北五里许,中有茶花一株。枝干茂盛,花瓣较多,颜色艳丽。清初吴三桂移植垣安阜园,花忽萎。三桂怒捺还之,仍植寺中,花复重开。谚有'朝佛不朝王'之说。"曹树翘的《滇南杂记》也记载了一个奇异现象:"通海三元宫,旧有茶花一本。奇艳异于常树,月夜姿尤妍妙,花落时瓣接仰而不俯……"好一个"仰而不俯",竟是何等地有骨气。

第五节　茶花的人格象征兼与梅花的比较联用

一、茶花的人格象征

中国传统哲学研究"天人合一"。天,即指大自然,其中当然包含花草树木。在上古时代先民的眼里,天是具有人格的,因此将花人格化,自然就成了中国花文化的一项重要内容。以兰花比君子,颂莲花出淤泥而不染,梅花更是"俏也不争春,只把春来报"。对傲雪盛开而红艳经月的茶花,在中国古代文献中对其花品、花德,自然也不乏赞誉之篇或溢美之辞。细辨起来,山茶中实以云南山茶风韵最胜。自宋代开始,出现了大量赞颂茶花花品、花德德诗、词、赋。这是人们观赏茶花的一个质的飞跃:从前人单一地观赏其外形美丽而发展到同时欣赏其内在美,及至将茶花人格化。这源于中国的传统哲学"天人合一"。"天"是包括花草树木在内的大自然。将花与人"合一",将茶花人格化,是中国茶花文化的一个重要特点。因而,就有了许多歌颂茶花的花品和花德的佳篇。

透过茶花外在的色彩、气味、姿态而把握其内在的实质，进而概括出茶花具有娇美、朴实两个特色。可以说，"娇美"、"傲骨"这两个方面是着眼于茶花娇艳、高洁所具有的特质，而这也构成了茶花人格象征的两个方面。

接下来将通过茶花与梅花的比较进一步地挖掘其内在的本质，也进一步深化人们对茶花内在品性的认识。

二、茶花与其他花木的比较、联用[①]

（一）茶花与梅花的比较——比较写形

早期咏梅赋梅，重在写形，主要借助这样一些角度：

首先是同时关系。众所周知，茶花属于山茶科常绿灌木或小乔木。碗形花瓣，单瓣或重瓣。花色有红、粉红、深红、玫瑰红、紫、淡紫、白、黄色、斑纹等，花期为冬春两季，较耐冬。梅花属蔷薇科落叶小乔木，株高约 10 米，花色原种呈淡粉红或白色，栽培品种有紫、红、彩斑、淡黄等。梅花花期在每年 12 月至次年 3 月，正值冰天雪地、霜风凄紧之时，朔风、霜雪、寒冻、寂寥构成梅花严酷的生存环境，这与整个宋代尤其是南宋所面临的严峻形势、与宋代有志之士的现实处境有着惊人的相似相通之处，因此寒瘦的梅花能引起宋代文人的普遍关注，激起他们普遍的共鸣。

茶花的花期在冬春，霜雪中仍能花盛叶茂。唐代方干《海石榴》"满枝犹待春风力，数朵先欺腊雪寒"以雪里开放、与雪同时写茶花之早。唐代皇甫曾《韦使君宅海榴咏》"淮阳卧理有清风，腊月榴花带雪红"基本构思也是以雪写茶花。唐代以来，诗歌中经常以"梅雪交映"表

---

① 本小节的写作，参考了程杰老师《梅与雪——咏梅范式之一》一文，《阴山学刊》2000 年第 1 期。

示腊尾年头、冬去春来，如刘禹锡《元日乐天见过因举酒为贺》"门巷扫残雪，林园惊早梅"，冯延巳《酒泉子》"早梅雪，残雪白"，都是梅雪并举代表残腊早春。

其次是疑似关系。即以花与雪之间的错觉误认来写茶之白、茶之洁，这里潜含着比喻。如宋人曾巩作《以白山茶寄吴仲庶》诗："山茶纯白是天真，筠笼封题摘尚新。秀色未饶三谷雪，清香先得五峰春。"再如陶弼道："大白山茶小海红""年年身在雪霜中。"①；俞国宝道："玉洁冰寒自一家，地偏惊对此山茶。"；而同样唐卢照邻《梅花落》："雪处疑花满，花边似雪回。"

（二）茶花与梅花的比较——托喻写神

在上述两种关系之外，茶花梅花之间还有两种关系是较为后起的，这就是"相对"与"映衬"。相对关系即梅花茶花与环境的对立。宋代陆游的《山茶》诗云："雪里开花到春晚，世间耐久孰如君。"唐朱庆余《早梅》："天然根性异，万物尽难陪。自古承春早，严冬斗雪开。"不是报春，而是"斗雪"，这是表现对立关系较早的典型诗例。

其次是相衬、相宜关系。中唐以降，借梅花之遭霜欺雪虐以自寓身世的悲慨伤情已基本让位给对梅花傲寒品格的赞赏。对梅花来说，霜雪不再是凌轹强暴之物，反成了助威添思、相映相衬之物。方干的两首诗则云："满枝犹待春风力，数朵先欺腊雪寒。"②写了在腊雪中数朵先开的海石榴花等待着春风。另一首《胡中丞早梅》诗道："芬郁合将兰并茂，凝明应与雪相宜。"梅花之品性本就与雪为宜，因寒见性，崔道融《梅花》诗言："香中别有韵，清极不知寒。""雪"之于"梅"

---

① ［宋］陶弼《山茶》，《邕州小集》不分卷。
② ［唐］方干《海石榴》，《玄英集》卷五。

已非相对的因素，而是相宜相媲的关系。讲梅花茶花之媲美，目的不是描写花容花色，交代花期花时等形似特征，而是侧重于渲染、烘托、比喻梅花茶花的特殊品性和神采。如果说以往重在"写形"，那这类侧面烘托则转向"写神"。

到了宋代，上述两种侧重于梅花茶花品格、神韵的映衬、拟喻进一步衍化为两种说法，这就是"雪里精神"（刘弇《宝鼎现》）和"雪样精神"。所谓"雪里精神"，即赞美茶花梅花"严冬斗雪开"的傲骨品格，梅花茶花又能迎霜斗雪，于天寒地冻之时破冰而开，传达春天的信息，又让艰难之中的人们看到春天的希望，倍感鼓舞而不惮前行。

"小院一枝梅，冲破晓寒开"（黄庭坚《绣带子·张宽夫园赏梅》）；"花谢酒阑春到也，离离，一点微酸已着枝"（苏轼《南乡子·梅花词和杨元素》）；"欲传春信息，不怕雪里藏"（陈亮《梅花》）。陆游的《山茶一树自冬至清明后著花不已》："东园三日雨兼风，桃李飘零扫地空。惟有山茶偏耐久，绿丛又放数枝红。"[1]诗人抓住了山茶花最突出、最珍贵的特性，不写花在长冬中的傲霜斗雪，而写在清明后斗雨战风。语言精炼，风格豪迈，平易通畅，语气雄浑。明代文震亨亦有诗称山茶花为"耐久花"："似有浓妆出绛纱，行光一道映朝霞。飘香送绝春多少，犹见真红耐久花。""耐久"这一特性，表现了山茶不改本色的可贵品格。末句用"绿丛"映衬"数枝红"，更觉山茶红艳。"又放"一语用得甚妙，一放而再放，给人以生机勃勃的感觉。这首诗写的浅中有深，平中有奇，故足令人咀嚼。陆游的诗多处写茶花的"耐久"，正是歌颂了茶花自冬及春虽经霜雪风雨，仍能顽强地"著花不已"的

---

① ［宋］陆游《山茶一树自冬至清明后著花不已》，《剑南诗稿校注》第4册，第2130页。

高贵品质。

明清时代的茶花诗词，在赞颂茶花历岁寒而耐久的基础上又有所深化。明代归有光的《山茶》云："山茶孕奇质，绿叶凝深浓，往往开红花，偏在白雪中，虽具富贵姿，而非妖冶容，岁寒无后雕，亦自当春风。吾将定花品以此拟三公梅，君特素洁乃与夷叔同。"[①]沈周的《红山茶》也云："老叶经寒壮岁华，猩红点点雪中葩。愿希葵藿倾忠胆，岂是争妍富贵家。"[②]山茶老叶经寒犹茂，仍能猩红点点地在雪中开花；茶花就像向日葵向着太阳一样表达着自己的赤胆忠心，而不去富贵之家争妍争宠。《三国志·陈思王植传》"若葵藿之倾叶……诚也。"[③]诗人笔下的红山茶成了肝胆赤诚的义士。清代段琦的《山茶花》："独放早春枝，与梅战风雪。岂徒丹砂红，千古英雄血。"把茶花的红色写成"英雄血"，可谓空前绝后。在诗人的笔下，茶花与梅花一样，成了"战风雪"的"千古英雄"。奇哉！伟哉！清代迟奋翮的《茶花》则进一步将茶花人格化。诗人先写了茶花在"万卉凋零"之时仍能"吐艳共枫红"，并描绘了它的"朱颜"和"艳质"。接着进一步写了茶花的劲骨和豪兴："骨劲自能开对雪，兴豪喜见笑迎风。"这位对雪迎风的英雄，是何等地坚强和自豪！

所谓"雪样精神"，则是说梅花茶花具有霜雪一样的品质，即以霜、雪、冰、玉诸物质之洁白、晶莹、冷冽的感觉来直接比喻、指称梅花茶花高洁、冷凛、清峭之品性。这是晚唐方干、崔道融等人关于梅花气"清"韵"寒"之感的进一步发挥。茶花梅花花色淡静，花形寒瘦，

---

① ［明］归有光《山茶》，《震川集》别集卷一〇。
② ［明］沈周《红山茶》，《广群芳谱》卷四一。
③ ［晋］陈寿《三国志·魏志》卷一九。

花香幽深；不与百花争妍，破冰报春；冰清霜洁，傲雪凌寒，刚毅凛然；疏拔苍劲，似澹实美。

茶花内在的雪霜姿。苏轼《和子由柳湖久涸，忽有水，开元寺山茶旧无花，今岁盛开二首》："长明灯下石栏干，长共松杉守岁寒。叶厚有棱犀甲健，花深少态鹤头丹。久陪方丈曼陀雨，羞对先生苜蓿盘。雪里盛开知有意，明年开后更谁看。"①诗人梅尧臣展望：等到山茶花盛开时，可不要嗤笑园中的寒梅啊！表面是以寒梅来衬托山茶花的美好，实则暗示，清贫的诗人宁愿与寒梅作伴，像山茶这样的富贵花是担当不起的。含蓄有致，富于情趣。诗篇不疾不徐，娓娓道来，浅而能深，淡而有味，风趣而含蓄，显示出特有的艺术魅力。

梅花内在的雪霜姿。"更无花态度，全是雪精神。"（辛弃疾《临江仙·探梅》）"更雪琢精神，冰相韵度，粉黛尽如土。"（赵与洽《摸鱼儿·梅》）"冰肌玉骨精神，不风尘。""墙角数枝梅，凌寒独自开。"（王安石《梅花》）"高标逸韵君知否？正在层冰积雪时"（陆游《梅花绝句》）"幽芳不载蔚宗谱，绝俗韵高吾最许。"（李复《雪中观梅花》）与以雪写梅之花期早、花色白不同，这里的霜雪之比喻、衬托重在渲染梅花的品格神韵。

所有这些，构成震撼宋人心灵的"梅格"与"茶德"——梅花和茶花的精神与品格。它不是外现的，而是内敛的。所谓"诗老不知梅格在，更看青枝与绿叶"（苏轼《定风波·咏红梅》）。明代姚涞《梅花记》说："（梅花）今古同赏，或谓其风韵独胜，或谓其神形俱清；或谓其标格秀雅；或谓其节操凝固。""梅氏者，有五善焉。博于济物，

---

① ［宋］苏轼《和子由柳湖久涸，忽有水，开元寺山茶旧无花，今岁盛开二首》，《苏轼诗集》第 2 册，第 335—336 页。

仁也；不扰于时，义也；生不相陵；礼也；审于择友，智也；出不衍其期，信也。"梅花简直是内美的典范，契合宋人"内圣"的选择与追求，这是宋人咏梅兴盛最根本的原因。邓渼（号直指）是明代的文学家，万历三十八年（1610年）曾巡按云南，并作了《茶花百韵并序》长诗。人们曾归纳出"大茶花"的十大特点：花好、叶茂、干高、枝软、皮润、形奇、耐寒、寿长、花期经久、适于瓶插；并给予它"云南山茶，奇甲天下"①的美名。明冯时《滇中茶花记》云："茶花最甲海内，种类七十有二。冬末春初盛开，大于牡丹，一望若火齐云锦，烁日蒸霞。南城邓直指有茶花百韵诗，言茶有数绝：一、寿经三四百年，尚如新植；二、枝干高竦四五丈，大可如抱；三、肤纹苍润，黯若古云樽罍，四、枝条黝纠，状如麈尾龙形；五、蟠根轮囷离奇，可凭而几，可藉而枕；六、丰叶森沉如幄；七、性耐霜雪，四时常青；八、次第开放，历二三月；九、水养瓶中，十余日颜色不变。"基本把它的优点概括了出来。这"十绝"也称为"十德"，后世一直作为称颂茶花的著名典故。并有称茶花为"十德花"者。清初戏曲家、园艺家李渔，在其《闲情偶寄》中，则将茶花称作草木中的"神仙"："花之最不耐开，一开辄尽者，桂与玉兰是也；花之最能持久，愈开愈盛者，山茶、石榴是也。然石榴之久，犹不及山茶。榴叶经霜即脱，山茶戴雪而荣，则是此花也者，具松柏之骨，挟桃李之姿，历春夏秋冬如一日，殆草木而神仙者也！"；此外人们还赞茶花是"宜寿如山木，经霜似女贞"；"莲或羞泥污，葵空向日诚"；"一种皆称美，群芳孰与争？"这首诗是对茶花花德的宏观评价，是对茶花花德的全面总结。

宋代是中国古代历史上文化学术最为发达的时期，也是儒、道、

---

① ［清］张毓碧修《云南府志》，民国重印本。

释等各种文化思想大交会、大融合的时期。整个宋代文化思想在扭转唐代外倾取向的基础上，实现了向理性的哲学转向。推理、究理、体理是宋代文人的生活方式，得理、存理是他们生活的终极目标。高深理论修养和超迈学识才力的潜移默化，改塑和重铸宋代文人的性情气质、襟怀风神，以理性的精神、睿智的思理、圆融的智慧、辩证的思维来谐调性情涵养，涤除狂热激情，培育优雅高逸的胸襟风度、平和冲淡的性情气质、萧散简远的生活情调和渊雅不俗的艺术情趣。[1]梅花花色纯朴，花香清淡，不事张扬，以淡静的态度迎对冰霜，早馨凌寒；梅枝疏拔、横逸、苍劲，幽姿淡雅；宜月宜水，与冰雪为伴，与竹为朋，品性高洁，闲适淡泊。

总之，梅花一如儒雅的君子，浑身上下弥漫着"雅"的气韵。范成大《梅谱》云："梅以韵胜，以格高。"李纲《梅花赋》曰："梅花非特占百卉之先，其标格清高，殆非余花所及。"林逋的《山园小梅》："疏影横斜水清浅，暗香浮动月黄昏。"将梅花神清骨秀、疏淡清幽的气韵形象而鲜明地表现出来。蔡镇楚先生认为，林逋"梅妻鹤子"的生活方式与审美情趣，奠定了宋代文人生活的基调和美学趣味。[2]与其说奠定了宋代文人的美学趣味，不如说林逋首先发现了梅花的雅趣之美，并用精致生动的诗性语言形象地表达出来。而梅花的雅趣之美，百分百地契合宋代文人优雅高逸的胸襟风度、平和冲淡的性情气质、萧散简远的生活情调和儒雅不俗的艺术情趣，因而引起宋代文人普遍的认同和共鸣，并被广泛地题咏。

汪蛟《传衣寺》："轻云低向半山横，俯瞰群峰与足平。处处泉流

---

① 黄南珊《重理时代情理审美关系的畸变》，《社会科学辑刊》1998 年第 4 期。
② 蔡镇楚《宋词文化学研究》，第 247 页。

供洗钵，闲闲马足践香薷。环穿松径疑衣湿，啸对山茶映日明。返辔归途余暮景，犹闻好鸟送春声。"①传衣寺有古松，其枝虬蟠横，撑二十余丈，其奇在根，反一二围，身则十数围。画松欲似真松树，今真松似画而愈画不出，憾仅得一见，今无存矣。惟大宋茶在寺中之锦云楼前，高五七丈，大十数围，花则数万朵，烂若锦云焉。升庵先生题曰"锦云，山茶也。今龙大古拙犹存，花则甚少，老成之具有典型，存其义而已。花时凭吊其下，使人增"淡泊明志，宁静致远"之想。

---

① ［明］汪蛟《传衣寺》，［清］范承勋《鸡足山志》，第 594 页。

第四章　茶花与唐宋元明社会文化心态

第一节　茶花与唐代社会文化心态

茶花的色、香、态等生物属性契合盛唐大国景象及其社会文化心态，因而能引起唐人的关注和喜爱；随着社会的发展，唐代社会文化心态发生了某些微妙变化，而盛唐、中唐、晚唐的茶花诗歌则反映了各个阶段社会文化心态的不同特质。[①]

一、唐人的茶花情结及其社会文化背景

早在南朝陈代的尚书令江总就在《山庭春日》诗中写道："岸绿开河柳，池红照海榴"，在春天的山庭，河岸上柳树的绿叶挂满枝条，池塘边海榴的红花映照水面，写了花色是红色，点明花期是春天；还说明了当时人们已在山庭旁造景即植杨树、栽茶花。这是当时陈国的京都建康（今南京）文人植茶花的真实写照，这也是迄今发现的第一首写茶花的诗。

茶花与迎春花一样成为春天的使者，却不是报春第一枝，与梅花一样出现在冬天，却没在人们心目中留下凌寒独自开的孤傲与不畏。

有名无名的茶花照旧按季节开放，姹紫嫣红，构筑着一个万紫千

---

① 本章第一节、第二节的写作，参考了邹巅先生《牡丹折射下的唐代社会文化心态》一文，《北京林业大学学报（社会科学版）》2008 年第 3 期。

红总是春的花花世界，招惹着行人的眼。在唐诗的花花世界中，牡丹的雍容华贵，兰花的清幽淡雅，桃花的红粉不自娇……都没能阻止诗人为茶花的绚烂而倾情歌颂。

在《全唐诗》中，有海榴诗 24 首。从唐朝的海榴诗可以证明南北朝及隋、唐的海榴就是山茶花。

二、唐代茶花渐热的文化背景

普列汉诺夫曾指出："所有的意识形态都有一个共同的根源：这个时代的心理。"唐代社会崇尚茶花的风尚，是建立在唐代社会的经济基础之上，与唐代社会的时代精神、社会文化心态有着密切关联的。换句话说，是唐代社会经济发展的结果；是唐代社会的时代精神、文化心态的一种反映。同时，这种风尚的形成，与茶花本身的色相品味紧密相关。

（一）唐代社会政治经济及时代精神与社会心理

李唐一统中国，历时数百年的分裂与内战终于结束。吸取隋朝灭亡的教训，唐代统治者采取一系列开明政策，居安思危，励精图治，在政治、经济、文化、外交等各方面都取得了辉煌的成就，揭开了中国古代历史最为辉煌灿烂的篇章。唐代社会生产力发展，经济繁荣，国力强盛，旧的门阀势力在长期的动乱中烟消云散，而以皇室为中心的关中门阀又遭到武则天的着意打击，科举取士为广大的世俗地主阶级知识分子打开了通向各级政权的道路。这一切决定了唐代是一个充满青春活力和自信力的时代，匡时济世的荣誉感和使命感、建功立业的理想主义和英雄主义弥漫在整个社会氛围中，由此形成了有唐一代青春自信、搏击进取的文化精神与积极向上、奋发有为的社会文化心理。昂扬焕发的风貌、狂放自信的气度、雄浑浩大的气势、积极有为的态度、开放创新的观念、刚健明朗的格调、绚丽璀璨的生活……构成了阳刚雄健、热烈焕发的唐代社会文化心态。杨炯《从军行》："宁为百夫长，胜作一书生。"王勃《送杜少府之任蜀川》："海内存知己，天涯若比邻。"王昌龄《出塞》："但使龙城飞将在，不教胡马度阴山。"李白《行路难》："长风破浪会有时，直挂云帆济沧海。"等等都反映出这种积极的文化心态。

（二）茶花的生物属性——取悦社会审美心理的基础

山茶花别名山茶、茶花，今天人们一般说的山茶花其概念是比较笼统的，它包括了植物分类学上的山茶科山茶属（下含二百二十余种）中的许多种观赏花木，如云南山茶（拉丁文名作 Camellia reticulate）、茶梅（Camellia sasanqua）及近年来新发现的金花茶（Camellia chrysantha），而不单指山茶花（Camellia japonica）。被我国人民长期当作饮料饮用的茶（Camellia sinensis），也是山茶科山茶属中的一种，所开之花自然也叫做茶花，但因重在茶叶的饮用上，其花的观赏价值较低，人们仅命之为茶，虽同为山茶属，却与山茶花并不混淆。

这种概念其实源于传统。在古代，列于山茶名下的不仅是中州的山茶花（C.japonica），还包括滇山茶、蜀山茶、南（指两广）山茶等种类及变种茶梅等。这在古人撰述的植物、园艺著作中都可以得到印证。至于饮用之茶，别称茶、荈、槚，历来划归为另外一类，区辨甚明。山茶原产我国南方，为常绿灌木或乔木，树姿优美，荫稠叶翠，花朵大如杯盏，娇艳富丽，被公认为名贵的花品。

山茶花是原产我国的名花，有二千七百多年栽培历史，我国山茶以云南、四川为盛。明代李时珍在《本草纲目》中，对山茶做了较详细的描述："山茶产南方，树生，高者丈许，枝干交加。叶颇似茶叶而厚硬有棱，中阔头尖，面绿背淡。深冬开花，红瓣黄蕊。"明人冯时可《滇中茶花记》中载：山茶花"性耐霜雪，四时常青，次第开放，历二三月；水养瓶中，十余日颜色不变。"《格古论》云："花有数种，宝珠者花簇如珠。最胜海榴茶，花蒂青。石榴茶中有碎花。踯躅茶，花如杜鹃花。宫粉茶、串珠茶皆粉红色。又有一捻红、千叶红、千叶白等名。可不胜数，叶各小异。或云亦有黄色者。"

唐人已有不少咏山茶的诗篇，且多有佳作。李白《咏邻女东窗海石榴》诗形容山茶花像"珊瑚映绿水，未足比光辉"。唐诗人方干的《海石榴》诗描绘山茶花"亭际夭妍日日看，每朝颜色一般般。满枝犹待春风力，数枝先欺腊雪寒"。诗人贯休《山茶花》诗曰："风裁日染开仙囿，百花色死猩红谬。今朝一朵坠阶前，应有看人怨孙秀。"借"绿珠坠楼"的典故写山茶落花"艳红如血"，和诗人卢肇《新植红茶花偶出被人移去以诗索之》诗："最恨柴门一树花，便随香远逐香车。花如解语犹应道：欺我郎君不在家。"一样爱花惜花之情淋漓笔下，动人心魄。

（三）世、心、物三象契合，牡丹与茶花各具特色

图 22　石榴茶（网友提供）。系四川山茶品系。

审美的问题只有在"内宇宙"与"外宇宙"的交叉融合中才能得到全面的解释。赏、咏牡丹茶花盛行于唐代，形成唐代社会一道独特的文化风景，这是唐代社会政治经济繁荣发达的盛世景象，以及建立在此基础上的社会心理、审美文化和牡丹茶花本身的生理习性等多方面因素综合作用的结果。

第一，牡丹秾艳多彩、雍容华贵、热烈奔放、丰神富态，与唐代大国盛世景象相吻合；山茶花大形胜，雍容华贵，有牡丹之姿，却始开于初冬，这与牡丹迥然有别。山茶更能引以为贵的特点是，它的花期甚是漫长，能放廿余天，连开数个月，经冬不衰，历春而盛，令人啧啧称奇。梅花"成名"极早，《诗经》里就有它的芳名，她斗雪而立，铁骨铮铮，然而太寒瘦了；荷花出淤泥而不染，迎骄阳而不惧，姿色清丽而不妖，色相俱佳，但隔水相望，有些虚空；兰花那写意似的线条和幽深的情韵，极其雅致，逗人无限遐思，但太苗条了，给人纤弱之感。唯有牡丹，青春勃发，色丽态富，神丰韵雅，品相两宜，无论内在品格与外在色相，都无愧为大国盛世景象的象征。陶谷《清异录》载："南汉地狭力贫，不自揣度，有欺四方傲中国之志，每见北人，盛夸岭海之强。(周) 世宗遣使入岭，馆接者遗茉莉，文其名曰'小南强'。及面缚到阙，见牡丹大骇，有缙绅谓曰，此名'大北胜'。"正如学者所分析的，"茉莉……色泽、气势自不能与丰盈鲜艳、雍容华贵的牡丹相提并论。以牡丹弹压茉莉，很能伸张后周——当时的中州王朝作为国家统一主体的恢弘气象"。[①]

第二，秾艳奔放、千娇万态的牡丹，在花型、花色、花香与花的姿态等方面极富扩张力、冲击力和感染力，契合了唐代青春自信、搏

---

① 程杰《牡丹、梅花与唐宋两个时代》,《阴山学刊》2003 年第 2 期。

击进取的文化精神与阳刚雄健、热烈焕发的社会文化心态及审美心理。意气风发、热烈奔放的社会文化氛围，似无形而有力的巨手，推动着当时的人们欣赏一切浓烈、辉煌、宏大、丰盈、富丽、奢华的人、物、事。

第三，山茶并不是十分耐寒的花，我国东北、西北、华北因气候严寒，都不适宜于它的生长，它能于冬季开放。大诗人陆游曾吟道："东园三日雨兼风，桃李飘零扫地空。唯有山茶偏耐久，绿丛又放数枝红。"题为《山茶一树自冬至清明后着花不已》，颇能说明问题。曾巩《山茶花》诗："山茶花开春未归，春归正值花盛时"，将山茶花跨春而开的特征生动地揭示出来，尤见韵致。至于李笠翁，抓住这一点，更是大做文章：

> 花之最不耐开，一开辄尽者，桂与玉兰是也；花之最能持久，愈开愈盛者，山茶、石榴是也。然石榴之久，犹不及山茶。榴叶经霜即脱，山茶戴雪而荣，则是此花也者，具松柏之骨，挟桃李之姿，历春夏秋冬如一日，殆草木而神仙者乎？[1]

物有所长，亦有所短。桂、玉兰、石榴，花时较山茶为短，攻此一点，不及其余，自是吃亏，有失公允。然单就这一点而言，山茶称雄于诸花也是事实，李笠翁的话毕竟不错。

第二节　唐人茶花诗歌与社会文化心态变迁

《诗大序》说："治世之音，安以乐，其政和；乱世之音，怨以怒，其政乖；亡国之音，哀以思，其民困。"就中国古代历史而言，唐代是最为灿烂夺目的一页，是封建社会的鼎盛时期，然而具体到唐代不同

---

① ［清］李渔《闲情偶寄》，第 246 页。

的发展阶段，又要区别对待。随着唐代社会经济的发展变化，社会文化心态发生了许多微妙的变化，而这种变化在唐人的茶花诗歌中得到了较充分的对象化表现。

王维的《红牡丹》："绿艳闲且静，红衣浅复深。花心愁如斯，春色岂相知。"与贯休的《山茶花》："风裁日染开仙囿，百花色死猩红谬。今朝一朵坠阶前，应有看人怨孙秀。"两首诗歌显示出的是诗才如此灵动飞扬，晴朗活泼，生趣盎然。前一首尽管表现得是诗人一种伤春惜花之情，并借助拟人化手法将这种伤春之情赋予他笔下的牡丹，但在王维悠然恬淡、清幽澄净的佛禅心境的过滤下，在诗情与画意的融会之中，红艳娇嫩的牡丹却也"清幽绝俗"①。贯休是唐末著名的诗僧，且善书法，工人物画。贯休的这首写四川山茶花的诗，立意与构思别具一格，不同凡响。诗的首句虽然点明了风定日晴的花园环境，但没有去描绘茶花盛开的场面，而将笔锋一转立即写了艳红如猩血的茶花已经"色死"衰败的景象，把立意放在了"惜花"上面。后两句写落花则更是匠心独具，运用了"绿珠坠楼"的著名典故。据《晋书·石崇传》载，贵族石崇的爱妾绿珠"美而艳，善吹笛"，被赵王司马伦的嬖臣孙秀看中，"指索绿珠"。在受到石崇的勃然拒绝后，孙秀矫诏逮捕石崇，绿珠为报答丈夫，当场"自投于楼下而死"。诗僧贯休看到茶花"一朵坠阶前"，便联想到了绿珠坠楼，将绿珠与落花融成一体，抒发了自己的惜花（人）之情，并表达了对"孙秀"残害绿珠（茶花）的怨恨。一代高僧，在古稀之年犹有如此情思，确实不易。借"绿珠坠楼"的典故写山茶落花"艳红如血"，和诗人卢肇《新植红茶花偶出被人移去以诗索之》诗："最恨柴门一树花，便随香远逐香车。花如解语犹应道：

① ［清］施补华《岘佣说诗》，丁福保辑《清诗话》，第 980 页。

欺我郎君不在家。"①一样爱花惜花之情淋漓笔下，动人心魄。诗中呈现的并非低沉哀婉的痛惜，而是宁静空幽之际盈满的对眼前春色物事的珍惜。

温庭筠的《海榴》：

> 海榴红似火，先解报春风。叶乱裁笺绿，花宜插鬓红。
> 蜡珠攒作蒂，缃彩剪成丛。郑驿多归思，相期一笑同。②

温庭筠这首茶花诗浅显易懂，通过如火红的海榴向我们展示了一个个血肉丰满、活灵活现的美丽女子形象。仔细玩味下去便觉情挚韵远，余味犹存。首联先述海榴的花红似火，花开报春。颔联写了绿叶如剪裁精美的笺纸，其花是妇女喜爱的插鬓饰物，它说明了在唐代把茶花簪插于鬓发之上已成女人们的时尚了。颈联则用蜡烛烧滴的油珠比喻花蕊，并用"缃彩剪成"的丛球比喻花形。尾联运用了"郑驿迎宾"的典故。"郑驿"即郑庄驿，是汉武帝时大农令郑庄置驿马于四郊迎宾的庄园。诗人在如此好客的"郑驿"竟然思归，其原因在于他思念着要与海榴花"相逢一笑"，情景交融处，含蓄着的主人公深沉爱情，已穿越了千年的岁月仍然悠远深长。该诗对海榴作了详尽的描述，简直达到了尽善尽美、惟妙惟肖的程度。唐人崇尚丰华秾艳，书法讲究肥厚，风格由初唐的方整劲健趋向雄浑肥厚；女性也以丰腴为美，杨贵妃就是丰盈美的典型；唐三彩马造型宏大，圆臀厚背，四肢粗壮，线条流畅，流光溢彩，是力量、健康与美的完美结合。

盛唐牡丹、茶花诗是对青春、生命、活力的一种吟唱，情调欢快健朗、酣畅热烈，反映出历史上升期与繁荣期社会文化心理所拥有的

---

① ［唐］卢肇《新植红茶花偶出被人移去以诗索之》，《全唐诗》，卷五五一。
② ［唐］温庭筠《海榴》，《温飞卿诗集笺注》卷七。

那种自信、优雅和从容。无论是王维的《红牡丹》，还是司空图的《红茶花》，都烙上了盛唐强势文化所特有的心灵印记:优美明朗、健康焕发;诗中洋溢着对有血有肉的人间现实的肯定和感受、憧憬和执着，渗透着丰满的、具有青春活力的热情和想象，即使是享乐、忧伤，也仍然闪烁着青春、自由和欢乐。[1]宋王朝积贫积弱，但在宽松的文化环境下，宋代文化学术却达到了中国古代社会的最高峰。以科举"策论取士"为契机，以儒道释的融合为背景，整个宋代文化向内拐，性理之学大放光芒。在这种社会文化氛围下，宋代咏物实现了向哲学的转向，或有理而妙，或无理而妙，或富于禅味，于唐代咏物之后，别开理趣之生面。生活的理性化与理性化的生活，构筑宋人"哲学栖居"的生活图式，塑造了宋人内敛儒雅的风度气韵。

美的艺术是真善美的统一。文学旨在构建一种未来社会的乌托邦式的理想形态，它是真善美的"淘金者"，在创造美的同时，发现真与善。所以文学作为"理念的形象显现"，[2]以揭示外宇宙与内宇宙的奥秘为使命，它从来就站在上帝的身边。美国著名美学家乔治·桑塔亚那（George Santayana，1863 年—1952 年）说过:"把自己运用熟练、富于情感的想象力指向一切事物的秩序，或指向整个世界之光的诗人，此时就是哲学家。"[3]

---

① 李泽厚《美的历程》第 159 页。
② ［德］黑格尔《美学》第 1 卷，第 142 页。
③ ［美］乔治·桑塔亚那《诗与哲学》第 6 页。

第三节　宋代茶花诗词的兴盛

唐人视茶花，与众花无异，偶有题咏。据《全唐诗》与《全唐诗补编》，唐代咏茶花诗仅 28 首，唐代咏梅花诗为 90 余首。至宋代，咏茶花诗词异军突起，共计达到 62 首，同样咏梅花诗词也大放异彩，作《梅花百咏》者多达 28 人[①]，其中尤以张道洽为著，有梅花诗 300 首。只是这些大型梅花组诗现在大多已经散佚。据台湾廖雅婷女士统计，两宋咏梅词人共 341 人[②]。荣斌先生据《全宋诗》《全宋词》及《全宋词补辑》统计，两宋咏梅诗多达 4700 多首，咏梅词 1100 余首；咏梅词占咏花词的 50%，咏梅诗词占宋代诗词总量的 2.15%，而唐人这一数据是 0.15%。

宋代尤其是南宋，种梅、赏梅、咏梅，种茶花、赏茶花、咏茶花成为一种全国性的审美风尚。

第四节　宋代茶花诗词兴盛的文化动因

宋代文人士子和六朝文人的社会现实处境有着惊人的相似之处。同样行走在风雨飘摇之中，但六朝人与两宋人的性格性分存在极大的差别。钱钟书说："唐诗、宋诗，非仅朝代之别，乃性格性分之殊。天

---

① 程杰《宋代咏梅文学研究》第 21—22 页。
② 廖雅婷《宋代梅花词研究》，台湾中正大学中国文学研究所硕士论文，2003 年。

下有两种人，斯分两种诗。"①

六朝文人与帝王乃至整个世人的"同醉"，一方面哀怜和伤感，一方面追求声色娱乐，但两宋文人士子则在"独醒"的落寞之中担待文化的道义，以深沉的理性，以冷峻的态度，以瘦硬的精神，奏响中国文化思想的最强音。

一、国家和社会环境与茶花冰雪境遇的契合

两宋时常经受北方强势崛起的少数民族的侵扰，并因此导致西晋灭亡晋室东迁的历史以荒诞而屈辱的方式重演，"靖康之变"，金灭北宋，宋室南迁。宋代皇帝大多文采奕奕却武韬泛泛。像"靖康之变"的主角宋徽宗于诗画极有造诣，但于治国却昏庸至极，金兵大举南犯时，慌乱无策的他赶紧传位其子，演出了一出历史丑剧。文弱的宋代皇帝安于现状，不思搏击，偏安一隅，歌舞升平，"山外青山楼外楼，西湖歌舞几时休。暖风熏得游人醉，直把杭州作汴州"（林升《题临安邸》）。宋朝朝政往往为保护主和派所把持，有志之士遭到排挤和打击，而这加剧了宋王朝积贫积弱，国势颓微不振。

茶花花期在每年 11 月至次年 4 月，正值冰天雪地、霜风凄紧之时，"南国有嘉树，花若赤玉杯。曾无冬春改，常冒霰雪开"②"红花胜朱槿，腊月冒寒开"③"山茶花开春未归，春归正值花盛时"④"萧萧南山松，黄叶陨劲风。谁怜儿女花，散火冰雪中。能传岁寒姿，古来唯丘

---

① 钱钟书《谈艺录》，第 2 页。
② ［宋］梅尧臣《山茶花树子赠李廷老》，《宛陵集》卷一八。
③ ［宋］梅尧臣《和普公赋东园十题》之《山茶》，《宛陵集》卷一六。
④ ［宋］曾巩《山茶花》，《元丰类稿》卷二。

翁"①"游蜂掠尽粉丝黄，落蕊犹收蜜露香。待得春风几枝在，年来杀菽有飞霜"②"雪里盛开知有意，明年开后更谁看"③"久疑残枿阳和尽，尚有幽花霰雪初""稍经腊雪侵肌瘦，旋得春雷发地狂"④。朔风、霜雪、寒冻、寂寥构成茶花严酷的生存环境，这与整个宋代尤其是南宋面临的严峻形势、与宋代有志之士的现实处境有着惊人的相似相通之处，朔风中娇美高洁的茶花不正像风雨飘摇的宋代时局。因此娇美高洁的茶花能引起宋代文人的普遍关注，激起他们普遍的共鸣。而茶花又能迎霜斗雪，于天寒地冻之时破冰而开，传达春天的信息，又让艰难之中的人们看到春天的希望，备受鼓舞而不惮前行。

二、文人"内圣外王"的取舍与梅花精神的契合

吸取唐代后期藩镇割据的教训，重文轻武。宋代皇帝多文弱，即便像宋神宗这样相对阳刚的皇帝，也不免有些摇摆不定。尽管宋代积弱积困，文人也不乏雄心壮志，但对于宋代文人来说，追求事功显得渺茫而难以企及，北宋的苏轼和王安石等，南宋的陆游和辛弃疾等，无不如此。中国文人向来以儒家提出的"内圣外王"作为人生最高境界。到了宋代，宋人几经碰撞，在"兼济天下"的梦想破灭之后，不得不作出艰难的抉择，放弃"外王"，向内转，"独善其身"，力求"立德"于天下，以成就其"不朽"。叶适说："夫争妍斗巧，极外物之变态，唐人所长也；反求于内，不足以定其志之所止，唐人所短也。"⑤

---

① ［宋］苏轼《王伯扬所藏赵昌花四首》之《山茶》，《苏轼诗集》第 4 册，第 1336 页。
② ［宋］苏轼《赵昌四季》之《山茶》，《苏轼诗集》第 7 册，第 2397 页。
③ ［宋］苏轼《和子由柳湖久涸，忽有水，开元寺山茶旧无花，今岁盛开二首》，《苏轼诗集》第 2 册，第 335—336 页。
④ ［宋］苏辙《茶花》，《栾城集》卷一〇。
⑤ ［宋］叶适《王木叔诗序》，《叶适集·水心文集》卷一二。

唐人所短恰恰是宋人所长。宋人重理，执着于自然、社会与人生的真知，并将它上升为凌驾一切的最高"理念"与普遍的法则。所谓"饿死事极小，失节事极大"，宋人对理的追求几乎到了痴狂的地步，谓之"理痴"一点也不为过。宋人最具哲性慧思，落尽铅华，宁静淡泊，致力于内在道德伦理与文化人格的构建。

茶花既没有牡丹那样富丽堂皇、热烈奔放的秾艳色感，也没有肥硕的花形，更没有浓烈的花香，但它在百花之中，最富哲学义理与人格意蕴。它花色淡静，花形寒瘦，花香幽深；不与百花争妍，破冰报春；冰清霜洁，傲雪凌寒，刚毅凛然；疏拔苍劲，外枯中膏，似澹实美。

中国作为东方文明古国和山茶属的分布中心，不仅具有茶花自然资源丰富性和物种多样性的特点，而且是世界上最早栽培和观赏茶花的国家。据文献记载，一千八百年前的三国蜀汉时期，山茶已成为人工栽培的观赏花卉。在唐代，中原地区多称山茶为"海榴"，大概是因为当时各路诸侯都把当地的奇花异木进贡到唐朝的国都长安，来自江浙或东南沿海的山茶因此得到了"海榴"的名称。

唐末以后，"山茶"这一名称又开始大量出现于诗词曲赋及文献中。《格古论》云："花有数种，宝珠者花簇如珠。最胜海榴茶，花蒂青。石榴茶中有碎花。踯躅茶，花如杜鹃花。宫粉茶、串珠茶皆粉红色。又有一捻红、千叶红、千叶白等名。可不胜数，叶各小异。或云亦有黄色者。"这段记述的学术价值，不仅记载了自唐代以来就流传的海榴茶和石榴茶的花形，而且是人类关于黄山茶较早的文字记载。王象晋于明代天启元年（1621 年）写的《二如亭群芳谱》中，对山茶的形态、分类、用途、来源及栽培方法，已经有了比较详细的记载。

红花还需绿叶扶，叶申芗《木兰花慢·红山茶》："谱滇南花卉，推第一、是山茶。爱枝偃虬形。苞含鹤顶，烘日蒸霞。桠枝，高张火伞，关粤姬、浑认木棉花。叶幄垂垂绿重，花房冉冉红遮。仙葩，种数宝珠佳。名并牡丹夸。忆吟成百咏，记称十绝，题遍风华。生涯，天然烂漫，自腊前、开放到春赊。风定绛云不散，月明赪玉无瑕。"[1]上阕从花、枝、叶各方面，描述了红山茶的美好特征。物体精工，语言丰美，想象丰富，设计奇特，可称之为妙品。

"谱滇南花卉，推第一，是山茶。"如果给滇南众多的花卉，按品排列，作一个花谱的话，独占鳌头的要推山茶花。开篇强调山茶的名贵，指出它高出众品，压倒群芳，为下文的具体描写了有力的铺垫。"爱枝偃虬形，苞含鹤顶，烘日蒸霞。"一"爱"字领起，以下三句分别描绘红山茶的三种情形，表明对山茶这些奇异异态的赏爱。

"仙葩，种数宝珠佳，名并牡丹夸。"红山茶犹如天上的仙花。要数"宝珠"为佳；与其他种类的花比美，它的名字可以和"牡丹"并举，古往今来，赢得了多少人的赞美。"忆吟成百咏，记称十绝，题遍风华。"用"忆"字领起这三句，"百咏""十绝"，指前人吟咏山茶的作品。句意谓，回忆起前人吟山茶花的众多作品，它的绚烂美丽的风韵华采，人们都尽情地题咏过。"生涯，天然烂漫，自腊前开放到春赊。

这几句谓红山茶天生就是那样烂漫多姿，十分艳丽；而且开花时间特别长，从腊日一直到春末。它开久弥新，令人赏爱。"风定绛云不散，月明赪玉无瑕。"无风的时候，满树的红山茶就象一团不消散的彩云；皎洁的月光下，它则像精美无瑕的赤玉。最后两句，给红山茶作一彩绘，让人留下深刻的印象。

它的花，无论花形，还是花香，孤瘦纯朴，落尽铅华。"犀甲凌寒

---

[1] 转引自中国政协昆明市委编《昆明文史资料集萃》第 6 卷，第 4912 页。

碧叶重，玉杯擎处露华浓。何当借寿长春酒，只恐茶仙未肯容。"①；它总是在晚秋天气稍凉时，静静地开在庭院之中。它花姿丰盈，端庄高雅，如玉般纯洁无瑕，让人不忍碰触。它的清香，优雅而芬芳，氤氲在赏花人的心中。在几乎所有的花朵都枯萎的冬季里，山茶花格外令人觉得生意盎然。诗人由山茶的花叶形态展开奇异的想象，融入神话传说，使这首小诗呈现出瑰奇神异的独特风格和亦庄亦谐的活泼情趣。

它的颜色，色彩秾艳，烂红如火。"胭脂染就绛裙襕，琥珀装成赤玉盘。似共东风解相识，一枝先已破春寒。"②诗人爱山茶之美，用一个又一个比喻来形容它，描绘它，赞美它。一二句"胭脂染就绛裙襕，琥珀装成赤玉盘"。用"胭脂""绛裙""琥珀""赤玉"来形容山茶的色彩、形态、质地，极力描摹其美丽动人的容貌。

大红色的山茶尤为人所喜爱，被誉为"红锦妆""赤玉杯"。诗中亦形象地将山茶花比成用猩红的胭脂染成的大红裙和用血红色的琥珀装饰的赤玉盘。"似共东风解相识，一枝先已破春寒。"后两句进而由"形"入"神"。诗人想象红艳的山茶曾与春神东君相识，所以它最早接近东风，不怕冒着料峭春寒放出第一枝花。诗人笔下的山茶，已有灵性，而且对东风是那么多情。"破"字用得妙，山茶敢于冲破难禁的春寒，先发一枝，其精神实属可佩。

既然诗人着意赞美山花茶，那必定是因为在诗人看来，它具有与众花不同的特异之处。在"胭脂染就绛裙襕，琥珀装成赤玉盘"二句中，为了把自己的印象和感受清晰而又形象地传达给读者，他采用了一连串生动的比喻。山茶花以大红色居多，而且晶莹润泽、光彩照人；花

---

① ［明］沈周《白山茶》，《广群芳谱》卷四一。
② ［明］张新《山茶花》，［清］康熙御定《佩文斋咏物诗选》卷三二六。

瓣微拱，略呈杯状。诗人描写山茶花的色彩，绝口不提"红"字，偏用"胭脂""绛裙襦""赤玉盘"作比，使山茶花的艳红颜色真切可感。诗人用"琥珀"、"玉"来形容山茶花的光洁滑润的质感，仿佛令人触摸可知；而他把山茶花的形状比作"裙襦"、"玉盘"，更显得十分形象、宛然可见。

一般来说这一类的比喻都不免流于平淡，但诗人却展开丰富的想象，力求平中见奇。他在短短两句诗中，充分调动修辞手段，几乎是处处设喻，但因为抓住了山茶花色彩、质地、形状的特点，选用贴切的比喻，所以并不显得堆迭复沓、令人生厌，相反却取得到了以少胜多的效果，让读者仅凭十四个字便想象得出山茶花的娇艳丰姿。

咏花之诗能栩栩如生地描绘出花儿的色彩形貌，自然不足为贵。而事实上，山茶花之所以具有迷人的美丽，令诗人赞赏不已，本来也并不仅仅因为它花大如莲，色红似火。山茶的可贵之处更突出地表现在吐蕊于红梅之前，具有"耐冬"的品格。如果说这首诗的前两句写出了山茶花的自然美，那么后两句则采用拟人化的手法重在表现它的人情美。"似共东风解相识，一枝先已破春寒"两句，虽不妨理解为山茶花得东风青睐，故而能得天独厚，一枝先放，却不免显得山茶花太消极、太被动，因而略嫌美中不足。

第五节　衰敝的元明咏茶花文学

咏茶花文学历经唐宋的高度发达与繁荣，盛势已去，唐宋之后的元明咏茶花文学在外部条件与内在因素的作用下，走向衰退。

一、元明咏物：日薄西山，数量虽多，佳构寥寥

元代诗坛相对寂寥，优秀作家主要从事相对通俗的戏曲创作，以诗体为主要表现形式的咏物文学就更加冷清。咏物作家作品的数量相当有限，除个别作家在咏梅上有大量的创作外，题咏其他事物的作品都比较少，佳构名篇稀缺。

元代咏物诗以萨都剌为代表。萨都剌的咏物诗，"长于抒情，流丽清婉"，往往依据情感表达的需要来摄取物象。

萨都剌《阻风南露筋过罗汉寺登楼看山茶》：

> 野寺寻春酒未醒，不知几日过清明。小阑干外东风急，一树山茶落晚晴。①

本来，诗人因为旅途受阻而忧愁不已，而落花也是极容易引起伤感的景象，前人写落花的诗篇多为伤春之作，但诗人却独运匠心，以素朴的诗句写出色彩绚丽的落花景象。透过诗行，我们似乎可以看到诗人为落花美景拍手叫绝的惊异神态。在这首小诗中，诗人为了突出山茶花落得绮丽美景，先着意渲染借酒消愁的忧郁情调和楼高风急的凄清气氛，从而造成强烈的艺术效果，令人不能不为之动心。再如《闽城岁暮》："岭南春早不见雪，腊月街头听卖花。海国人家除夕近，满城微雨湿山茶。"②萨都剌诗长于写情，风格流丽清婉。萨都剌本人不是理学家，他虽同理学家交往，往往意在以文会友，而非论道谈理。《雁门集》中有大量的抒情诗，也说明萨都剌一生以抒情诗人自居。萨都剌一般不以议论入诗，他在诗中很少谈论性理，因而他的诗不以理趣取胜，而以抒情见长。萨都剌走弃宋宗唐的路，于诗歌创作中摈弃理路，

---

① ［元］萨都剌《阻风南露筋过罗汉寺登楼看山茶》，《雁门集》卷三。
② ［元］萨都剌《闽城岁暮》，《雁门集》卷三。

重视情感。萨都剌在博采众长的基础上，较多地继承了李白、李商隐、温庭筠等人的传统，形成了以清雅流丽、豪放奇崛为其个性的创作风格。萨都剌的诗风，是唐宋以来古典浪漫主义传统的继续，也是古典浪漫主义传统在元代的发展。萨都剌勤于向前人学习，博采众长，转益多师才形成自己独特的风格。他学习前人，却不拘泥于前人，往往能将借鉴过去的东西，揉进新的意境之中。因而，他是一位具有独创性的诗人。

前人论萨都剌的艺术风格，往往以"流利清婉"、"风流俊逸"概括之。虞集《清江集序》中称萨诗"最长于情，流利清婉"，瞿佑《归田诗话》亦称其诗"清新绮丽，自成一家"。清人顾嗣立《元诗选》称萨都剌诗"清而不佻，丽而不縟"，顾奎光《元诗选·序论》说："天锡诗有清气，不是一味浓丽。"所谓清气，实指萨诗的清新格调。元人戴良称萨都剌"清新俊拔，成一家之言"（《丁鹤年诗集序》），田汝成说："萨都剌天赐风流俊逸，不亚铁崖。"①这是说萨诗俊爽的格调。"流利清婉"、"风流俊逸"固然是萨都剌诗的主要特色，但综观萨都剌诗，还有豪放奇崛的另一面。有时两种风格相兼，但他的诗"看似寻常最奇崛"（毛晋《雁门集跋》），"声色相兼，奇正互出"（潘是仁《雁门集序》）。元人千文传对萨诗风格有较全面的概括："其豪放若天风海涛，鱼龙出没；险劲如泰华云门，苍翠孤耸；其刚健清丽，则如淮阴出师，百战不折，而洛神凌波，春花霁月只娟也。"（《雁门集序》）这些评价是很高的，说明萨都剌诗取得了令人瞩目的艺术成就，诗人才情富健，诗风格多样。

萨都剌诗中追求"清气"，与提倡"唐音"的时代风尚有关。他在诗中也云："乡情犹越分，诗句尽唐音。"（《送金德启之句容》）唐音

① ［明］田汝成《西湖游览志馀》卷一一。

成为元人评价诗的格调高下的标准。虽然领会的唐音内容不完全相同，但萨都剌所追求的唐音主要是清新俊逸。元代咏茶花词以洪希文为代表《踏莎行·雪中山茶》："风掠寒条，雪封冻蕊。行人蚁冻荒崖里。千岩万壑白皑皑，孤红杰出真堪美。生类歼夷，芳心销歇。玄冥漏泄春生意。冲寒折得一枝来，徐熙画底应难比。"①

明代由于推行文化专制主义，文字狱一波接一波，独尊程朱理学，实行八股取士，文人的思想受到极大的钳制，惶惶恐恐，谨小慎微，逃避现实，诗坛复古之风盛行，所以尽管明代诗人众多，作品数量巨大，但终乏大家。比如陈淳《山茶》："丹葩间碧茶，雪中自重叠。山人依醉时，奈可映赪颊。"②此诗借花写情，格调高雅，表现了诗人热爱自然、热爱美的退隐闲居的生活情趣及清和淡远的襟怀，但感情真挚热烈，因而具有很强的艺术感染力量；

于若瀛《山茶》："丹砂点雕蕊，经月久含苞。既足风前态，还宜雪里娇。""既足风前态"一句虽然没有具体描写山茶花的种种风前情态，但却挣脱了任何特定情境的限制，因而具有包容一切"风前态"的深广内涵。但是，山茶的娇美丰姿不仅显露在风前，在雪飘冰封的寒冬时节，火红的山茶在那银白的世界中更显得耀眼、热烈、妖娆。它的娇艳可爱之处，也只有在这样的环境中才能得到最充分的展示！

诗人在此对山茶"雪里娇"的风韵同样没有作具体描绘，但却"不著一字尽得风流"，山茶斗雪怒放，红葩与白雪相映的娇艳形象活现于读者眼前。诗人善于调动读者的想象，正是他做诗的高妙之处。

这些可以说是明代咏茶花诗歌中的佼佼者，不少被选入历代咏物

---

① ［元］洪希文《踏莎行·雪中山茶》，《续轩渠集》卷九。
② ［明］陈淳《山茶》，［明］郁逢庆《书画题跋记·续题跋记》卷一二。

诗的选本。在构思上有其可称之处，或贴切逼真地呈现事物的情状，或委婉批判现实，但整体说来比较平易浅切，缺乏应有的历史深度与哲学深度，也缺乏一种摇荡情感、感人肺腑的真挚而深长的情感。

二、宋代余绪，因多创少

元明两代一个是文化缺席的时代，一个是文化专制的时代，更不用说形成具有自身特点文化精神与文化品格。因此，元明咏物基本上沿着宋代的路子。

释道衍《茶轩为陈惟寅赋》：

> 千苞凛冰雪，一树当窗几。晴旭晓微烘，游蜂掠芳蕊。
>
> 淡香匀蜜露，繁艳照烟水。幽人赏咏迟，每恨残红委。①

诗人从眼前含苞的山茶写起，凭丰富的想象，描绘出山茶盛开的美景，借以突出"幽人赏咏迟，每恨残红委"的遗憾心情。而这一切所透露出的却是诗人对山茶花的挚爱深情。

这突出表现在题材上，元明人没有像唐宋人那样发掘出新的重大咏物题材，梅花仍然是元明两代咏物文学题咏的主导题材，在元明咏物作品中占相当大的比重。元代郭豫亨有梅花诗集《梅花字字香》，他在自序中称："余爱梅花，自号梅岩野人，凡见古今诗人梅花杰作必随手抄录而歌咏之。积以岁月，遂成巨编。熟之既久，若有所得，日辄集其句，得百篇，自为'字字香'。"②

明代高启集中言及梅花的诗约有40来首。周献作有《梅花百咏》，于谦和诗百首。李江也写有《梅花百咏》。在咏物意蕴的创设上，也没有多少新鲜的发现，而只能在唐宋人的基础上寻求语言的翻新与重构。

---

① ［元］释道衍《茶轩为陈惟寅赋》，《广群芳谱》卷四一。
② ［元］郭豫亨《梅花字字香自序》，李修生主编《全元文》第 60 册，第 237 页。

同时元明两代是中国俗文学崛起的时代，整体社会文化表现出强烈的浅俗文化倾向。受市民化、通俗化社会文化环境与文化氛围的影响和熏染，元明咏物文学又扭转了宋代中后期咏物典雅蕴藉的特点，整体上表现出浅切、平易的美学风貌，在元明咏物诗中表现得尤为明显。

第五章　中国古代茶花诗歌的意识指向

　　作为一种理论抽象的"宋诗"概念，似乎真具有某种超越时代的艺术素质，即为论者所公认的与"唐音"相对的"宋调"。如果孤立地看这种素质，有的唐诗下开"宋调"，有的宋诗嗣响"唐音"；甚至可以说"一集之内，一生之中，少年才气发扬，遂为唐体；晚节思虑深沉，乃染宋调"①诗歌风格的演变，归根结底受制于时代的文化背景与社会心理的变迁，而诗人的审美意识和创作心理则是"文理"与"世情"之中介。因此，"唐音"和"宋调"艺术素质的差异，乃在于唐宋诗学的意识指向的不同。

　　所谓意识指向，是指诗的艺术素质中体现出来的诗人的审美意识和创作心理的倾向性。它不仅是个人经历、性格的反映，也是社会审美心理的表现，或社会文化意识的积淀。宋代文化精神在制约宋诗的意识指向方面发挥了巨大影响，使得宋诗人在理论上和实践上都鲜明地体现出立异于唐诗的自觉。约略说来，宋诗学的意识指向异于唐诗之处在以下四点：一是忠君体国的忧患意识，二是明心见性的内省态度，三是睿智的理性精神，四是典雅高尚的人文旨趣。这四点与宋人对诗的本质和作用认识相关，而更直接地将诗学观念熔铸为"宋调"的艺术素质。

---

① 钱钟书《谈艺录》，第 4 页。

第一节　忠君体国的忧患意识

倘若只依文明的发达程度来衡量，宋代无疑是中国封建文化最辉煌的时期，不仅"华夏民族之文化，历数千载之演进，而造极于赵宋之世"①，而且在宋代，"中国的文化是世界上最辉煌的"②。

宋王朝文官政治的推行，极大地提高了士大夫的自尊心和责任感。宋代儒学的复兴，则极大地振奋了士大夫负重致远的弘毅抱负。因此，积贫积弱的国力与繁荣发达的文化之间形成的巨大反差，使得宋人维护华夏正统文化的历史使命感比任何朝代的士人都显得更为强烈。时代的病态造成宋人忧患意识的流行和深化："居庙堂之高，则忧其民；处江湖之远，则忧其君。是进亦忧，退亦忧。然则何时而乐耶？其必曰：先天下之忧而忧，后天下之乐而乐。"③这不光是范仲淹个人的襟抱，而可以视为两宋有识之士的共同心声。

宋诗人处于外患威胁的时代，社稷之忧时时盘结于心，这样，忧患意识就成为宋诗重要的意识指向之一。宋人欣赏乐易而不满悲哀，似乎与此忧患意识自相矛盾。然而，宋人反对的悲哀怨愤，乃是个人性的一己之穷愁，此处所言忧患意识，乃是民族性的天下之忧，九州悲歌与秋虫孤吟，自有天渊之别。④就主题而言，宋诗学中的忧患意

---

① 陈寅恪《金明馆丛稿二编》，第 245 页。
② 《泰晤士世界历史地图集》第 127 页，转引自许总《宋诗史》，第 15 页。
③ ［宋］范仲淹《岳阳楼记》，《范文正集》卷七。
④ 《欧阳文忠公文集》卷五《读李白集效其体》："山头婆娑弄明月，九域尘土悲人寰。……下看区区郊与岛，萤飞露湿吟秋草。"

识主要表现在以下三方面：

第一，恤民忧国。宋诗人作为文官政治的体现者，普遍对社会现实和平民生活表示强烈的关注，即所谓"居庙堂之高，则忧其民"。这种"忧"不仅表现为对民间疾苦的深切同情，往往还连带着对自身尸位素餐的沉痛自责。

如范成大的《玉茗花》："折得瑶华付与谁？人间铅粉弄妆迟。直须远寄骖鸾客，鬓脚飘飘可一枝。"①

山茶具有色、香、姿、韵的品格。

玉茗花是一种黄蕊绿萼的白色山茶花。它不艳羡姹紫嫣红的盛饰，却雅好清丽淡逸的素妆。在如霞似火的山茶花丛间，它宛如天然秀逸的白衣仙子超然独立。故而在诗人看来，它不是寻常可见的凡花，而是传说中的仙花。

宋人洪兴祖注屈原《九歌·大司命》说："瑶花，麻花也，其色白，故比於瑶，此花香，服食可致才寿。"晋人张华《游仙寺》也有句云："列坐王母堂，艳体餐瑶华。"这种浩白如玉、清香幽淡的仙花自然不易对见，而诗人却不仅寻得此花，而且采折下一枝。这高洁淡雅的白花自然理应送给淡妆素抹、冰清玉洁的女儿佩戴，但诗人却不能不为"折得瑶华付与谁"而发愁。人间女子只知道借铅粉生色，无不涂脂抹粉，着意妆扮；怎晓得靠铅华修饰容貌最不顶用，矫饰造作非但不能增添秀美，反而掩蔽了天然的姿色。"弄妆"，即修饰装扮；"迟"，延误。既然人间无可脱俗者，哪儿能寻得出这玉花的主人呢？

仙花还宜人戴。诗人在世间寻不出堪与玉茗花相配的人，只好把眼光移向天上。"直须远寄骖鸾客，鬓脚飘飘可一枝。""直"，语气副词，

① ［宋］范成大《玉茗花》，《石湖诗集》卷一七。

"竟"或"真"的意思。"直须"即"真应该"。"骖鸾客"指仙人。唐代韩愈《送桂州严大夫》诗云："远胜登仙去，飞鸾不暇骖。"范成大当年由中书舍人出知广静江（即桂林）府时，曾撰著沿途纪行之书一卷，取韩愈诗意名为《骖鸾录》，因此这里又隐含着自比的意思。"可"，适合、相称的意思。天仙无意装束，鬓发飘拂，俊逸潇洒戴上一枝玉茗花，更显得神采标映，风韵遒上，姿容隽秀，真可谓花洁神清，纤尘不染。

诗人在三十年的仕宦生涯中，坚持正义，关心民瘼，忠君爱国，因此，他虽然也曾做过两个月的参政，达到过"宰执"大臣的仕宦高峰，但却屡遭排挤、两次落职。面对南宋王朝的腐败残破局面，他的诗作中过早地表现出孤独寂寞的情怀，悲感消沉的心境和洁身自好的品格。这首小诗借花抒情，曲折委婉地表达了诗人对现实的批判，表现出超脱世俗丑恶的幻想。其中虽不免带有消极避世的道家思想色彩，但诗人以丰富的想象力创造了高雅飘逸的意境，因而仍然具有相当强的艺术感染力量。

在外患深重的时代，恤民的情怀必然会集中转化为对国事的忧虑。这种"报国""许国"之志，是宋诗人重要的思想价值取向，而"忧"与"愤"是其最鲜明的特点。

再如刘克庄的《满江红·二月二十四日夜饮海棠花下作》：

老子年来，颇自许、心肠铁石。尚一点、消磨未尽，爱花成癖。懊恼每嫌寒勒住，丁宁莫被晴烘拆。奈暄风烈日太无情，如何得！张画烛，频频惜；凭素手，轻轻摘。更几番雨过，彩云无迹。今夕不来花下饮，明朝空向枝头觅。对残红满院杜鹃啼，添愁寂。[1]

---

[1] ［宋］刘克庄《满江红》，《后村集》卷二〇。

刘克庄的这首《满江红》，表达了作者的爱花、惜花之情。开头两句，自称"老子"，有愤世嫉俗的嘲弄意味；接下来称自己铁石心肠，语似诙谐，意实刚烈，表现了作者的政治态度和不妥协的精神。刘克庄于灭亡在即的赵宋王朝，屡遭贬斥。这开头几句虽是开场陪衬，却显现了作者的主导思想。"尚一点"，笔锋一转，入题点明"爱花"。"爱花"与"铁石心肠"，一软一硬，相映成趣，英雄豪气与儿女情长二者有机统一。接下四句具体描写"爱花"。"懊恼"两句从正面写，语言通俗自然，情意细腻熨帖，惟妙惟肖地传达出"爱花"的一片痴情。"奈暄风"两句是反写，现实无情，摧残鲜花，实在无奈。这里的"无情"与上面的一片痴情，形成强烈的对比，表达了爱之深，恨之切！这里的怅惘与感慨，已为下片的描写作了过渡。

　　如果说上片以"爱花"作为主要内容，那么下片则以"惜花"作为灵魂。"频频""轻轻"都表达出怜香惜玉的柔情蜜意。诗人为何倍加珍惜，其原因是"更几番雨过，彩云无迹"，留住春色是作者的心愿，但赏花之时日已不多，故有惋惜之叹。末四句回应词题"夜饮"，以"今夕"、"明朝"的对比，表现词人心中的不安和忧虑。篇末描绘了残红满地、杜鹃哀鸣的图景，情调低沉凄婉，表现了作者对国家、对前景的失望。

　　刘克庄的这首词，一个显著的特点是脱略形迹，不对物象（即海棠花）做工致细腻的描画，而是重在情感的抒发，借花诉忧，借酒浇愁，全词气势奔放，慷慨悲咽。清人李调元在《雨村诗话》中称："刘后村克庄有《满江红》十二首，悲壮激烈，有敲碎唾壶，旁若无人之意。"李语用来评价这首咏花词，十分恰当。

　　诗的实质已非对具体文物的外流而感到惋惜，而是对华夏正统文化的惨遭毁弃而"感激流涕"。苏舜钦的《感兴》同样从文化角度表达了忧国情怀，诗中对宋仁宗的礼仪形式与辽国为伍的现象痛心疾首："惜哉共俭德，乃为侈所蛊。痛乎神圣姿，遂与夷为侣。苍生何其愚，瞻叹走旁午。贱子私自嗟，伤时泪如雨。"[1]这种维护华夏文化的忧患意识在南宋陆游那里表现得更为充分，他的很多爱国主义诗篇，都展示出挚爱汉民族文化风俗的感情[2]。

第二，忠君悲怆。宋人的忠君意识不能简单理解为效忠封建专制君主，而更多地带有维系汉民族国家完整的意味，这在民族矛盾尖锐的社会背景下，自有其正面的意义。我们注意到，宋人特别欣赏杜诗"一饭不忘君"的精神，这句话的发明权可归苏轼，而其精神却是宋诗人的共识：老杜虽在流落颠沛，未尝一日不在本朝。故善陈时事，句律精深，超古作者，忠义之气，感发而然[3]。

苏轼一方面是忠君爱国、学优而仕、抱负满怀、谨守儒家思想的人物，无论是他的上皇帝书、熙宁变法的温和保守立场，以及其他许多言行，都充分表现出这一点。这上与杜、白、韩，下与后代无数士大夫知识分子，均无不同，甚至有时还带着似乎难以想象的正统迂腐气。但要注意的是，苏东坡留给后人的主要形象并不是这一面，而恰好是他的另一面。这后一面才是苏之所以为苏的关键所在。苏一生并未退隐，也从未真正"归田"，但他通过诗文所表达出来的那种人生空漠之感，却比前人任何口头上或事实上的"隐退""归田""遁世世"更深刻更

---

① ［宋］苏舜钦《感兴》，《苏学士集》卷一。
② 如《剑南诗稿》卷四八《追忆征西幕中旧事》之四云："关辅遗民意可伤，蜡封三寸绢书黄。亦知虏法如秦酷，列圣恩深不敢忘。"又卷一二《五月十一日夜且半梦从大驾亲征尽复汉唐故地》云："冈峦极目汉山川，文书初用淳熙年……凉州女儿满高楼，梳头已学京都样。"蜡丸、文书、服饰都是文化风俗的体现。
③ ［宋］胡仔《渔隐丛话》，后集卷一五。

沉重。因为，苏轼诗文中所表达出来的这种"退隐"心绪，已不只是对政治的退避，而是一种对社会的退避；它不是对政治杀戮的恐惧哀伤，已不是"一为黄雀哀，涕下谁能禁"①，"荣华诚足贵，亦复可怜伤"②那种具体的政治哀伤，而是对整个人生、世上的纷纷扰扰究竟有何目的和意义这个根本问题的怀疑、厌倦和乞求解脱与舍弃。这当然比前者又要深刻一层了。

苏轼在美学上追求的是一种朴质无华、平淡自然的情趣韵味，一种退避社会、厌弃世间的人生理想和生活态度，反对矫揉造作和装饰雕琢，并把这一切提到某种透彻了悟的哲理高度。无怪乎在古今诗人中，就只有陶潜最合苏轼的标准了。只有"采菊东篱下，悠然见南山"，"此中有真意，欲辨已忘言"的陶渊明，才是苏轼所愿顶礼膜拜的对象。终唐之世，陶诗并不显赫，甚至也未遭李、杜重视。直到苏轼这里，才被抬高到独一无二的地步。并从此之后，地位便巩固下来。苏轼发现了陶诗在极平淡朴质的形象意境中，所表达出来的美，把它看作是人生的真谛，艺术的高峰。千年以来，陶诗就一直以这种苏化的面目流传着。

所以，宋人的"自适""娱心"之说，并未使宋诗流为轻薄浮浅的调笑，而常常是在外表的轻松幽默后面，透露出一丝苦涩和悲怆，展示出一种"民吾同胞、物吾同与"的博大襟怀。

---

① ［曹魏］阮籍《咏怀》其十一，陈伯君《阮籍集校注》，第 251 页。
② ［晋］陶渊明《拟古》其四，袁行霈《陶渊明集笺注》，第 326 页。

第二节　明心见性的内省态度[①]

宋人论诗，特别注重一个"意"字，这个"意"是观念性、精神性的东西，包括主体的感觉、情绪、意志、观念、认知等等精神性内容，是诗人向内省察的结果。无论是"言志"还是"写意"，总之，宋诗进一步由物质世界退后到心灵世界。这是一个内在自足的世界，"心"是至高无上的主宰，足以抵御任何物质世界对感官的刺激。"不囿于物"四字，可谓宋诗人内省精神的重要写照，它不同于六朝的"应物斯感"[②]，也不同于唐代的"情缘境发"[③]，而是接近于佛教的"心造万物"之说，只是这"心"是一种内在充实的精神。

由于强调"心"的自主性，宋诗表现得重心显然由物质世界的美感经验转到内心世界的心理经验上来。典型的"宋调"常常是情（意识）压倒景（物象）成为诗歌的主要成分。在宋诗中，人生的各种经验和意志被揭示得纤毫必现：

"人生到处知何似？应似飞鸿踏雪泥；泥上偶然留指爪，鸿飞那复计东西。"[④]苏轼传达的就是这种携带某种禅意玄思的人生偶然的感喟。

---

① 本节的写作，参考了朱靖华先生《苏轼早期诗中的人生思考及其追求"高风绝尘"的审美趋向》一文，《宝鸡师院学报（哲学社会科学版）》1990 年第 4 期。

② 语见《文心雕龙·明诗》。又《诗品序》："气之动物，物之感人，故摇荡性情，形诸舞咏。"

③ 语见《全唐诗》卷八一五皎然《秋日遥和卢使君游何山寺宿敳上人房论涅盘经义》。又《全唐文》卷五九九刘禹锡《望赋》："境自外兮感从中。"

④ ［宋］苏轼《和子由渑池怀旧》，《苏轼诗集》第 1 册，第 97 页。

尽管苏轼不断地进行自我安慰,时时现出一副随遇而安的"乐观"情绪,"莫听穿林打叶声,何妨吟啸且徐行"①"鬓微霜,又何妨"②……但与陶渊明、白居易等人毕竟不同,其中总深深地埋藏着某种要求彻底解脱的出世意念。无怪乎具有同样敏锐眼光的朱熹最不满意苏轼了,他宁肯赞扬王安石,也决不喜欢苏东坡。他们都感受到苏轼这一套对当时社会秩序具有潜在的破坏性。苏东坡生得太早,他没办法做封建社会的否定者,但他的这种美学理想和审美趣味,却对从元画、元曲到明中叶以来的浪漫主义思潮,起了重要的先驱作用。

苏轼的《王伯扬所藏赵昌花四首》之《山茶》:

> 萧萧南山松,黄叶陨劲风。谁怜儿女花,散火冰雪中。
> 能传岁寒姿,古来唯丘翁。赵叟得其妙,一洗胶粉空。掌中
> 调丹砂,染此鹤顶红。何须夸落墨,独赏江南工。③

这一首赞美山茶花形容好到了极点的程度,表现出了诗人高超的写作技巧。苏轼处在士子"补天"意识深厚、期望有所作为而又不能得心应手的时代,因而当他在从政道路上遇到挫折和阻难时,也仍然抱着"不能便退缩,但使进少徐"的进取态度。所以苏轼虽然很早就崇拜陶渊明、学习陶渊明(二人在摆脱庸俗现实的束缚、寻求自由人生方面始终是一致的),但他对陶渊明所设想的隔离人世的"桃花源",很早就表示了迷惘不解:"江山清空我尘土,虽有去路寻无缘。"这明显表现出了苏轼对陶渊明的某种批判精神。苏轼所向往的大自然,是充满了社会人生印迹的。他在《留题峡州甘泉寺》诗中所歌颂的"乐乡",

---

① [宋]苏轼《定风波》,邹同庆、王宗堂《苏轼词编年校注》,第356页。
② [宋]苏轼《江城子》,《苏轼词编年校注》第146页。
③ [宋]苏轼《王伯扬所藏赵昌花四首》,《苏轼诗集》第4册,第1336页。

就是一个质朴社会的自然村落："行行玩村落，户户悬网罩。民风坦和平，开户夜无钞(指无盗人抢劫)。丛林富笋茹，平野绝虎豹。"①最后他以"嗟哉此乐乡"的诗句，赞美了"高风绝尘"的社会人间。即如前面提到的"江阳叟"、"老渔樵"等"高人"，不也正是生活在尘世之中、靠自己劳动为生的平民百姓吗？

而《东湖》一诗，苏轼则为自己开辟创造了一个"高风绝尘"的绝妙审美境界："入门便清奥，恍如梦西南。泉源从高来，随波走涵涵。……新荷弄晚凉，轻棹极幽探。飘摇忘远近，偃息遗珮篸。"②美不胜收的东湖自然景色，使他举觞豪饮，终日忘返；在这里他可以自由自在地任性醉酒，顾及不到暮色苍茫，而当他衣冠不整的归来时，夜鼓钟声已隐隐敲响了。这是多么惬意的"乐乡"生活！诗人恍惚如履仙境，在冲淡清闲中获得了高远自在的人生乐趣，这不是从他灵魂深处融汇成的"高风绝尘"的超脱风神又是什么呢？这种狂放不羁的"绝尘"生活，无疑会起到冲击、破坏封建黑暗社会的作用。

因此，我认为"高风绝尘"就其实质上讲，是诗人对痛苦人生超越基础上所产生的高蹈情怀，是苏轼人生探索和人格自我完善的结果，也是他艺术诗风创造的最高审美标准。苏轼的"高风绝尘"显然是来自魏晋人性自觉时代的传统叛逆精神；但更重要的是，苏轼又是一个在世路崎岖、儒释道思想交汇碰撞中不断更新自己的知识体会，改造思维模式，敢于表露自我的富有建设性、创造性意向，从而构建起他自己思维品性新坐标的人。因此，苏轼是在多角度、多方位的思想批判继承中，在孜孜以求的艺术创造探寻中，逐渐形成了他自我的新体系、

---

① ［宋］苏轼《留题峡州甘泉寺》，《苏轼诗集》第 1 册，第 49 页。
② ［宋］苏轼《东湖》，《苏轼诗集》第 1 册，第 112 页。

新学说，从而形成了他自我文化的新个性。总之，不仅纯粹感官经验不再是宋诗人注意的中心，而且形象的直觉也退居次要地位，自我意识的表达成为诗歌的主要内容。

第三节　睿智的理性精神

按照德国哲学家黑格尔（Hegel）的艺术分类，诗歌属于浪漫型艺术。在浪漫型艺术里，无限的心灵发现有限的物质不能完满地表现自己，于是就从物质世界退回它本身：艺术（浪漫型艺术）的对象就是自由的具体的心灵生活，它应该作为心灵生活向心灵的内在世界显现出来。[①]

宋诗的理性精神是时代风尚的产物。早在宋初，宋太祖问宰相赵普曰："天下何物最大？"赵普答曰："道理最大。"[②]这句话可以说就播下了宋代士人理性文化心态的种子。政治家讲事理，哲学家讲天理、性理，佛教徒讲禅理，文学家讲文理，举凡一切人文领域，莫不以道理贯穿其中。诗人无法超越时代的理性文化心态的制约，出于对诗的政治和道德功能的要求，宋诗人不得不做政治方略和伦理问题的思辨；出于对诗的心理功能的要求，宋诗人愈来愈自觉深入细腻的哲理思索和人生体验。这一切都使宋诗人逐渐形成冷静、理智、形而上的思维习惯。

刘克庄《山茶》二首：

青女行霜下晓空，山茶独殿众花丛。不知户外千林缟，

---

① ［德］黑格尔《美学》第一卷，第101页。
② 不著撰人《宋史全文》卷二五上。

且看盆中一本红。

　　性晚每经寒始拆，色深却爱日微烘。人言此树尤难养，暮溉晨浇自课僮。①

这首诗，一开始即点明山茶花盛开的季节，处于寒冬。"青女"，神话中霜雪之女神。"下晓空"，具体指出时间是在早晨。诗中渲染了山茶花盛开的环境气氛。在百花争妍之余，山茶花独自开放，更加光彩照人。诗人黄庭坚在《白山茶赋》中称赞它"秉金天之正气，非木果之匹亚"。可见它这种不争先艳，独甘后荣的品格，一直为人们所赞赏。山茶花之"不寻常"在其"韵胜"。这个"韵"自然应指：神韵、气质，也就是内在美、精神美。茶花盛开于冬末春晓，因其花期长，一朵茶花能开二十余天，甚至弥月不落。所以宋代大诗人陆游誉它为"雪里开花到春晓"，又说"惟有山茶偏耐久，绿丛又放数枝红"。②宋人曾巩也以诗赞其花期特长："山茶花开春未归，春归正值花盛时。"③

南宋爱国诗人刘克庄的这首七言律诗，也正抓住了茶花这一特征。客观事物在宋诗中扮演的角色常常是表现哲理的中介，宋人感兴趣的不是物象本身，而是它暗寓的宇宙人生的哲理。刘克庄在"暖风熏得游人醉，直把杭州作汴州"④的腐朽政治空气中，既不消沉，又敢于直言，与朝中主和派斗争。他的诗词就反映了这种难能可贵的政治品格，如"长安城中多热官，朱门日高未启关"⑤；"男儿西北有神州，莫滴水西

---

① ［宋］刘克庄《山茶》，《后村集》卷三。

② ［宋］陆游《山茶一树自冬至清明后著花不已》，《剑南诗稿校注》第4册，第2130页。

③ ［宋］曾巩《山茶花》，《元丰类稿》卷二。

④ ［宋］林升《题临安邸》，《宋诗纪事》卷五六。

⑤ ［宋］刘克庄《苦寒行》，《后村集》卷八。

桥畔泪"①，都显示其忧国伤时的襟怀。

又如：

生在荒山野水傍，可曾倚市更窥墙。幽妍丑杀施朱女，高洁贤于傅粉郎。

百卉凋零独凛然，谷风粟烈涧冰坚。看来天地萃精英，占断人间一味清。

天下断无西子白，古来惟有伯夷清。典型刊首百花朝，风致宜为万世标。

上述诗句，对梅花之品性极尽赞美之辞。而"有香影处即追攀，岂必百湖水月间"、"翁与梅花即主宾，月中缟袂对乌巾"等描写，也可见诗人对梅花喜爱有加。

咏物诗在创作方法上有着托物言志或借物寄慨的传统，其高者往往能达到物我合一、主客相融的境界，即咏物与抒怀融为一体，既得物之神韵，又见诗人之情。刘克庄有的咏物诗则单纯状物、描摹形态、无所寓含。如《山茶》只是摹写山茶的开放时令、秉性、颜色及种植等情况，平平淡淡，毫无特点。像这样的还有《棋》、《山丹》、《橘花》、《诗镜楼观月》等。比较起来，他的那些借物寄慨或托物喻讽的诗更有价值和意义。

除咏物托讽外，刘克庄还常常借物言怀，表现自己的高洁品性和清寒本色。如《兰》诗：

深林不语抱幽真，赖有微风递远馨。

开处何妨依藓砌，折来未肯恋金瓶。

孤高可抱供诗卷，素淡堪移入卧屏。

---

① ［宋］刘克庄《玉楼春》，《后村集》卷二〇。

莫笑门无佳子弟，数枝濯濯映阶庭。

写兰花开放在山林贫寒之地，清幽淡雅，香气远飘，显然是自比胸怀品性。刘克庄的咏物诗，往往托喻直接明显，常是先咏物之特性，然后再由物及人，抒写感慨，表现手法未免有点简单和呆板。其中虽有少量物我相融、物中见情的作品，但艺术上也欠精雕细刻；而大多数流恋光景，逞才显能，缺乏个性化的内涵和品质。即使《梅花百咏》那样的长篇组诗，也是专注于网罗事典、评论得失，以致内容晦涩、空洞。这说明如果诗歌创作背离了吟咏人的真性情、真体验、真感受、真生活的根本原则，而只是试图以数量、以才学压人，是无法产生优秀作品的。

在创作方式上，刘克庄也没能继承和发扬唐宋以来咏物诗"以我观物，物皆著我之色彩"的传统，实现物的情感化、意象化，真正表现物的神理和人的心灵间的自然融合。相反，他还是停留在以物喻人、借物托讽、物我相对、主客分离的创作阶段，没有新的创造和突破。这也难怪刘克庄《竹溪诗序》云："本朝则文人多诗人少。……要皆经义策论之有韵者耳，非诗也。"①

第四节　典雅高尚的人文旨趣

宋诗学的意识指向，表现为那一特定历史时期的文化精神与社会心理的积淀，并且逻辑地制约着宋人对诗的本质、作用的认识。

拟人化的修辞手法在宋诗中的广泛运用，也是自然物象人文化的

---

① ［宋］刘克庄《兰》，《后村集》卷二三。

一种重要体现。南宋吴沆（1116年—1172年）指出：黄庭坚"以物为人一体最可法"①。黄庭坚诗最鲜明的特点是，常常将拟人与用典结合起来，而典故本身显然是带有浓郁的人文色彩的语言形象。黄庭坚《次韵中玉水仙花二首》

借水开花自一奇，水沉为骨玉为肌。暗香已压荼蘼倒，只比寒梅无好枝。

淤泥解作白莲藕，粪壤能开黄玉花。可惜国香天不管，随缘流落小民家。②

水仙花在我国引种栽培已有一千多年的历史，宋元以来歌咏水仙的诗篇渐多，黄庭坚咏水仙诗写得最早、最多，也最好。

宋徽宗建中靖国元年（1101年），黄庭坚结束了在四川的六年贬谪生活，出三峡，在荆州（今湖北江陵一带）住了一段时间，与荆州知州马瑊（字中玉）多有唱和。这两首诗就写在这一年的冬天。

第一首用对比和比喻的手法刻画了水仙花的精神与性格。诗人要告诉人们的不是水仙的绰约仙姿，所以少有形象的描写；他要写的，是水仙特有的性格，因此突出了幽香与柔美。水仙花属石蒜科多年生草本植物，以水培法培育，不用泥土，宛如凌波仙子婀娜多姿。"借水开花"虽奇，但确实是事实。胡仔在《苕溪渔隐丛话》后集卷三十一讥这句诗说："天仙不行地，却反成语病。"显然是片面的意见。杨万里《水仙花》诗也说："天仙不行地，且借水为名。"③可见黄诗不是语病。写水仙从水写起，恰恰是抓住了它的特征，传达出清雅高洁的

① 不著撰人《环溪诗话》不分卷。
② ［宋］黄庭坚《次韵中玉水仙花二首》，［宋］任渊、史容、史季温《黄庭坚诗集注》第2册，第544—545页。
③ ［宋］杨万里《水仙花》，《诚斋集》卷八。

神韵。第二句，诗人不做直接描写，而是连用了两个比喻，说水仙花骨如沉香肌如玉，（水沉即沉香木。）写出了水仙特有的晶莹澄澈之美。第三句紧承上句，补写水仙的芳香。荼蘼，蔷薇科落叶灌木，出夏开大型重瓣花，色白味香，苏轼赞为："不妆艳已绝，无风香自远"[①]，韩维称之为："花中最后吐奇香"[②]。而水仙的暗香弥漫，却超过了荼蘼。"压倒"一词用的有力，气魄惊人。幽香沁鼻，自然使人想起"疏影横斜水清浅，暗香浮动月黄昏"（林逋《山园小梅》）的梅花。的确，水仙与梅有相似之处，都是冲寒开放，色白香幽。无怪乎诗人在另一首咏水仙的诗中说"梅是兄"。然而这对兄弟性格迥异：梅花迎风斗雪，傲然挺立，显得坚强无比；水仙花不冒风雪，十分柔弱。"无好枝"，正道出两者品格之异。诗人不写两花之同，只写其异，目的是在对比之中显示水仙柔弱的性格，或者叫阴柔之美。诗人写水仙意旨何在呢？胡仔《苕溪渔隐丛话》前集卷四十七云："苏，黄又有咏花诗，皆托物以寓意，此格尤新奇，前人未之有也。"此诗确有寓意，第一首说的含蓄，第二首比较明朗。

第二首诗表明诗人对"流落"贫寒之家的美女的同情，也深寓自己身世之感。诗人原有注："时闻民间事如此。"其本事为："山谷在荆州时，邻居一女子娴静研美，绰有态度，年方笄也。山谷殊叹惜之。其家盖闾阎细民。未几嫁同里，而夫亦庸俗贫下，非其偶也。山谷因荆南太守马瑊中玉《水仙花》诗……盖有感而作。后数年此女子生二子，其夫鬻于郡人田氏家，憔悴困顿，无复故态，然犹有余研，乃以

---

① ［宋］苏轼《杜沂游武昌以荼蘼花菩萨泉见饷二首》，《苏轼诗集》第 4 册，第 1044 页。
② ［宋］韩维《惜荼蘼》，《南阳集》卷一三。

国香名之。"（张邦基《墨庄漫录》卷十）黄庭坚以久沉下僚的积怨来写研丽出众而不为人知的人间美女，笔端自然充满感情、流露不平之气。诗的前两句连用两个比喻：雪白莲藕出淤泥，黄玉之花（黄玉花是水仙的别名）生于粪壤。由此引出下二句：如此国色天资的美女，却流落在小民之家！

"可惜"二字饱含了诗人无限的感慨。据说盛唐时期水仙曾被朝廷列为品花，而今在这荒远的荆州，少人赏识，岂不可惜！与此相识，眼前就有一位"闲静研美，绰有态度"的佳人流落在闾阎细民之家，其身世岂不亦可惜！诗人自己满腹经纶，才华横溢，却久谪川蜀，远贬荆南，其仕途之坎坷岂不更为可惜！结句"随缘"二字，显示诗人无可奈何之情：沦落天涯，韶华之水，一切都随机缘而来。"国香"，既指名花，又指佳丽同时也是诗人自喻。

诗从莲藕写到水仙，从水仙写到邻女，又兼寓自己，层层深入结构严谨。正如东方树所说："凡短章，最要层次……山谷多如此。"（《昭昧詹言》卷十一）咏物诗，行身俱佳方为上品，仅赋形写真是低层次的美；能传神寓意才是高层次的美。这两首是意境风韵兼备，确为咏水仙的佳作。

杨万里也许是宋代最激进的师法自然的诗人，但其诗的意识指向仍带有鲜明的人文特征。换言之，杨万里诗中人化的自然，归根结底是宋代弥漫朝野的人文旨趣的产物。杨万里《山茶》："树子团团映碧岑，初看唤作木樨林。谁将金粟银丝脸，簇饤朱红菜碗心。春早横招桃李妒，岁寒不受雪霜侵。题诗毕竟轮坡老，叶厚有棱花色深。"[①]这首诗开头四句由远及近，由整体到个体刻画出山茶花树和山茶花朵的形态。

---

① ［宋］杨万里《山茶》，《诚斋集》卷四一。

先写山茶树，"树子团团映碧岑，初看唤作木樨林。"一团团青翠可爱的山茶树与近旁的绿色小山相辉映。乍一看去，还误将它当成桂花林呢。岑：小而高的山。木樨：桂花的别名。由此可见山茶树生长得青翠繁茂。进而写山茶树上的花朵，"谁将金粟银丝脍，簇钉朱红菜碗心。"诗人别出心裁地将外瓣殷红，内心金黄，大如碗碟的山茶花，喻为精美的菜肴餐具，恰似切得精细的黄色桂花丝条，堆放在朱红菜碗的碗心。比喻形象生动，有色有香有味，脍炙人口。五六句写山茶花的内在之美。诗人依据山茶的生长特征，言其从"早春"至"岁寒"不怕桃李妒忌，不畏霜雪欺侵，在任何恶劣环境下，不改美丽的容貌，不改坚贞不屈的秉性。这也正是诗人要赞颂它的原因。末二句，诗人自谦，谓在苏东坡之后题诗赞山茶花，恐贻笑大方。山茶花实在太娇美、太高洁了，诗人怕自己写出的诗不能充分表现出来。此处巧妙地运用了反衬的方法，表现了花的可贵。最后，诗人收而又放写出"叶厚有棱花色深"之句，非常质朴地描写了山茶叶与花的形貌特征。既然题诗不及坡老，那就只用这一句话来概括山茶了。尾句语言平实而感情浓郁。

苏轼《王伯扬所藏赵昌花四首》之《山茶》：

萧萧南山松，黄叶陨劲风。谁怜儿女花，散火冰雪中。

能传岁寒姿，古来惟丘翁。赵叟得其妙，一洗胶粉空。掌中

调丹砂，染此鹤顶红。何须夸落墨，独赏江南工。[①]

这是一首赞美山茶花形容好到了极点的程度，表现出了诗人高超的写作技巧。我们喜欢山茶花并不是因为它好看，而是它的花蕊里藏着蜜。说实在的在我们的心中山茶花并不怎么美丽，说它白却白得不纯静，而一开就是漫山遍野。在山村生活那么久，又那么喜欢山茶花，

---

① ［宋］苏轼《王伯扬所藏赵昌花四首》，《苏轼诗集》第 4 册，第 1336 页。

可是我们从来没有认真去欣赏过它。后来进了城，离开了给我带来美好回忆的山茶花，同时也认识和喜爱起能开大朵大朵的花瓣的茶花。淡红、紫红、大红的茶花开得异常的妖艳和夺目，不像家乡的山茶花那样默默无闻。

苏诗增扩了知识性、趣味性，这也是宋诗在艺术上的一种开拓。知识性，趣味性，从诗意上看，也许无关宏旨，但是在审美情趣上却给人以陶冶性情、沁人心脾的艺术作用，同样是社会所需。苏轼在这方面有其独到的见解："虽若不入用，亦不无补于世也。"可见，苏轼一方面强调诗歌的思想内容，同时也重视诗歌艺术的审美趣味。

使事用典，可以使诗歌增强意象美、含蓄美、凝练美，使之富于趣味性和知识性，从而发展了诗歌表达的艺术方式。这不是简单的借鉴和化用，而是一种发展和升华。——"只恐"句，把审美客体的美通过自我审美意识折射出来，形成物我无间的统一体；"红妆"暗喻的运用，则比"衰红""残红"更为曲折、更为生动形象、更富有审美价值。再者，全诗由一个单纯赏花惜时的场景，升华到富有哲理禅思意味的艺术境界。这说明化用前人诗句、点染生发，恰正是攀登艺术高峰的重要阶梯之一①。

此外，宋诗中的自然意象多带有人文性的象征意义。比如唐人爱牡丹，主要着眼于牡丹的感性美，诗也着眼于感官经验的描写。宋人之诗却普遍爱写梅、竹，其注重的是对淡雅风韵的体味或是高尚品格的赞赏，另如爱菊、爱莲，也都着眼于此。由于人文旨趣的强烈反射，这些自然物不仅是人格的象征，简直就是人物的化身。这化身不是赳

---

① 参考王冬艳先生《诗歌理论的创新——谈苏轼的"以才学为诗"》，《学术交流》2003 年第 8 期。

赳武夫，而是谦谦君子，明显凸现出宋代的文化特征。于是，在宋诗中，我们很难听到晚唐那种穷愁酸涩的寒蝉之声和秋虫之鸣，入耳的都是"动而中律"的"金石丝竹之声"——中和平正的钟磬、廉贞清亮的琴瑟以及幽雅深沉的笙箫。

第六章　中国古代的茶花品种①

　　茶花品种,是人类劳动和智慧的结晶,是人类根据需要而创造的一群栽培植物个体。它具有一定的遗传性,且比较稳定,在一定环境条件下,其主要性状表现基本一致。它又是一种生产资料,有一定的经济价值。目前,世界上包括中国在内,茶花品种累计多达三万种以上。其中广为传播,深受人们喜爱的品种不过一千多种。本章试图对中国茶花品种的演变及其发展历史作些探讨。

第一节　唐宋时代

　　根据记载,在三国时代,茶花已有人工栽培。但直至南北朝及隋代,帝王宫庭、贵族庭园里栽种的,仍是野生原始种茶花,花单瓣红色。当时有关茶花的文献及文人吟咏的"山茶"、"海榴"诗,均未涉及品种名。

　　唐代宰相李德裕(787年—850年)著的《平泉山居草木记》记载:"是岁又得……稽山之……贞桐山茗。"②这是中国茶花文献上最早的茶花品种记载,距今已有1200年左右。南宋《会稽续志》的记载,则为"贞桐山茗"这一茶花品种作了颇有说服力的注脚。该志在卷四"山

---

① 本章的写作,参考了游慕贤、戚惠珠先生《一片嫩叶惊世界:山茶》一文,《森林与人类》2007年第5期。

② 〔唐〕李德裕《平泉山居草木记》,《会昌一品集》别集卷九。

茶"条中述及贞桐山茗时说:"在唐,惟会稽有之。其种今遍于四方矣。"又说:"其花鲜红可爱,而且耐久。"[1]会稽,即浙江绍兴古称。稽山,为会稽境内的山脉。

唐代诗人温庭筠(约812年—约866年)的一首茶花诗《海榴》,第一次写到了重瓣茶花:"缃彩剪成丛"[2]。这首诗写的是人工栽培的茶花。可见早在1100多年前的唐代,中国的茶花已从单瓣开始发展到重瓣了。

原来,海榴非别,乃是山茶别称。因其出于东南沿海,花红如榴,便有此称。其花开于寒冬或早春,故诗人们不胜爱怜,如陶弼道:"大白山茶小海红。""年年身在雪霜中。"[3]俞国宝道:"玉洁冰寒自一家,地偏惊对此山茶。"曾巩道:"山茶花开春未归,春归正值花盛时。"陆游道:"雪里开花到春晚,世间耐久孰如君"……可见山茶凌霜抗雪绝不比菊逊色,然其声誉远不及菊。所叹"名、实"二字,花与人同,常失公允。而山茶为人所喜尚不仅此,识者赞其有"十绝":一曰花艳不妖媚;二曰躯壮可合抱;三曰纹苍黯若云;四曰枝斜状如龙;五曰根奇形似虬;六曰叶茂阴蔽天;七曰耐霜四时青;八曰花久历数月;九曰插花不易色;十曰百年胜新植。唯其如此,自然深得文人雅士心仪。

山茶品种既繁,名色亦多。当今之世已有品种5000余个,其中仅我国即占300余种。花有白、粉、红、黄、紫、洒金及杂色相间诸色,尤以"叶厚有棱犀甲健,花深少态鹤头丹"[4]的红色最为妍丽。苏州

---

① [宋]张淏《会稽续志》卷四。
② [唐]温庭筠《海榴》,《温飞卿诗集笺注》卷七。
③ [宋]陶弼《山茶》,《邕州小集》不分卷。
④ [宋]苏轼《和子由柳湖久涸,忽有水,开元寺山茶旧无花,今岁盛开二首》,《苏轼诗集》第2册,第335—336页。

拙政园内就有三四株红宝珠山茶，花时巨丽鲜妍，纷披照瞩，为江南所仅见。人称山茶"常共松杉守岁寒"，像松柏一样经冬历霜，它冒着料峭春寒怒放，"独能深月占春风"，别具风采。此原为清初大学士陈之遴购园所得，其人长期寓京，未睹园中一草一木，便获罪远谪辽阳并客死徙所。故吴伟业大为感慨，赋有长诗记之："拙政园内山茶花，一株两株枝交加。艳如天孙织云锦，赪如姹女烧丹砂。吐如珊瑚缀火齐，映如蟫蝀凌朝霞……"①仅此数语，足见其花之艳。白山茶洁白如玉，故又名玉茗花。明瞿佑所赋《白山茶》诗颇为出色："消尽林端万点霞，丛丛绿叶衬瑶华，宝珠买断春前景，宫粉妆成雪里花。余下竞传丹灶术，此身甘旁玉川家。江头梅树无颜色，何况溪边瑞草芽"。气韵雅洁，情味隽永。至于"偷得梅精神，借来菊颜色"的黄山茶，则甚为珍贵实属罕见了。

自宋代起，栽培茶花之风更盛，品种也日见繁多，描述茶花品种的诗词赋及文献大量涌现。宋诗人梅尧臣（1002 年—1060 年）的诗《和普公赋东园十题》之《山茶》，首次提到"越丹"②这一山茶品种。越丹多为红色，花形似牡丹。

北宋诗人陶弼（1015 年—1078 年）的《山茶》诗，提到了两个山茶品种："浅为玉茗深都胜，大曰山茶小海红。"③"玉茗"，黄蕊绿萼，瓣白如玉，为白山茶中的上品。这也是诗词中第一次提到白色山茶。最早见到的海红，陶弼《山茶》诗中："大白山茶小海红。"距今

---

① ［清］吴伟业《咏拙政园山茶花并引》，《梅村集》卷七。
② ［宋］梅尧臣《和普公赋东园十题》，《宛陵集》卷一六。
③ ［宋］陶弼《山茶》，《邕州小集》不分卷。

近 1000 年了。陆游诗曰："钗头玉茗妙天下，琼花一树真虚名。"[①]可见玉茗是当时"妙天下"的名贵山茶花品种。自注："坐上见白山茶，格韵高绝。"宋代无名氏的一幅《山茶蝴蝶图》，画的也是重瓣的白色山茶花。"都胜"是红色山茶花的一个品种。"小海红"则是茶梅。现代茶梅的品种越来越多，《中国茶花》列出了 86 种。

自宋代起，栽培山茶之风更盛，品种日见繁多。钱塘吴自牧在《梦梁录》中透露了南宋临安（今杭州）的引种培育的山茶品种有"罄口茶""玉茶""千叶多心""秋茶"等名目。罄口茶，至今犹存，属云南山茶中的一品，花色银红，开放的形若罄口，因此得名。玉茶，大概即指"玉茗"。后来明人《群芳谱》所记"千叶红""千叶白"（"千叶"，今称"重瓣"）可能有渊源关系。

苏轼（1037 年—1101 年）的《王伯扬所藏赵昌花四首》之《山茶》一诗，首次提到"鹤顶红"茶花品种。诗曰："掌中调丹砂，染此鹤顶红。"[②]苏轼在另一首诗《和子由柳湖久涸，忽有水，开元寺山茶旧无花，今岁盛开二首》："长明灯下石栏干，长共杉松斗岁寒。叶厚有棱犀甲健，花深少态鹤头丹。久陪方丈曼陀雨，羞对先生苜蓿盘。雪里盛开知有意，明年开后更谁看。"又称为"鹤头丹"[③]。温州状元王十朋的诗《族兄文通赠山茶》："野性无端喜种花，吾兄偏为赠山茶。莺声老后移虽晚，鹤顶丹时看始嘉。雨叶鳞鳞成小盖，春枝艳艳首群葩。自惭欲报无琼玖，

① ［宋］陆游《眉州郡燕大醉中间道驰出城宿石佛院》,《剑南诗稿校注》第 2 册，第 493 页。
② ［宋］苏轼《王伯扬所藏赵昌花四首》,《苏轼诗集》第 4 册，第 1336 页。
③ ［宋］苏轼《和子由柳湖久涸，忽有水，开元寺山茶旧无花，今岁盛开二首》,《苏轼诗集》第 2 册，第 335—336 页。

来往同看本一家。"则称"鹤顶丹"①。南宋浙江义乌进士喻良能（1120年—?），看到朋友庄鹏举有小盆山茶花，便作诗求之："琉璃翦叶碧团团，收拾繁枝径尺寒。举赠诗翁知有意，要令饱看鹤头丹。"②"鹤头丹"是红山茶的名种，明代称"鹤顶茶"，现名"鹤顶红"。

南宋吴自牧的《梦粱录》还提到茶花"一本有十色者"③，但这是嫁接的。传之明代，崇祯年间温州人吴彦匡所著《花史》中，更翔实地记载了一树多色、一花多色的山茶品种。《花史》说："五魁茶，一树开花，其状各异。""五魁茶"，现在温州称"五色芙蓉"，花很大，芙蓉型，一株山茶树上能开出全红、全粉、全白、红白相间各色花朵。明代张新的茶花诗中提到的"多异色"，"曾将倾国比名花，别有轻红晕脸霞。自是太真多异色，品题兼得重山茶。"④也是指山茶花由单色变为复色。

北宋元丰年间（1078年—1085年）周师厚的《洛阳花木记》，将花卉分为杂花、果子花、刺花、草花、水花、蔓花六大类。在其"杂花八十二品"中记载了"海石榴、山茶（腊月开）、晚山茶（寒食开）、粉红山茶、白山茶"；在"刺花三十七种"⑤中记载了"茶梅、千叶茶梅"。"花开春雪中，态较山茶小。老圃谓茶梅，命名亦端好。"该文是粉红色茶花的最早记载。茶梅栽培历史悠久，自古也是我国传统名花。自宋代始，茶梅已普遍栽培。南宋陈景沂《全芳备祖》记载："浅为玉茗

---

① ［宋］王十朋《族兄文通赠山茶》，《梅溪集》前集卷七。

② ［宋］喻良能《闻庄鹏举山茶小盆葩华杂然有意举以见遗因作诗求之》，《香山集》卷一五。

③ ［宋］吴自牧《梦粱录》卷一八。

④ ［明］张新《杨妃茶》，《广群芳谱》卷四一。

⑤ ［宋］周师厚《洛阳花木记》，《说郛》卷一四〇下。

深都胜,大日山茶小海红,名誉漫多朋援少,年年身在雪霜中。"所述"海红"即指茶梅。同时宋代也出现了描写茶梅的诗词,刘仕亨《咏茶梅花》写出茶梅的优雅形象和超逸气韵:"小院犹寒未暖时,海红花发暮迟迟,半深半浅东风里,好是徐熙带雪枝。"而明代画家陈道复《茶梅》写了茶梅的小巧玲珑:"花开春雪中,态较山茶小。老圃谓茶梅,命名亦端好。"明代高濂在《梅花令·茶梅》中不仅写了茶梅花的淡粉、微红色,而且还写了花形与梅花相似:"花却是,与梅浑。"明代张谦德《瓶花谱》将茶梅列为"六品四命"。

徐月溪的一首《山茶》诗,记载了八个山茶花品种:"黄香""粉红""玉环""红百叶""月丹""吐丝""玉磬""桃叶"。在白山茶中增加了一个称"玉磬"的品种:"白茶亦数品,玉磬尤晶明"。还有一个早花品种:"黄香开得早,与菊为辈朋"。"黄香",是茶梅,还是带点黄又有点香的品种?"桃叶何处来?派别疑武陵"中的"桃叶"品种,产于何处,是否与"武陵"同出一个派系?都不得而知了。但有一点是肯定的:这时的茶花品种已是"愈出愈奇怪,一见一叹惊"[1]了。钱塘吴自牧在《梦粱录》中记载了南宋临安(今杭州)引种培育的品种有"磬口茶""玉茶""千叶茶""秋茶"等。"磬口茶"也称"磬口茶",花色银红,花形如磬口,故名。这个品种现在尚存。"玉茶"即"玉茗"茶,是名种。

从已搜集到的茶花韵文看,宋代之前的茶花诗写的都是单一的红色茶花。虽然唐代已有温庭筠诗对重瓣茶花的描述,但明确写及茶花品种的诗在宋代之前尚未发现。

自宋代以来,描写其他颜色的茶花及茶花名贵品种的韵文作品已

---

① [宋]徐月溪《山茶花》,《全宋诗》第72册,第45252页。

大量涌现。这标志着茶花栽培园艺水平的提高。这方面的作品颇具学术价值的首推北宋陶弼（1015年—1078年）的《山茶》诗句："浅为玉茗深都胜，大曰山茶小海红。"玉茗，是白山茶中的上品。都胜，则是当时红色茶花的一个名品。诗中还写及了小海红，即茶梅。宋代写白色茶花及其名种玉茗的著名诗赋还有曾巩的《以白山茶寄吴仲庶》、黄庭坚的《白山茶赋》、谢薖的《玉茗花》、范成大的《玉茗花》。陆游的《眉州郡燕大醉中间道驰出城宿石佛院》诗中有"钗头玉茗妙天下，琼花一树真虚名"①句，并自注："坐上见白山茶，格韵高绝。"在陆游眼中，琼花是徒有虚名，玉茗白山茶才是"妙天下"。

此外，明代沈周的《白山茶》和清代吴照的《白山茶歌》也是佳作。许多诗赋中提到产白山茶的胜地是江西临川（今南城县东南）的"麻源第三谷"。写白山茶的名句还有曾巩的"秀色未饶三谷雪，清香先得五峰春"②，谢薖的"素质定欺云液白，浅妆羞退鹤顶红"③，沈周的"犀甲凌寒碧叶重，玉杯擎处露华浓"④。吴照的"苧萝美人含笑靥，玉真妃子披冰纱"，竟以西施和杨贵妃来比喻白茶花。

这一时期还出现了许多写茶花品种的诗词。写到品种名称最多的诗是宋代徐致中的《山茶》，在22句的五言古诗中就写了黄香、粉红、玉环、红百叶、月丹、吐丝、玉磬、桃叶等八个品种。其中"黄香"是且有香味茶花的最早记载。

入诗较多的茶花品种名称，有鹤顶红、月丹、渥丹、杨妃茶和宝珠茶。

① ［宋］陆游《眉州郡燕大醉中间道驰出城宿石佛院》，《剑南诗稿校注》第2册，
　　第493页。
② ［宋］曾巩《以白山茶寄吴仲庶见贶佳篇依韵和酬》，《元丰类稿》卷八。
③ 谢薖《玉茗花二首》，《竹友集》卷七。
④ ［明］沈周《白山茶》，《广群芳谱》卷四一。

鹤顶红，又名鹤头丹、鹤顶丹、鹤顶茶。王象晋《群芳谱》称其："大如莲，红如血，中心塞满如鹤顶。"①最早写到"鹤顶红"的诗，是宋代苏轼的《王伯扬所藏赵昌山茶》。接着他又在《和子由开元寺山茶旧无花今岁盛开》中写到了"鹤头丹"。宋代王十朋的《族兄文通赠山茶》诗也写到了"鹤顶丹"。南宋浙江金华人喻良能在其《闻庄鹏举山茶小盆葩华杂然有意举以见遗因作诗求之》中，写到了盆景中的"鹤头丹"。

自宋代开始，茶梅已普遍栽培，因此也出现了许多描写茶梅的诗词。除上文已提及的宋代陶弼《山茶》诗中所称的"小海红"外，写茶梅的还有宋代刘仕亨的诗《咏茶梅花》和无名氏的词《浣溪沙·茶梅》。

第二节　元明清时代

元代郝经的《月丹》诗，写了"丹霞皴月雕红玉，香雾迎春剪绛绡"②。这色红花大的重瓣茶花品种"月丹"，像红霞映照得起"皴"的月亮，又如雕刻成的红色玉石，更似剪叠而成的红色绡纱。元代蒲道源的《春晚山茶始开示德衡弟》则写了另一红色茶花品种"渥丹"："及兹春事深，渥丹始赫烜（显赫貌）"③，点明了渥丹的花期在晚春。

明代，中国茶花品种不仅在数量上大增，而且在质的方面有了新的突破。例如，首次记载了中国茶花中三个极为重要的品种。一是黄色山茶。园艺家王世懋（1536年—1588年）的《学圃杂疏》说："黄山茶、

---

① ［宋］王象晋《群芳谱》，［清］陈元龙《格致镜原》卷七三。
② ［元］郝经《月丹》，《陵川集》卷一三。
③ ［元］蒲道源《春晚山茶始开示德衡弟》，《闲居丛稿》卷一。

白山茶、红白茶梅皆九月开。"①二是紫色山茶。顾养谦在《滇云记胜书》中第一次提到了紫色山茶品种。三是有香味山茶。王象晋（1573年—1614年）的《群芳谱》说："焦萼白宝珠似宝珠而蕊白，九月开花，清香可爱"②。

明代记载茶花品种的著作很多，有医药大师李时珍的《本草纲目》、王象晋的《群芳谱》、赵璧的《云南山茶谱》、冯时可的《滇中茶花记》和吴彦匡的《花史》等。

王象晋的《群芳谱》记载了山茶花品种28种。有"大如莲，红如血，中心塞满如鹤顶"的鹤顶；有"红、黄、白、粉为心，大红为盘，产自温州"的玛瑙茶；有"山茶之中宝珠为佳"的宝珠茶；有"石榴茶，中有碎花""海榴茶，青蒂而小花"的石榴茶和海榴茶。还有"菜榴茶、蹢躅茶、真珠茶""串珠茶，粉红""杨妃茶，单叶，花开早，桃红色""正宫粉、赛宫粉皆粉红色"、"千叶红、千叶白之类，叶各不同，亦有黄者，不可胜数"③。这里的"千叶白"，是完全重瓣的白色品种（今称"雪塔"）。

赵璧的《云南山茶谱》和冯时可的《滇中茶花记》，重点记载了滇山茶品种。滇山茶"以深红软枝，分心卷瓣者为上"，"分心：花心离立停匀"，"卷瓣：瓣片片内卷"。"九心十八瓣"（即现今的"狮子头"），是滇山茶的佳种。云南"茶花最甲海内，种类七十有二"④。

吴彦匡的《花史》，则记述了山茶花品种的名称、形态、特征与花色。如"千叶白，花五大瓣托于下，内细瓣丛楼，如芍药花状。玉

---

① ［明］王世懋《学圃杂疏》，《广群芳谱》卷四一。
② ［明］王象晋《群芳谱》，《格致镜原》卷七三。
③ ［明］王象晋《群芳谱》，《格致镜原》卷七三。
④ ［明］冯时可《滇中茶花记》，《广群芳谱》卷四一。

鳞茶，大如小酒杯，花松泛有致，鳞鳞如玉。笔管茶，初开放时长而细，花单瓣五出，淡红色，中有白须上缀黄粟粒，颇有雅态。水红茶，花比笔管茶稍小，但其色稍深，遂觉娇艳动人。宝珠茶，花色殷红，外五大瓣，中心瓣堆满，密如线结，平若剪齐，殊欠绰约之态"。

明代文徵明的题画诗《茶梅双禽》。明代画家陈道复的《茶梅》诗，别有韵味地写出茶梅的小巧玲珑："花开春雪中，态较山茶小。老圃谓茶梅，命名亦端好。"明代高濂的词《梅花令·茶梅》不仅写了茶梅"淡粉""微红"的花色，而且写了花形："花却是，与梅浑"，花形与梅花相似。

上述入诗的许多茶花品种，都是经人工培植的，充分体现了这一时期的茶花园艺水平。

到了清代，山茶品种更是层出不穷，不仅名贵品种不断涌现，而且出现了不少芽变种。其中"十八学士"是最有名的品种，在同一株上开放各样的花朵。例如红六角、白六角、红白牡丹。"九曲"是芽变分离的品种，花朵成六角型，红白两色混合，是十八学士的变种。"大白"，是古代名种千叶白，已传播世界各地。"绿牡丹"，花朵洁净透明如碧玉，大如牡丹。"雪牡丹"，花心卷瓣，花朵大如牡丹。大小"白荷"，白瓣黄蕊，卷瓣牡丹型。"东方亮"，属于宝珠型。"鹤顶红"，为古代名种。"朱红饼"，宝珠型，朱红色，花期较早。"宫粉"，古代名种。此外还有台阁茶、花蝴蝶、玫瑰紫、牡丹点雪、墨葵、洒金、西施晚装、小桃红、观音白、十样景、玉楼春、凤仙茶、紫重楼等。陈淏子的《花镜》和《温州府志》《永嘉府志》，也都记载了不少名贵品种。例如茉莉茶、照殿红、百合宝珠、八宝、出炉银、醉杨妃、一捻红、抓破脸、金盏银台、御衣黄、旧衣青等。

明代诗人张新的《宝珠茶》则写了红色茶花的上品"宝珠":"胭脂染就绛裙襴,琥珀装成赤玉盘。①李时珍的《本草纲目》"山茶部"载:"宝珠者,花簇如珠,最胜。"王世懋的《学圃杂疏》也载:"吾地山茶重宝珠②"。诗人张新写宝珠茶的红色就用了"胭脂""绛""赤"等字,而写它的形状和质地则以"裙"(古时上下衣相连的服装)和"玉盘"作了比喻。

在茶花品种中,写"杨妃茶"的诗词最多。明代张新的《杨妃茶》诗是其代表作:"曾将倾国比名花,别有轻红晕脸霞。自是太真多异色,品题兼得重山茶③"。诗人将这种桃红色的茶花,比作有倾国之貌的杨贵妃(即杨太真)。她那圆圆的脸盘,像轻轻晕现的红霞。明代高濂的词《惜分飞·杨妃茶花》,更将此花比作酒醉后的杨贵妃:"酒色能多许?剩将残醉枝头吐。"醉酒之色,自然更美,所以杨妃茶这一品种又有称为"醉杨妃"的。此外,写杨妃茶较著名的词还有清代董元恺的《好时光·杨妃山茶》和陈枋的《山花子·咏杨妃山茶》。

关于写茶花品种的诗,最值得称道的是清代朴静子的《茶花谱》。该书录有茶花品种54种(包括10个别名),且都以品种名称作诗题赋诗,共59首,计有:佛座白、状元红、出炉银、粉红莲、长春红、菊华、松塔、芍药紫、红吐丝、迭叶、钟红(2首)、钟白(2首)、钟茄花(2首)、单瓣钟白点红(2首)、单瓣钟红点白(2首)、观音白、粉红珠茶、干龙红、牡丹红、五宝、秋色平分、柳条、荷莲红、大六角、白宝珠(有微香)、白珠茶、大红珠茶、大红山茶、三学士、日丹、五心白、绒茶、青梅、

①［明］张新《宝珠茶》,《佩文斋咏物诗选》卷三二六。
②［明］王世懋《学圃杂疏》,《广群芳谱》卷四一。
③［明］张新《杨妃茶》,《广群芳谱》卷四一。

虎斑、大象白、丽春红、小六角、干龙紫、干龙白、红点白、白点红、荷莲白、锦莲红、锦莲、娇莲、粉孩儿、银红牡丹、玉红、吐须红、醉芙蓉、芙蓉红、川白、川红、大红宝珠。

中国古代的两本茶花专著，是李祖望和朴静子分别撰写的《茶花谱》。康熙五十八年（1719年），福建朴静子的《茶花谱》记载了福建山茶品种44种。1846年，江苏李祖望的《茶花谱》记载了山茶品种48种。这两部茶花专著问世，使中国茶花品种的研究更系统化、完整化。特别是朴静子的《茶花谱》，内容极其丰富，有总说、茶花谱、茶花咏、茶花别名咏、拟咏钟茶花诗等。该书记载了54种花名，还给它们定了30个品位：神品、异品、奇品、妍品、佳品、妙品、美品、上品、净品、逸品、隽品、淑品、贵品、艳品、极品、优品、华品、殊品、伟品、令品、名品、韵品、小品、细品、雅品、文品、媚品、鲜品、精品、雄品。在"茶花别名咏"里列了6个品种的别名，有的一个品种有几个别名。每个别名配了一首诗。在"拟咏钟茶花诗"里，钟茶花有5种，也都配了诗。更使人惊叹的是在"茶花咏"里，给44个山茶品种都配上了诗。朴静子的《茶花谱》诗文并茂，真不愧为中国茶花文化史上杰出的山茶品种谱。

据目前掌握的文献资料，中国古代茶花的称谓总共有153种。其中茶花别名及分类名有22种：山茶、海石榴、海榴、南山茶、红茶花、橙花、山茶花、曼陀罗、中州茶、蜀茶、滇茶、耐冬、川茶、漳茶和洋茶等。以颜色区分的有白山茶、粉红山茶、黄山茶、紫色茶花、二色山茶。以花期区分的有晚山茶、秋茶等。茶花品种的记载有131种。

宋代记载的有15个品种："越丹""玉茗""都胜""鹤顶红""黄香""粉红""玉环""红白叶""月丹""吐丝""玉磬""桃叶""磬口茶""玉

茶""千叶多心茶"。宋代第一次出现了白山茶品种:"玉茗"和"玉茶"两个品种。也记载了瓣化现象,如"鹤顶红"、"千叶多心茶"是由花瓣的自然增加而形成的全瓣花。同时又出现了山茶品种的别名,如"鹤顶红"又称"鹤头丹""鹤顶丹"。

元代只记载两个品种:"月丹"和"渥丹"。"小艇移来江涨桥,盘盘矮矮格仍娇。丹霞皱月瑚红玉,香雾凝春翦绛绡。一种是花偏富贵,三冬无物比妖娆。广寒记忆曾攀折,满殿光摇照紫霄。"①而"月丹"是宋代已记载过的品种。概言之,山茶花美在:艳丽不俗,弥月不凋,常青不逾,百岁不老,霜欺不屈,雪压不倒。这色红花大的重瓣茶花品种"月丹",像红霞映照得起"皱"的月亮,又如雕刻成的红色玉石,更似剪叠而成的红色绡纱。

明代记载的山茶新品种有 27 个:"宝珠""海榴茶""石榴茶""踯躅茶""宫粉茶""串珠茶""一捻红""千叶红""千叶白""杨妃茶""玛瑙茶""焦萼白宝珠""茉莉茶""宁珠茶""照殿红""钱茶""溪圃""正宫粉""赛宫粉""菜榴茶""真珠茶""云茶""邕口花""笔管茶""玉鳞茶""水红茶""五魁茶"等。"宝珠",不仅是茶花名,也是花型名。宝珠型是中国古代山茶花型中一个类型总名。现在国际茶花花型分类还沿用中国古代的这种分类法。例如日本把"宝珠型",干脆称作"中国型"(日文为"唐子",英文为 Anemae Form)(白头翁花型)。可见,中国古代对山茶花型的分类很早就相当细致而明确了。明代记载不仅有白山茶、粉红山茶、紫色山茶、红白兼有的山茶,而且出现了"亦有黄色者"的山茶,更诱人的还有带清香的两个山茶品种:"焦萼白宝珠"和"白钱茶"。黄色茶花和清香茶花是茶花爱好者梦寐以求的品

① 〔元〕郝经《月丹》,《陵川集》卷一三。

种。为什么这些古代就有的名种如今看不到了，值得我们深思。"宫粉茶""杨妃茶""千叶白"，也是明代的名种。后来这些品种的雄蕊全部瓣化，没有花蕊，花瓣排列整齐，成为完全瓣化了的重瓣花型。"宫粉茶"还有了它的芽变品种，即如记载的"正宫粉""赛宫粉"。"五魁茶"，是产自浙江温州的一种一树多色山茶，现在称"五色芙蓉"。

清代记载的山茶新品种有 87 个。即："白绫""二乔""大红宝珠""观音白""白珠茶""粉红珠茶""干龙红""牡丹红""五宝""秋色平分""柳条""荷莲红""大六角""白宝珠""大红珠茶""大红山茶""三学士""五心白""绒茶""青梅""虎斑""大象白""丽春红""小六角""干龙紫"、"干龙白""红点白""白点红""荷莲白""锦莲红""锦莲""娇莲""粉孩儿""银红牡丹""王红""吐须红""醉芙蓉""钟红""钟白""芙蓉红""钟茄花""单瓣钟白点红""单瓣钟红点白""川白""川红""云林山茶""百合宝珠""玉鳞""八宝""出炉银""大红""大白""玉楼春""抓破脸""粉茶""金盏银台""醉杨妃""御衣黄""旧衣青""十八学士""红六角""白六角""红牡丹""白牡丹""九曲""桃李争春""绿牡丹""雪牡丹""大白荷""小白荷""东方亮""朱红饼""台阁茶""花蝴蝶""玫瑰紫""牡丹点雪""墨葵""洒金""西施晚装""小桃红""十样锦""凤仙茶""紫重楼""紫袍""狮子头"红七星""白七星"。清代所记载的山茶品种不仅名种多，而且花型花色变化也多。特别是那些完全重瓣型的品种，是中国茶花的典型花型。还有那些一树多色、一树多型、一花多色、一花多变的品种，更体现了中国茶花的特色。《温州府志》记载的"御衣黄"是值得注意的一个黄色品种。从品种名称分析，它的黄色是古代皇帝龙袍的颜色。龙袍是用金丝绣成的，它的颜色很像今天的金花茶颜色，可惜我们没有把这个品种保存下来。

古代茶花品种的命名，构思新颖，文字简洁，惟妙惟肖，生动传神。如"出炉银"，看到这品名就可以想象到一泓银水刚出炉时的色彩，既是红里带银白，又是银白带点红，是一种闪光的银里透红的颜色。"旧衣青"的"青"是一种旧衣服呈现的青色，那是一种灰暗的青色。又如"东方亮""粉孩儿"，这两个品种的颜色又不一样。前者是东方刚亮，白里透红，红里透白。后者是孩儿的脸，粉里透红，红里透粉。中国古代的许多茶花品种的名称，充分反映了我们祖先的艺术想象力。

　　中国古代茶花品种和它的品种文化，不仅是中国茶花文化的遗产，也是世界茶花文化的遗产。

第七章 茶花与古代艺术和古人生活

第一节 茶花与绘画

一、与传统民族精神的契合

茶花题材的作品在中国画尤其是花鸟画中占有相当的比例，这与中华文化崇尚自然、崇尚精神境界的追求密不可分。即使是在最早的花鸟题材——史前彩陶花纹中，也体现了中华民族"万物相生相克"认识的积淀，与"生生不息"精神的寄托。

茶花的部分品种开在冬季寒冷肃寂的时刻，灰的空间给了它凝重深沉的背景和气氛。在严酷的环境里造就了它独特的美质，愈见其绽放时的红艳、生气和俏丽。此外，它经寒犹茂，以极强的生存能力，在百花凋零的季节仍能顽强地"著花不已"的高贵品质，令人敬之仰之。它的天然淳朴之质，它的仪态端庄之态，使它不仅具有外形上的独特美感，更成为一种精神品格的象征。天才苏东坡在题赵昌的《王伯扬所藏赵昌花四首》之《山茶》中赞其"岁寒姿"①，这是一首赞美山茶花形容好到了极点的程度，表现出了诗人高超的写作技巧。

沈周在《红山茶》题画诗中赞其"雪中葩""冰雪心"，恰是山茶

---

① ［宋］苏轼《王伯扬所藏赵昌花四首》，《苏轼诗集》第 4 册，第 1336 页。

图 23 [清] 吴昌硕《茶花图》。

最本质的美的特征。可以毫不含糊地下此定义：在冰雪中开得最美最艳的正是山茶。这也就是世人赞颂的茶花精神。它已经超越寻常意义上对花木的欣赏，而是升华为一种感动，一种强烈的精神美感乃至生命的震撼。正是由于茶花所特有的这一鲜明的个性色彩，形成视觉艺术上独特的审美效果。再如沈周在《白山茶》题画诗由山茶的花叶形态展开奇异的想象，融入神话传说，使这首小诗呈现出瑰奇神异的独特风格和亦庄亦谐的活泼情趣。"犀甲凌寒碧叶重，玉杯擎处露华浓。何当借寿长春酒，只恐茶仙未肯容。"[1]它总是在晚秋天气稍凉时，静静地开在庭院之中。它花姿丰盈，端庄高雅，如玉般纯洁无瑕，让人不忍碰触。它的清香，优雅而芬芳，氤氲在赏花人的心中。在几乎所有的花朵都枯萎的冬季里，山茶花格外令人觉得生意盎然。此时，菊已消沉梅未醒，而山茶则莹莹独吐玉光华。

诗人凭借丰富的想象、奇特的构想，把现实与神话融合，真景与幻想交织，创造出流转变幻、新奇可喜的诗境，显露了匠心独具的才华。

---

① [明] 沈周《白山茶》，《广群芳谱》卷四一。

从"写形"到"写神"再到"写意"，是花鸟画的演化特征，也是人物画、山水画的演化特征，亦即是中国绘画演化的基本特征。

苏州文人王世贞不无自豪地宣称："胜国以来，写卉草者无如吾吴郡，而吴郡自沈启南之后，无如陈道复（淳）、陆叔平（治），然道复妙而不真，叔平真而不妙，周之冕似能兼撮二子之长。"①茶梅栽培历史悠久，自古也是我国传统名花。自宋代始，茶梅已普遍栽培。北宋陶弼《山茶》诗记载："浅为玉茗深都胜，大曰山茶小海红。名誉漫多朋援少，年年身在雪霜中。"所述"海红"即指茶梅。同时宋代也出现了描写茶梅的诗词，刘仕亨的《咏茶梅花》写出茶梅的优雅形象和超逸气韵："小院犹寒未暖时，海红花发暮迟迟，半深半浅东风里，好是徐熙带雪枝。"②而明代画家陈道复《茶梅》则写了茶梅的小巧玲珑："花开春雪中，态较山茶小。老圃谓茶梅，命名亦端好。"明代高濂在《梅花令·茶梅》中不仅写了茶梅花的淡粉、微红色，而且还写了花形与梅花相似："花却是，与梅浑。"明代张谦德《瓶花谱》将茶梅列为"六品四命"。③

显然，王世贞道出了明代中期文人写意花鸟画的主线，而且他还指出了沈周之后写意花鸟画的分野："妙而不真"突出的是"妙"，侧重于"不似"；"真而不妙"突出的是"真"，侧重于"似"。陈淳、陆治都是文徵明的弟子，陆治以山水见长，花鸟画风格偏于工整细腻一路，与乃师如出一辙。而陈淳则一反文徵明的细密画风，直追师祖沈周，既完善了沈周开创的文人写意花鸟画，更以大草入画，开拓了大写意花鸟画的新境界。正如清方薰《山静居画论》所言："白石翁蔬果羽毛，

① ［明］王世贞《周之冕花卉后》，《弇州四部稿》续稿卷一七〇。
② ［明］刘仕亨《咏茶梅花》，《升庵集》卷七九引。
③ 参考朱红霞先生《凌霜傲雪话茶梅》一文，《园林》2006 年第 1 期。

得元人之法，气韵深厚，笔力沉着。白阳笔致超逸，虽以石田为师法，而能自成其妙。"

在写意花鸟画发展史上，沈周的确是具有开拓之功的。如今大凡讨论明清大写意花鸟画，研究者都免不了要叙述沈周对文人水墨写意花鸟的开创作用。作为"吴门画派"鼻祖的沈周在中国绘画史上是个划时代的重要人物，他从元人绘画图像中构出一种新的视觉经验，引发了中晚期绘画主流的转换和变革，使明代花坛彻底告别了猛气横发的浙派趣味和院体风格，开创出真正意义上的明代绘画风格。

诚然，沈周是以山水画名世的，但一个画家的笔墨线条特性却是一贯的，亦即画家的笔性是画家的天赋禀性的外化，不会因为题材的不同而呈现不同的样式。因此，晚期沈周粗枝大叶的山水画风格决定了其花鸟画的大格局。一个画家的笔墨前后时期的变化，固然有着多方面的原因，但其中最重要的是画家的心态。

综合而言，沈周以其纵肆凝练的笔墨表现出"雅人深致"，与元人及明初院体花鸟形成殊观，在扩大了水墨花鸟描写范围的同时，又丰富和提高了水墨花鸟的表现力。同时，沈周是真正将"写意"落实到创作实践之中的先驱。

在古往今来的画家笔下，在一幅幅以茶花为题材的画作中，茶花焕发出鲜活的生命力，具有直逼人心的艺术效果。茶花以其所具有的色、姿、韵和它凌寒不凋的特质成为一种生生不息、蓬勃向上的民族精神之写照。

二、与传统文化及审美习俗的一致性

从传统文化及审美习俗的角度审视茶花画作，会发现茶花由于其自身性能的多样性，从而形成多侧面、多特征的审美含义。这一融习俗审美在内的寓意多样性，符合几千年流传下来的民族传统文化和民族审美心理。表现在茶花画的搭配组合中，即与不同的对象一起，也就表现了不同的画面寓意。

图24　［元］钱舜举《四季花木·山茶图》。

　　茶花图中最常见为茶花与梅花的组合（如图24所示）。茶花和梅花同开花岁首，二者在图中互为映衬，共同表达和强化了傲霜斗雪、不畏严寒的主题意旨。茶花伫立于冰雪世界，纤尘不染。白茶花更是色泽纯净，姿质高雅，含有高洁之意。茶花与水仙一起成图，赋予世人一个清洁的、理想之中的世界。如陈淳的《题墨水仙》(如图25所示)："低回玉脸侧，小折翠裙长。不用薰兰麝，天生一段香。"[1]陈淳喜欢画作花卉图卷，他将多种花卉，甚至十多种、二十多种花卉画于一卷，

---

[1]　［清］潘正炜《听帆楼书画记》卷二。

每花题一诗（或二句），诗画合璧，蔚为大观。该图卷藏于北京故宫博物院，全长564.5厘米，高20.2厘米。

图25　［明］陈淳《山茶水仙图》。

分别写墨梅、墨竹、墨兰、墨菊、墨葵、墨水仙、墨山茶、山雀、墨松、寒溪钓艇，每段之间，隔以五言绝句。题诗写得极有情韵。诗的第一、二两句，道复以人喻花，写其形，传其神。水仙花面，如佳人之玉脸，着一"玉"字，见出水仙花之洁白如玉。花面低侧，如佳人低头侧脸；水仙翠叶，宛如佳人的打着绉褶的翠色长裙。三四句写水仙之馨香。水仙花香清幽馥郁，天生清香，发于自然，所以诗人说"不用薰兰麝"。这里仍然以人喻花，因为佳人必须使用兰麝之香熏染衣物，而水仙花却"天生一段香"。诗句短浅精练，再现墨水仙清幽之美。陈淳《花卉册·水仙》："幽柔密意诗中见，萧瑟画图犹自看，谁道别来知己少，云房水殿总生寒。"①《著色花卉册·水仙》："玉面婵娟小，檀心馥郁多。盈盈仙骨在，端欲去凌波。"②与本诗相参看，足见陈淳不仅擅长画花卉，他的题写花卉画的诗也写得极为佳妙。

茶花根植于广袤的大地，千年生长。茶花与松、鹤一起，更是象征一种为世人所喜好的长盛不衰、祈福延年的美好祝福和愿望。

茶花尚有坚贞之德，为世人首肯。茶花与竹一起在图中表现，以竹之坚贞喻意茶花刚直不阿的品性。茶花与兰花一起，有赞誉秀逸俏丽、芳姿绰约之意。

如恽寿平的《岁寒三友》："以尔为三友，真能傲众芳。自留苍翠色，努力饱风霜。"③恽南田的没骨花卉，开一代花坛新风。对整个清代花卉的发展影响极大。这幅《岁寒三友》是与《山水》一齐赠与石谷的，其中也无不反映出"聊得吾逸"的个人理想。面对当时花坛剽窃的泥古风气，尤其是山水作品，南田痛心疾首，便下定"抱瓮"之志，决不随波逐流，艺术上追求创新，以自然造化为师，终于取得了巨大的成就。

茶花与孔雀、鸽子、白羽、雀、鹊等生灵一起，意为吉祥美好、

---

① ［明］陈淳《花卉册·水仙》，《书画题跋记》卷一二。
② ［明］陈淳《花卉册·水仙》，《书画题跋记》卷二。
③ ［清］恽寿平《岁寒三友》，《瓯香馆集》补遗诗。

繁荣昌盛，富有天趣和自然生命力旺盛的表征。茶花与石一起，常以石之质量感、体积感，刚、雄、秀、硬之特征反衬山茶，使之具有刚柔相济、相得益彰之寓意。

如陈洪绶的《题莲石图》："青莲法界野人家，官柳簑簑百丈沙。战事未来犹未去，怀之不见写莲花。"此图中画一湖石，空灵剔透。石后两片荷叶，亭亭如盖，花开四朵，隐现在叶后。石前空处，如有清波荡漾，而浮萍大小相间，疏密有致。构图紧凑而令人有疏朗之感。中国画重在笔墨，而画荷乃用笔墨之基本功，陈洪绶此图造型写实，笔墨生动。花之神态，叶之翻转，萍之分布，苔之点缀，看去若不经心，随意点染，实则尽其巧思，正是惨淡经营的结果。莲石入画，向来有所寄托。莲花本性高洁，出污泥而不染；石质坚硬，临威武而不屈。陈洪绶是个有民族气节的画家，明朝灭亡以后，清兵强制他作画，宁死不屈，后遁入空门，自号悔迟。诗以言志，画为心声，其画莲石，寓志可知。诗中以禅家机锋吐露心曲：青莲，青白分明，以此法眼来观照世间的万物，自然是黑白清浊历历在心头。双目偶触河边成行的依依官柳，只见它们簑簑下垂，撩拂着水边的白沙。堤柳堆烟，本就极易触发往事如烟的感慨，再加以它在诗歌中又常常被用作抒写兴亡之感的凭藉，所以这随风摇荡的杨柳，便勾起画家更为强烈的亡国之痛。

中国传统审美习俗偏好红色，以示喜气和瑞祥。体现在茶花图中，朵朵红山茶传递出热烈、浓郁之气氛，恰恰符合这一民族审美心理和习俗；而白山茶的一片白色，恰与古人托花寄情，以示高尚纯洁之心志、冰清玉洁之气质相契相融。

三、传神达意的审美功能

从借物寄情到借物写心的深入，是师造化向得心源的内化。画家在描绘山茶之美时，在笔墨的纵横捭阖之间，在抒情言志的题跋诗文之中，体现画中之我，折射出深刻的内在精神和生命节奏，传达出其心志所向。这不仅将茶花画推向感性的生命体验，且直达传神达意的最高境界。

茶花画的这一审美特性在不少画家尤其是文人画家画作中得以充分体现。朱耷作为明宗室后裔，明亡后出家为僧。其亡国之悲愤，胸次之郁结，"别有不能自介之故，如巨石窒泉，如湿絮之遇火，无可如何，乃忽狂忽暗，隐约玩世。"（清邵长蘅语）。他的写意茶花，以前所未有的夸张奇特之造型，笔简意赅，成就一个逆反者的形象。那大片留白，给世人情到深处无从诉的一腔悲愤之感。

徐渭的文人水墨大写意茶花，可谓借物托情与借物写心的扛鼎之作。那纵横捭阖、随意挥写、一气呵成的气势和开阔眼界，是追求个性解放的形象化体现。茶花形象所焕发的笔墨轻重刚柔，枯润虚实，体现出画家内心力的冲突，情感的跌宕起伏，甚至是生命和一腔热血的迸发，那形象和笔墨本身足以表现出作者所要表现的情感心志。加之"世味长浓不长久，所贵鹤顶红雪中"的抒情言志的题跋，更是把他对世俗的藐视和超然物外的傲岸个性鲜明地表达出来。那笔墨和诗中赞颂的岂止是花木本身，分明是他那遗世独立之精神美感在世人面前的充分展示。

恽寿平在他的茶花图题画诗中也曾写道："肯作繁华想，增予冰雪心。花从残岁密，香带暮寒深。"思想上兼有儒家、道家两者成分的恽寿平，一旦落笔成画，流露于作品中的就表现为愤懑与超脱的矛盾。他用比兴手法，以茶花的"冰雪心"比喻自己的洁身抗志、绝意仕途，于现实社会愤懑不平的同时又超然于世的心志。在抒发主观情感之时，以诗书画结合阐发画意,寄托感慨,借茶花以示他追求"高逸"的气格,以茶花之精神表现他理想中的精神境界。

释道衍的《茶轩为陈惟寅赋》:"千苞凛冰雪,一树当窗几。晴旭晓微烘,游蜂掠芳蕊。淡香匀蜜露,繁艳照烟水。幽人赏咏迟,每恨残红委。"①道衍是明初的著名僧人,即明成祖朱棣的心腹谋臣姚广孝。此诗系为其友陈汝秩(字惟寅)所作。汝秩善画山水,工于诗文,寓居吴县,与道衍同里。洪武初年,以才名被征至京师,不久即借口母亲年老而辞官还乡,洪武十八年去世。从两人的交往来看,这首诗大概是诗人尚未发迹富贵时的作品。其时道衍从灵应观道士席应真读书学道,揣摩兵法,研究谋略;而汝秩则耽古嗜学,不惜倾资购书求画。这首诗写出了他们无暇从容领略窗外山茶花娇艳姿色的淡淡惆怅和遗憾。

在隆冬将尽的时节,冰雪尚未消融。凭着几案可以看到窗外那株枝条苍润黝纠、绿叶森沉如幄的山茶,在冰天雪地中傲然挺立。山茶的绿叶丛中闪现出成千上百密若繁星的花蕾。它们颖然特出,显得那样苗壮有力;面对袭入肌骨的冰雪严寒,它们凛然而立,全无惧色。"千苞凛冰雪,一树当窗几"两句写眼前的实景,质直劲健,不仅画出了山茶花隆冬含苞、临窗而立的生动视觉形象,而且能让人感觉到它们的勃勃生机。而这正是诗人以情写景、以意体物,努力把握景物"神理"(王国维语)的结果。

由眼前含苞待放的山茶,诗人展开了想象的翅膀,沿着事物发展的必然线索,联想到山茶花即将盛开的繁茂景象:在某一个晴朗的早晨,当和暖的旭日以柔和的阳光轻轻抚慰山茶花的时候,那成千上百的花

---

① [明]释道衍《茶轩为陈惟寅赋》,[清]康熙御定《御选宋金元明四朝诗·御选明诗》卷三五。

蕾，将会悄悄吐露出芬芳的嫩蕊。游动之蜂被幽淡的花香招惹得嗡嗡欢叫着飞掠而过。枝头的冰雪化作晶莹的水珠，均匀细密地倾洒在淡香幽远的山茶花上，仿佛永葆其娇姿艳色的仙家玉露。繁盛硕大的朵朵山茶花艳丽如锦、光彩夺目，与茶轩外雾霭苍茫的一湾春水相映照，给人带来了浓郁的春天气息。诗人以"晴旭晓微烘，游蜂掠芳；淡香匀密露，繁艳照烟水"这四句诗生动描绘了一幅旭日初照、春水盈盈、蜂舞花艳的早春山茶图。

如此佳丽的春色，倘不能细细观赏品味，实在是人生的一大遗憾，更何况这一派美景就在茶轩窗外，举目可见。但诗人和他的朋友偏偏都不知多少回失去了这样的机会。他们或沉溺于艺术事业，或潜心研究经世治国的学问，都不曾留意过窗外的山茶花盛开时的繁荣景象。每当他们想起该为这株山茶题咏赞赏的时候，却早已红残花萎了。为此，他们不禁感叹道："幽人赏咏迟，每恨残红委。"在这末一句诗中，"每恨"即"常恨"；"委"同"萎"。诗人从眼前含苞的山茶写起，凭丰富的想象，描绘出山茶盛开的美景，借以突出"幽人赏咏迟，每恨残红委"的遗憾心情。而这一切所透露出的却是诗人对山茶花的挚爱深情。

以具有社会文化意义的花鸟为题材的中国茶花画，在当今之世得以承传并发扬光大，显示出长盛不衰的生命力。它在中国人民心目中具有特殊地位，它对社会心理产生正向的积极影响，它融入人们对生活的美丽憧憬和良好祝愿，它象征中华民族的繁荣昌盛……人们从中找到各自的精神寄托。这正是一个民族引以自豪的文化精神的缩影。他们创造出了像茶花一样美的这种自然的表述及精神的完美的文化形式。

四、中国茶花画的笔墨艺术

自古至今的茶花作品，不论是精工细染的工笔茶花，抑或是笔墨醋畅的意笔茶花，还是介乎两者之间的兼工带写茶花，绘画语汇上的殊异，终将归结为对笔墨艺术语言的运用和追求。古人云："有笔有墨谓之画。"道出中国画之根本特征，只有通过笔墨的互济，才能达到造型抒情的目的。

（一）工丽细致的工笔茶花

工笔茶花以描绘工丽细致的状形取胜，是一种现实主义的艺术表现手法。绘画史上以蜀中黄筌为首的"黄筌画派"，便是这种画风的代表。《宣和画谱》记载："筌所画不妄下笔，筌资诸家之善而兼有之。"后世称为工笔画大宗师。现存茶花作品中，可以南宋李嵩的《花篮图》为典范。此图以写实的风格、细密的笔法、富丽的敷色构成。山茶采用勾勒填彩的方法，甚至连花篮的细纹都被一丝不苟地刻画出来，反映了宋代以描绘对象真实生动为最高准则的审美情趣。然则，工笔茶花不全在工，尚在于灵与活，用笔寓圆劲于松动中，用墨用色神采奕奕，象形则能生动，气韵自然而生。如林椿的茶花画即是如此。

工笔茶花不仅以状物为主，在状物的同时尚传递出情的表达。这是工笔茶花审美的又一层递进。明代林良的《山茶白羽图》（如图26所示），在准确描写物态的同时，十分重视情感的表达。如雄雉悠闲俊逸的神气和喜鹊相依鸣叫的亲昵意态，茶花向上生长的明媚生气，无不染上一层浓厚的情感色彩。又如宋代茶花小品，画面虽小，但境界十分幽远开阔，洋溢着清新潇洒的气息，情调非常优美，往往表现一个单纯圆满自足的世界，令人叹为观止。

（二）笔墨醋畅的意笔茶花

与工笔茶花审美相对应的是意笔茶花具有高度概括、造型夸张、笔墨精练、泼墨淋漓的艺术效果，是一种浪漫主义的表现手法。以"写"

图 26 ［明］林良《白茶山羽图》。绢本设色，纵 152.3 厘米，横 77.2 厘米，上海博物馆藏。

为主要笔墨追求的样式，亦即文人画的表现手法。以书入画成为重要标志之一，以书法的线条艺术丰富茶花画的表现功能，画面的线条形状通过行笔之迅缓萦回交织，与落墨之深浅干湿焦润，赋予了画面空间的节奏感，体现生命之运动和态势，也反映画家主体精神的活动过程以及感情与个性。明代陈淳的《山茶水仙图》可谓写意茶花典范之一。图中山茶枝梗的勾勒运用了书法中逆起顺受的中锋笔法，收笔处常见收锋或牵丝，笔意抑扬又有遒劲的骨力。花朵的圈勾用笔简略洒脱，山茶花以淡墨点蕊，浅红点花心，掩映在浅绿和着水墨点染的叶丛之中，显得分外皎洁，生动地写出茶花树历经严冬受到阳光沐浴后蓬勃生发的景象。全图传达出一种清新高洁的情调和意境，体现意笔茶花重写意韵，不求色似的作风。徐渭的《花卉图卷·山茶花》《墨花图卷·山茶花》，更是达到意笔茶花之最高境。由此可见，对笔墨品格的理解之深，当推青藤白阳。

吴昌硕笔下的茶花均为大写意，气势磅礴、浑厚老到。用笔融入篆籀之法，笔势雄健，其表现似不在形，更侧重于神貌的体现，注重给人以整体的审美感受，意蕴上则生发画意和诗情。其74岁所作《茶花》题跋云："画此嫣红，要与山灵争艳。"可窥其心志一斑。齐白石、黄宾虹、张大千、潘天寿、吴之的茶花均为笔墨、神貌俱全的意笔茶花之杰构。

（三）刚柔相济的兼工带写茶花

自北宋"文人画"兴起，画风明显趋向工写结合，以精工细笔画花鸟，以意笔法作坡石、草树，兼容两体，发展了茶花绘画的艺术表现力，取得和谐一致的艺术效果。明代吕纪乃兼工带写之典范。吕纪以意笔画法勾工笔稿，《四季花鸟图·冬》《梅茶雉雀图》（如图27所示）均以工整浓艳的山茶、鸟禽与水墨苍劲的山石对比，以粗放老辣的线

图 27　［明］吕纪《梅茶雉雀图》。纵 183.1 厘米，横 97.8 厘米，浙江省博物馆藏。

条勾勒树干，多变的手法与节奏感，极生动之致而不逾法度。明代林良的《山茶白羽图》，在笔墨技法上也是一幅工写结合的杰构。白雉、喜鹊运用精细的勾勒法，羽毛细如毫发，尤其雄雉雪白的背羽和尾羽，鲜红的腹羽和顶羽，都用极细腻的晕染技法，表现出片片羽毛递盖的质感和色感，状物写生的精确可谓深得宋院体画周密不苟写生传统的真谛。图中树木的画法则发挥了画家水墨阔笔的长处，岩石用刚劲峭利的斧劈皴和浑肆的水墨刷染，将其岩峻硬的体势刻画出来，树干的笔法遒劲流动如草书。硬朗富有金石意味的笔法，与禽鸟柔和细致的笔调形成强烈对比，在艺术上起到以刚济柔、以粗衬细的作用。

（四）奇崛有致的指画茶花

指画即用指头、指甲和手掌蘸水墨或颜色在纸绢上作画，是中国画一种特殊的作画方式。指头画始于康熙年间。潘天寿的指头画有很高成就。他的《先春梅花图》是茶花指墨画代表作。该图为设色指墨，右上一枝茶花横出，与梅花对峙，颇有横空出世之态。潘天寿在《指头画谈》中道："每条线的画成，往往似断非断，似曲非曲，似直非直，或粗或细，如锥画沙，如虫蚀木，如蝌蚪的文字，如屋漏的痕迹，特具有一种凝重古厚的意味，极为自然，殊非毛笔所能到。"指头运墨作画，形成特殊风格，达到纯朴高华的艺术境界。

（五）中国茶花画的表现形式

中国茶花画具有独特的形式美感、色彩美感，以及集诗书画印于一体的民族文化特色。

1. 中国茶花画的形式美感。历代流传的茶花作品经反复推敲，匠心独运而成，构图上讲究画面气势、宾主、平衡对应、经营位置等中国画审美特点。南宋林椿的《山茶霁雪图》（如图28所示）表现出构思的匠心独运,从图中花叶阴阳、向背各异的形态和花朵的虚实藏露中,产生奇妙的艺术效果。清代蓝涛的《寒香幽鸟图》则体现布局的巧妙和别出心裁。图中梅花横斜在画面上下,形断意不断,山茶穿插其间,红花绿叶,冶艳中见风韵,取得和谐一致的艺术效果。即使画面的留白之处,也表现了意境的深远。

图 28 [宋]林椿《山茶霁雪图》。绢本设色,尺寸 24.8 x 24.8 厘米。台北故宫博物院藏。

茶花画在构图上还表现出这样一些富有个性的特征：与动植物搭配。早期的茶花作品较多与家鹅、雪兔、雪雀、马鹿、猿等动物搭配成图，如滕昌、黄筌、黄居、赵昌等人的作品，所谓名花珍禽是也。其后，与其他花卉树木搭配增多。有与梅花、竹、水仙等搭配，此作品为数不少。与风景、山石搭配，这类作品主要有明吕纪的《四季花鸟图·冬》、殷宏的《早春花鸟图》等，均表现为构图上的巨幅通景，图中有山石树木、锦鸡、潺潺溪流与山茶相映成辉，表现出幅面阔大、意境幽深之感。

图 29　李苦禅《茶花图》。

与人物一起表现主题,此类画作不多,却也各有特色。苏汉臣的《冬日婴戏图》、陈洪绶的《女仙图》,山茶作为人物的背景,起陪衬作用。张大千的《持花仕女图》中茶花被一仕女持于手中,掩住颜面,作为人物心境的外化。单独表现茶花的,即茶花作为画面惟一的审美对象,此类作品中有整株茶花的,也有以山茶的局部枝干为审美对象的折枝茶花。赵昌擅长此技,近代吴昌硕、黄宾虹、张大千均有折枝茶花作品流传于世。此外,尚有以篮花和瓶花的形式表现茶花的。如李嵩的《花篮图》(如图 30 所示)以篮花的形式,董祥的《岁朝图》、陈洪绶的《女仙图》为瓶花的形式,李苦禅的茶花则插入一方砚台之中。

茶花画的画幅形式也多种多样,有立轴、长卷、册页、扇面,其中扇面又有折扇和团扇之分。茶花画中多为立轴画,如吕纪的《四季花鸟图·冬》为立轴,又与《四季花鸟图·春·夏·秋》三幅构成通屏。长卷如徐渭的《花卉图卷·山茶花》,以分段法描绘各色花卉,山茶花为其中一段。明沈仕的《花卉卷》也属长卷形式,共分十段,写有山茶、牡丹、玫瑰等多种花卉。每段花卉前自题五言诗二句,用笔沉稳,赋色高雅,风流潇洒,脱尽俗气。清恽寿平的山茶是一种册页的形式,称"花卉册",山茶为其中之五。或许是册页的特殊形式,该图以蓬勃的花叶自上而下贯穿整幅画面,别有一番灵动而别致的审美情趣。团扇常被人们把握手中,供人时时品赏,因此,虽为小品,却均为精良之作,于尺幅之间,余韵不绝。

宋代佚名的《山茶蝴蝶图》《白茶花图》、林椿的《山茶霁雪图》均为团扇。前者画风和表现技法均系宋代院画精工细作一派,林椿的团扇表现的物象仅一枝、数叶,却极耐看,整幅画面仿佛是一首无声的诗,意味无穷。清代居巢,近代陈半丁、于非的扇面茶花均为折扇形式。居巢和陈半丁为笔墨潇脱的写意茶花，各拟诗文题跋一篇。于非的山茶以用线为重，承宋人法，自题拟赵昌之笔。

2. 中国茶花画的色彩美感。茶花画的色彩极具个性。茶花以红色为主，有白、粉、黄、二色山茶，在画作中各呈姿色，其中以红山茶为多。在苏轼、徐渭山茶题画诗中提到了"鹤顶红"花名，陈造、王武题画诗中提到了"醉杨妃"花名。"鹤顶红"和"醉杨妃"均为红山茶，"醉杨妃"呈桃红色。明代孙克弘的《大红宝珠山茶》，画名本身即是一红山茶名。可见红山茶在茶花画中所占的地位。茶花画的色彩，不论是浑厚灼烂的工笔设色、浑厚华兹的意笔设色，还是水墨茶花，都在对比中形成色彩美感。

图 30 ［宋］李嵩《花篮图》。绢本设色，26.1 x 26.3 厘米。台北故宫博物院藏。

先说色与色的对比之美。茶花画中通常是敷色鲜妍的红山茶与梅花竹石搭配，苍茫沉郁的冬景与红山茶形成色与色强烈的对比，在对比中显出山茶红之热烈,生机之郁勃。吕纪的《梅茶雉雀图》，着色雪景，寒意茫茫，白梅老杆欹曲，山茶红映其间，正如《无声诗史》所评"设色鲜丽、生气奕奕"。正是红山茶的热烈，令画面取得生动效果。白山茶之美恰是在绿叶的衬托中显示出来。南宋佚名的《山茶蝴蝶图》《白茶花图》，前者为白色重瓣茶花，后者花形单侧，白茶花设色浑厚纯净，雅洁中尚见内蕴。在诸多娇艳夺目的红山茶中，白山茶的洁白晶莹显得尤为清新脱俗。粉色茶花设色清雅，由线条勾勒并薄施色彩，形成清丽、明快、雅逸的艺术效果。林良笔下枝头绽开的朵朵粉红色山茶花，与白雉美丽的羽毛互相辉映。罗聘的《花卉》以一株粉色茶花为主体，衬以玲珑的山石、腊梅，画中茶花姿态优美，轻盈飘逸，犹若仙子。陈之佛《露冷风静》中的粉红色茶花姝丽妩媚、芳姿绰约。水墨茶花在墨色的浓淡清重焦五色变化中,形成特殊的色彩对比，达到"超妙自然"的更美、更理想化的境界和层面。

再说墨与色对比之美。明陈洪绶的山茶以工笔设色敷染花之红色，以浓墨渲染勾勒枝叶，具工笔茶花墨色对比之美。吴昌硕的茶花是谓典范。茶花赋色鲜亮，呈金黄色，以淡黄点蕊，枝杆赋之于浓重的墨色，在墨与色对比中，呈现一片其华灼灼之态势，别具色感和诗心。齐白石在色彩上以鲜艳浓烈著称，笔下茶花在红花墨叶中见精神。

到了当代，文化的多元和审美的发展，茶花画也趋向多种色彩表现手法，有用积墨染，表现月夜下山茶皎洁的，也有运用暗和光的层次，营造一种空的氛围和意境，茶花也呈现出光和影的效果。题款，有乾隆、宣统两位皇帝的宝玺，可见弥足珍贵，却也说明题款具有代代承传的特点。

3. 集诗书画印于一体的民族文化特色。宋代董祥的茶花作品《岁朝图》中题款诗文达九处之多。由此说明，文人画初始便显示出其很强的文学性，使最初仅仅作为画面注脚的题款上升为表情达意的功能。宋代大文豪苏轼创造性地发展了题款，喜在画上题写长跋，用大行书字体，或诗或文，精妙绝伦，书法雄浑奔放，与绘画相映生辉，产生特殊美感。苏轼跋赵昌山茶图两首诗即可为例证。明清题款诗文进入极盛时代。文人画的题跋，纵横跌宕，达到极高的艺术境界，诗文内容与绘画内容有深刻的联系。文人画家借茶花以表情达意，即景生情，抒发胸中意气，有的甚至生发开去，另拓天地，在画面上出现一段精辟的画论，或是发人深省的人生哲理。元梅花道人吴镇，在林椿《茶花鸽子图》题跋云："此卷《茶花鸽子图》，经营布局，各极其态，览之景物生情，宛然欲活，可谓曲尽能事者矣，若后世懒弱柔腕，率意而成者，焉能如是耶？"即是一篇精辟画论。题款长短不一，短则一个题目，一行话，两句诗。文徵明等名画家常题长跋。清代王武《茶花竹石图》上的题跋由一篇长文和七律诗构成，数百字洋洋洒洒，把画家的处境、心情、时局全都用悲喜交加的句子表达出来，可谓茶花作品中最长、内容最丰富的一篇题跋。

至明清，随着金石学兴起，篆刻艺术的发展，印章成为具有审美价值的艺术品，并形成自身独特的审美价值和艺术标准。一批有金石癖的文人以刀代笔，自篆自刻。文人画家无不喜欢用印。中国画所谓四绝，即诗、书、画、印四位一体的模式，在明清愈益兴盛。印章成为文人写意画的一个不可分割的有机部分，作为一种构图上积极的造型要素，如罗聘、邹一桂的画。邹一桂尤擅用诗文印章与画面的有机结合。他的《白梅山茶图》有12处印章，镌刻精雅，与画面相融，成为不可分割的组成部分。晚清印学尤为发展，名家迭起。一幅画用多枚印章，便产生不同的艺术效果。吴昌硕、齐白石都是印坛名宿。诗、书、画、印四者相互渗透，相互滋养，使茶花画具有更高的美学价值，更富有民族特色。

第二节　茶花与食药①

药食同源。中国的先民们在寻求食物的过程中，逐渐认识了许多食物的治疗作用。茶花亦是如此。我们的祖先早就对它的药用价值进行了探索。中国茶花的食用，应该说是从发现野生茶花时就开始尝试了。但我们找到的文献记载却比较迟。明太祖朱元璋之孙朱有燉，袭封周王，谥宪。他写了一本医药专著《救荒本草》，记述"山茶嫩叶炸熟，水淘可食，亦可蒸晒作饮"。这是说茶花可作菜蔬、饮料。明代鲍山经亲自实践，"备尝各类野蔬，别其性味，详其调制"后所著的《野菜博录》，在"山茶科"中载其食法："采叶炸熟，水浸淘净，油盐调食，或蒸熟干作茶煮饮可。"

李时珍的《本草纲目》也记载了茶花的饮用："其叶类茗，又可作饮，故得茶名。"把茶花叶类似茶叶的饮用功能和茶花得名的由来都说清楚了。明徐光启的《农政全书》引了《周宪王救荒本草》中关于山茶食用的记载，只是与原文略有不同："采嫩叶炸熟，水淘洗净，油盐调食。亦可蒸晒干做茶煮饮。"清代诗人陈维崧的词《醉乡春·咏茶花》曰："鼎

---

① 本节的写作，参考了游慕贤、戚惠珠先生《一片嫩叶惊世界：山茶》一文，《森林与人类》2007年第5期。

内乳花将溜，瓶里玉花选逗，真皓洁，太伶俜，雪暗花园如绣。"写了茶花的食用、茶花的插花和茶花园的景色。"鼎内乳花将溜"，从字面看不出是写茶花，"乳花"是指油炸后产生的泡花。但从全词看，可知它是专写茶花的一种菜肴。"溜"是原料经油炸后再加芡粉烹调的一种烹饪方法。"溜茶花"的具体制法，陈维崧没有具体写明，但这种美食流传至今：用茶花花瓣拖油或拖面油煎后糁制成点心，或加配料制成菜肴。

传说中国在远古时代有位司农业、医药的神叫神农，又称炎帝。他曾尝百草辨明平、毒、寒、温种种赋性，用为药品治病。神农氏后来被民间百姓奉为药王菩萨。而成书于秦汉时以神农的名字命名的《神农本草经》，就是中国第一部有着最古老渊源的药物学典籍。它汇集了先秦及两汉时期中国的药物学成就，所载植物数百种，其中许多属于显花植物，对后世有深刻的影响。

迄今发现最早记载茶花作为药品的，是成书于隋开皇十年（590年）的《野药集》。它记载产于广东等地的"南山茶"可入药，把南山茶列为野药之一。

茶花含有花白甙等敛止血剂，有凉血、止血、散瘀、消肿、清热和养心等功效，主治咯血、鼻血、血痢、血崩、肠风下血、痔疮出血、血淋及烧伤、烫伤、跌打损伤、创伤出血等症。中国古人早就发现了茶花这方面的药用价值。

医药方《玄方》记载了茶花的药用功能。李时珍的《本草纲目》加以引录。它说："子主治妇人发䐃，研末掺之。""子"即茶花种子。这是说茶花种子可治妇人头发粘结。

成书于1578年的中药学巨著《本草纲目》，记载了茶花疗疾的内服外用处方。该书卷三十六"山茶"部曰："花主治吐血、衄血、肠风下血。并用红者为末，入童溺，姜汁及酒调服，可代郁金。汤火伤灼，研末麻药调涂。"

明王象晋的《群芳谱》也载："宝珠山茶代郁金，研末麻油，涂汤火灼伤。"

王玷规的《不药良方》介绍了茶花治"吐血咳嗽"的良方："宝珠山茶瓦焙黑色，调红砂糖日服，不拘多少。"又方："宝珠山茶十朵，红花五钱，白芨一两，红枣四两，水煎一碗服之，渣再服；红枣不拘时，亦取食之。"

清乾隆时药物学家赵学敏的《本草纲目拾遗》，详记了"宝珠山茶"的药用功能："云溪方以落地花仰者为贵，山茶多种，以千叶大红者为胜，入药。《百草镜》：'山茶多种，惟宝珠入药，其花大红四瓣，大瓣之中，又生碎瓣极多。味涩，二三月采，阴干用之。若俱是大瓣，千叶者名洋茶，不入药；单瓣者亦不入药。'""味微辛甘，性寒，破血消痈，跌打吐血症用之；又治肠风泻血，汤火伤，鼻衄炙疮，均焙研七朵，空心酒服。《百草镜》云：'凉血、破血、止血、涩剂也。消痈肿跌扑，断久痢、肠风下血、崩带、血淋、鼻衄、吐血、外敷炙疮。'"该书引作者的另一医药著作《救生苦海》治"赤痢"的处方："用大红宝珠山茶花，阴干为末，加白糖拌匀，饭锅上蒸三四次服。"又引了四个处方，治"鼻中出血""用千叶大红山茶花，二三月采，阴干，用时取五六朵，煎服即止。"或"用宝珠山茶大红者，焙研三五钱，砂糖滚水和服。"治"痔疮出血"："用宝珠山茶研末冲服。"治"乳头开花欲坠，疼痛异常"："用宝珠山茶花焙研为末，用麻油调搽立愈。"

征引书目

说明：

1. 凡本文征引书籍均在其列。

2. 以书名拼音字母顺序排列。

3. 单篇论文信息详见引处脚注，此处从省。

1.《白氏长庆集》，[唐]白居易著，《影印文渊阁四库全书》本。

2.《北墅抱瓮录》，[清]高士奇著，中华书局，1985年版。

3.《本草纲目》，[明]李时珍著，张守康校注，中国中医药出版社，1998年版。

4.《禅月集》，[唐]贯休著，《影印文渊阁四库全书》本。

5.《昌谷集》，[唐]李贺著，《影印文渊阁四库全书》本。

6.《诚斋集》，[宋]杨万里著，《影印文渊阁四库全书》本。

7.《初学记》，[唐]徐坚等编，中华书局，1962年版。

8.《春晖堂花卉图说》，许衍灼著，中国书店，1985年版。

9.《杜诗详注》，[清]仇兆鳌注，中华书局，1979年版。

10.《端明集》，[宋]蔡襄著，《影印文渊阁四库全书》本。

11.《多维视野中的文化理论》，庄锡昌著，浙江人民出版社，1987年版。

12.《二皇甫集》，[唐]皇甫冉、皇甫曾著，《影印文渊阁四库全书》

本。

13.《范石湖集》，[宋]范成大著，《影印文渊阁四库全书》本。

14.《范文正集》，[宋]范仲淹著，《影印文渊阁四库全书》本。

15.《放翁词》，[宋]陆游著，《影印文渊阁四库全书》本。

16.《绀珠集》，[宋]朱胜非编，《影印文渊阁四库全书》本。

17.《格致镜原》，[清]陈元龙编，《影印文渊阁四库全书》本。

18.《古代百花诗选注》，向新阳选注，湖北教育出版社，1985年版。

19.《古今图书集成》，[清]陈梦雷等编，中华书局，1985年版。

20.《古诗景物描写类别词典》，朱炯远编著，辽宁人民出版社，1991年版。

21.《广群芳谱》，[清]汪灏著，《影印文渊阁四库全书》本。

22.《后村诗话》，[宋]刘克庄著，中华书局，1983年版。

23.《后村先生大全集》，[宋]刘克庄著，《四部丛刊初编》本。

24.《花卉词典》，余树勋、吴应祥编著，农业出版社，1993年版。

25.《花经》，[清]黄岳渊、黄德邻著，上海书店，1985年版。

26.《花镜》(修订版)，[清]陈淏子辑，伊钦恒校注，农业出版社，1962年版。

27.《花与中国文化》，何小颜著，人民出版社，1999年版。

28.《环溪诗话》，[宋]不著撰人，《影印文渊阁四库全书》本。

29.《黄庭坚诗集注》，[宋]任渊、史容、史季温注，中华书局，2003年版。

30.《黄庭坚诗学体系研究》，钱志熙著，北京大学出版社，2003年版。

31.《会昌一品集》，[唐]李德裕著，《影印文渊阁四库全书》本。

32.《鸡足山志》，[清] 范承勋著，齐鲁书社，1997 年版。

33.《笺注陶渊明集》，[宋] 李公焕辑，上海古籍出版社，1995 年版。

34.《剑南诗稿校注》，[宋] 陆游著，钱仲联校注，上海古籍出版社，1985 年版。

35.《江西通志》，[清] 谢旻等著，《影印文渊阁四库全书》本。

36.《节孝集》，[宋] 徐积著，《影印文渊阁四库全书》本。

37.《金明馆丛稿二编》，陈寅恪著，上海古籍出版社，1984 年版。

38.《景文集》，[宋] 宋祁著，《影印文渊阁四库全书》本。

39.《会稽续志》，[宋] 张淏著，《影印文渊阁四库全书》本。

40.《会稽志》，[宋] 施宿等著，《影印文渊阁四库全书》本。

41.《昆明文史资料集萃》第 6 卷，中国政协昆明市委编，云南科技出版社，2009 年版。

42.《李太白全集》，[清] 王琦注，中华书局，1977 年版。

43.《李义山诗集》，[唐] 李商隐著，《影印文渊阁四库全书》本。

44.《历代赋汇》，[清] 陈元龙辑，凤凰出版社，2004 年版。

45.《历代山水名胜赋鉴赏辞典》，章沧授编著，中国旅游出版社，1998 年版。

46.《陵川集》，[元] 郝经著，《影印文渊阁四库全书》本。

47.《刘宾客文集》，[唐] 刘禹锡著，《影印文渊阁四库全书》本。

48.《柳宗元集》，[唐] 柳宗元著，中华书局，1979 年版。

49.《栾城集》，[宋] 苏辙著，《影印文渊阁四库全书》本。

50.《美学》，[德] 黑格尔著，商务印书馆，1997 年版。

51.《梦粱录》，[宋] 吴自牧著，《影印文渊阁四库全书》本。

52.《南北朝隋诗文纪事》，周建江辑较，中州古籍出版社，2001 年版。

53.《南阳集》，[宋]韩维著，《影印文渊阁四库全书》本。

54.《念庵文集》，[明]罗洪先著，《影印文渊阁四库全书》本。

55.《瓯香馆集》，[清]恽寿平著，西泠印社出版社，2012年版。

56.《瓶花谱》，[明]张谦德著，《影印文渊阁四库全书》本。

57.《乾道稿淳熙稿》，[宋]赵番著，《影印文渊阁四库全书》本。

58.《清诗话》，丁福保辑，上海古籍出版社，1978年版。

59.《秋声集》，[宋]卫宗武著，《影印文渊阁四库全书》本。

60.《全芳备祖》，[宋]陈景沂编，《影印文渊阁四库全书》本。

61.《全金元词》，唐圭璋编，中华书局，1979年版。

62.《全宋诗》，北京大学古文献研究所编，北京大学出版社，1991—1998年版。

63.《全唐诗》，[清]彭定求等编，《影印文渊阁四库全书》本。

64.《全唐诗补编》，陈尚君编，中华书局，1992年版。

65.《全元曲》，徐征、张月中、张圣洁、奚海主编，河北教育出版社，1998年版。

66.《阮籍集校注》，陈伯君校注，中华书局，1987年版。

67.《三国志》，[晋]陈寿著，《影印文渊阁四库全书》本。

68.《山茶花》，汪亦萍等著，中国建筑工业出版社，1981年版。

69.《山堂肆考》，[明]彭大益编，《影印文渊阁四库全书》本。

70.《珊瑚网》，[明]汪珂玉著，《影印文渊阁四库全书》本。

71.《神农本草经》，尚志钧校，皖南医学院科研处印，1981年版。

72.《升庵集》，[明]杨慎著，《影印文渊阁四库全书》本。

73.《声画集》，[宋]孙绍远辑，上海书店出版社，1994年版。

74.《诗歌意象论》，陈植锷著，中国社会科学出版社1990年版。

75. 《诗经原始》，[清] 方玉润著，中华书局，1986 年版。

76. 《诗经注析》，程俊英、蒋见元注，中华书局，1991 年版。

77. 《诗与哲学》，[西班牙] 乔治·桑塔亚那著，广西师范大学出版社，2002 年版。

78. 《石湖诗集》，[宋] 范成大著，《影印文渊阁四库全书》本。

79. 《说郛》，[明] 陶宗仪编，《影印文渊阁四库全书》本。

80. 《说苑》，[汉] 刘向编著，《影印文渊阁四库全书》本。

81. 《司空图诗文研究》，祖保泉著，安徽教育出版社，1998 年版。

82. 《四书章句集注》，[宋] 朱熹集注，中华书局，1983 年版。

83. 《宋词题材研究》，许伯卿著，中华书局，2007 年版。

84. 《宋词文化学研究》，蔡镇楚著，湖南人民出版社，1995 年版。

85. 《宋代梅花词研究》，廖雅婷著，台湾中正大学中国文学研究所硕士论文，2003 年。

86. 《宋代文学史》，孙望、常国武主编，人民文学出版社，1996 年版。

87. 《宋代咏梅文学研究》，程杰著，安徽文艺出版社，2002 年版。

88. 《宋诗钞》，[清] 吴之振编，中华书局，1986 年版。

89. 《宋诗纪事》，[清] 厉鹗编，《影印文渊阁四库全书》本。

90. 《宋诗纪事补遗》，[清] 陆心源补，山西古籍出版社，1997 年版。

91. 《宋诗纪事续补》，孔凡礼补，北京大学出版社，1987 年版。

92. 《宋诗史》，许总著，重庆出版社，1992 年版。

93. 《宋诗学导论》，程杰著，天津人民出版社，1999 年版。

94. 《宋诗臆说》，赵齐平著，北京大学出版社，1993 年版。

95. 《宋史纪事本末》，[明] 陈邦瞻著，《影印文渊阁四库全书》本。

96. 《宋史全文》，[宋] 不著撰人，《影印文渊阁四库全书》本。

97.《苏轼词编年校注》，邹同庆、王宗堂校注，中华书局，2002 年版。

98.《苏轼诗集》，[清] 王文诰注，孔凡礼点校，中华书局，1986 年版。

99.《苏轼诗研究》，谢桃坊著，巴蜀书社，1987 年版。

100.《苏轼文集》，孔凡礼点校，中华书局，1986 年版。

101.《苏学士集》，[宋] 苏舜钦著，《影印文渊阁四库全书》本。

102.《太平御览》，[宋] 李昉等编，《影印文渊阁四库全书》本。

103.《谈艺录》，钱钟书著，中华书局，1984 年版。

104.《唐代林木诗选注》，杨智等选注，敦煌文艺出版社，1991 年版。

105.《唐代园林别业考论》，李浩著，西北大学出版社，1996 年版。

106.《唐人咏物诗评注》，刘逸生选注，中山大学出版社，1985 年版。

107.《唐宋开封生态环境研究》，程遂营著，中国社会科学出版社，2002 年版。

108.《唐宋诗词评析词典》，吴熊和主编，浙江人民出版社，1990 年版。

109.《陶渊明集笺注》，袁行霈笺注，中华书局，2003 年版。

110.《宛陵集》，[宋] 梅尧臣著，《影印文渊阁四库全书》本。

111.《王司马集》，[唐] 王建著，《影印文渊阁四库全书》本。

112.《温飞卿诗集笺注》，[明] 曾益注，《影印文渊阁四库全书》本。

113.《文苑英华》，[宋] 李昉等编，《影印文渊阁四库全书》本。

114.《文忠集》，[宋] 欧阳修著，《影印文渊阁四库全书》本。

115.《闲居丛稿》，[元] 蒲道源著，《影印文渊阁四库全书》本。

116.《闲情偶寄》，[清] 李渔著，浙江古籍出版社，1985 年版。

117.《岘佣说诗》，[清] 施补华著，上海古籍出版社，1978 年版。

118.《相山集》，[宋] 王之道著，《影印文渊阁四库全书》本。

119.《徐渭画集》，[明]徐渭绘，浙江人民美术出版社，1991年版。

120.《徐霞客游记》，[明]徐霞客著，《影印文渊阁四库全书》本。

121.《宣和画谱》，[宋]不著撰人，《影印文渊阁四库全书》本。

122.《玄英集》，[唐]方干著，《影印文渊阁四库全书》本。

123.《学圃杂疏》，[明]王世懋著，《四库全书存目丛书》影印本。

124.《弇州四部稿》，[明]王世贞著，《影印文渊阁四库全书》本。

125.《雁门集》，[元]萨都剌著，《影印文渊阁四库全书》本。

126.《叶适集》，[宋]叶适著，《影印文渊阁四库全书》本。

127.《邕州小集》，[宋]陶弼著，《影印文渊阁四库全书》本。

128.《酉阳杂俎》，[唐]段成式著，《影印文渊阁四库全书》本。

129.《渔隐丛话》，[宋]胡仔编著，《影印文渊阁四库全书》本。

130.《御选宋金元明四朝诗》，[清]张豫章等辑，《影印文渊阁四库全书》本。

131.《元丰类稿》，[宋]曾巩著，《影印文渊阁四库全书》本。

132.《元明事类钞》，[清]姚之骃编，《影印文渊阁四库全书》本。

133.《元氏长庆集》，[唐]元稹著，《影印文渊阁四库全书》本。

134.《乐圃余稿》，[宋]朱长文著，《影印文渊阁四库全书》本。

135.《云南山茶花》，中国科学院昆明植物研究所编，云南人民出版社，1981年版。

136.《云南府志》，[清]范承勋、张毓碧修，台湾成文出版社，1967年版。

137.《云南通志》，[清]鄂尔泰等著，《影印文渊阁四库全书》本。

138.《云溪集》，[宋]郭印著，《影印文渊阁四库全书》本。

139.《增订文心雕龙校注》，杨明照校注，中华书局，2000年版。

140.《浙江通志》，[清] 嵇曾筠等著，《影印文渊阁四库全书》本。

141.《震川集》，[明] 归有光著，《影印文渊阁四库全书》本。

142.《中国茶花文化》，游慕贤、陈德松、施德法主编，上海文化出版社，2003 年版。

143.《中国花卉品种分类学》，陈俊愉著，中国林业出版社，2001年版。

144.《中国花卉诗词全集》，邓国光、曲奉先编著，河南人民出版社，1997 年版。

145.《中国花卉文化》，周武忠著，花城出版社，1992 年版。

146.《中国花经》，陈俊愉、程绪珂主编，上海文化出版社，1990 年版。

147.《中国花鸟画通鉴舍形悦影》，万新华、章晴方著，上海书画出版社，2008 年版。

148.《中国花文化辞典》，闻铭、周武忠、高永青主编，黄山书社，2000 年版。

149.《中国历代咏花诗词鉴赏辞典》，孙映逵编著，江苏科学技术出版社，1989 年版。

150.《中国梅花审美文化研究》，程杰著，巴蜀书社，2008 年版。

151.《中华梅兰竹菊诗词选·梅》，陈维东、邵玉铮主编，学苑出版社，2003 年版。

152.《竹友集》，[宋] 谢薖著，《影印文渊阁四库全书》本。

153.《遵生八笺》，[明] 高濂著，《影印文渊阁四库全书》本。

后　记

　　当这篇硕士毕业论文落笔的时候，我犹记得三年前自己决定考研的决心，犹记得自己承受了不堪回首的考研复习所带来的压力和折磨。此时此刻，当我快要毕业的时候，当那些往事仍然历历在目的时候，当回首读研的这三年充满了快乐与收获的时候，尽管想起那样惨淡的考研日子还常常心有余悸，但是我想，这一切都是值得的。哪怕让我重新再来，我仍然会那样选择。

　　感谢我的导师——程杰教授。您不仅在理论科研上对我们谆谆教导循循善诱，而且在学习生活上为我们拨开云雾指点迷津。感谢您始终以耐心和宽容的态度来对待我，在我的学业上给予非常多的帮助。同时，感谢文学院的钟振振、张采民、陈书录、王青、党银平、高峰、马珏萍、曹辛华、邓红梅等诸位教授的指导与帮助，你们身上严谨求实、深入独到的治学态度以及朴实平易、儒雅谦逊的学者风范，都深深地感染着我。此外文学院的候超老师也力所能及地帮助我。此外，还要感谢东南大学中文系王步高教授，您在清华大学百年校庆筹备之中仍然为我的论文指点迷津，解除疑惑。最后，感谢徐峰、孙嫣、金苏琪、张传刚、卞波、祝燕娜、吴佳永、万贺斌、张余、涂序南等各位兄妹们，从你们身上我学习到非常多优秀的品质，你们无论是在学习上、科研上、论文上、还是生活上都给予我非常多无私的帮助，帮助我成长，一起相处的日子总是那么短暂和令人怀念。

感谢我的母校——南京师范大学。三年来，南师这座美丽而沧桑的校园里留下了我太多的求学足迹，记载着我奔波而忙碌的身影，那古雅的建筑、幽静的长廊、年迈的古树、神圣的学堂，均真切地记载了我的成长，必将让我铭记终生。

感谢我的工作单位——南京机电职业技术学院、三江学院，十四载光阴，如影随形，不离不弃，今后我将用心与您一起见证辉煌！

感谢我的家人。三十八载光阴，从彩云之南、北山黑水到江南水乡，您们陪伴我一起经历求学工作，为我竭尽所能、倾其所有、无悔付出，我会在以后的岁月里，竭尽自己所能地去回馈我的家人。